普通高等教育教材

环境影响评价

孙兆楠　主编
潘玉瑾　李键佳　副主编

化学工业出版社
·北京·

内容简介

《环境影响评价》系统介绍了环境影响评价的基本概念和理论、有关法规和标准以及程序和方法，对大气、地表水、噪声、固体废物、土壤、生态等环境要素的评价以及风险评价作了详细的论述，同时对规划环境影响评价的基本程序和主要内容进行了论述。本书采用"校企合作"的形式编写，全书既包括学科基本知识，又有相应的理论知识扩展，理论与实践相结合，同时强调和重视工程案例的适用性，在章后附有环境影响评价案例，培养学生对于环境影响评价工作中常见问题的分析和处理能力。本书涉及的新技术、新方法和新导则内容丰富，在教材中摘取并引用了其评价要点。本书还将传统纸质教材与数字资源相结合，设置了"金石之声""思考题""案例分析"等微专题，以二维码的形式在书中插入思政案例、工程案例等拓展资源，让教学资源立体化，以满足数字信息化时代读者个性化学习的需求。

《环境影响评价》既可作为高等学校环境科学、环境工程及相关专业的本科生教材，也可供从事环境影响评价及相关领域的技术和管理人员参考阅读。

图书在版编目（CIP）数据

环境影响评价 / 孙兆楠主编；潘玉瑾，李键佳副主编. -- 北京：化学工业出版社，2025.5. --（普通高等教育教材）. -- ISBN 978-7-122-47712-5

I. X820.3

中国国家版本馆 CIP 数据核字第 2025E3N029 号

责任编辑：郭宇婧　郝英华　　　装帧设计：张　辉
责任校对：李　爽

出版发行：化学工业出版社
　　　　　（北京市东城区青年湖南街 13 号　邮政编码 100011）
印　　装：北京印刷集团有限责任公司
787mm×1092mm　1/16　印张 13　字数 323 千字
2025 年 7 月北京第 1 版第 1 次印刷

购书咨询：010-64518888　　　　售后服务：010-64518899
网　　址：http://www.cip.com.cn
凡购买本书，如有缺损质量问题，本社销售中心负责调换。

定　　价：45.80 元　　　　　　　　版权所有　违者必究

前 言

环境影响评价是建立在环境监测技术、污染物扩散规律、环境质量对人体健康的影响、自然界自净能力等基础上发展而来的一门科学技术。环境影响评价作为环境保护的一项制度，对于有效控制环境污染和生态破坏、促进人类与环境的和谐共存及经济社会的可持续发展有着很重要的作用。

环境影响评价制度不断完善，标准、法规、导则更新较快，如《中华人民共和国环境影响评价法》《环境影响评价技术导则　地表水环境》《环境影响评价技术导则　大气环境》分别于2018年进行了修订，《建设项目环境影响评价分类管理名录（2021年版）》于2021年施行，内容均较之前版本有了较大的变动。此外，《规划环境影响评价技术导则　总纲》（HJ 130—2019）、《环境影响评价技术导则　土壤环境（试行）》（HJ 964—2018）对规划环境影响评价及土壤评价提出了新要求。现有教材难以体现环境影响评价的最新进展，因此为了适应社会发展及符合教学需要，我们组织编写了《环境影响评价》，书中包括了全新的环境影响评价体系，在内容上注重科学性、实用性和时效性，力求丰富全面、重点突出。

环境影响评价是一门理论与实践联系非常密切的学科，教材在编写过程中采取了"精选环境影响评价案例""注册环境影响评价师真题进教材""与数字化资源一体化建设""与教学方式一体化建设""校企双元开发"等措施，开展了新形态下一体化教材的建设，便于教师的讲授和学生对知识的理解与运用，满足了数字信息化时代读者个性化学习的需求。

本书由孙兆楠任主编，潘玉瑾、李键佳任副主编，包小卉、付忠田参与了全书的编写与统稿，最后由孙兆楠、潘玉瑾、李键佳定稿。本教材的顺利编写，要感谢营口理工学院、辽宁三慧科技有限公司、辽宁万华检测有限公司、营口市环境工程开发有限公司、东北大学给予的大力支持和帮助。

由于编者水平所限，书中难免存在不妥之处，欢迎各位读者提出宝贵意见。

编　者
2024年12月

目 录

环境影响评价

第一章　环境影响评价概述 1
　　本章导航 1
　　1.1　概述 2
　　1.2　我国环境影响评价制度的形成与发展 4
　　1.3　我国环境影响评价制度的特点 8
　　思考题 12

第二章　环境法规与环境标准 13
　　本章导航 13
　　2.1　环境法规 14
　　2.2　环境标准 17
　　思考题 26
　　案例分析 26

第三章　环境影响评价程序与方法 27
　　本章导航 27
　　3.1　环境影响评价程序 28
　　3.2　环境影响评价方法 35
　　思考题 40
　　案例分析 41

第四章　建设项目工程分析 42
　　本章导航 42
　　4.1　工程分析概述 43
　　4.2　污染型建设项目工程分析 45
　　4.3　生态影响型建设项目工程分析 51
　　思考题 56
　　案例分析 57

第五章　大气环境影响评价 58
　　本章导航 58

		5.1 基础知识	59
		5.2 大气环境影响评价概述	66
		5.3 大气环境现状调查与评价	68
		5.4 大气环境影响预测与评价	71
		5.5 监测计划	77
		5.6 大气环境影响评价结论与建议	77
		思考题	78
		案例分析	79
第六章	**地表水环境影响评价**		80
		本章导航	80
		6.1 基础知识	81
		6.2 地表水环境影响评价概述	87
		6.3 地表水环境现状调查与评价	92
		6.4 地表水环境影响预测与评价	97
		6.5 环境保护措施与监测计划	104
		6.6 地表水环境影响评价结论	105
		思考题	106
		案例分析	106
第七章	**声环境影响评价**		107
		本章导航	107
		7.1 基础知识	108
		7.2 声环境影响评价概述	110
		7.3 声环境现状调查与评价	113
		7.4 声环境影响预测与评价	115
		7.5 噪声防治措施与监测计划	119
		7.6 声环境影响评价结论与建议	121
		思考题	121
		案例分析	121
第八章	**固体废物环境影响评价**		122
		本章导航	122
		8.1 固体废物环境影响评价概述	123
		8.2 建设项目危险废物环境影响评价	125
		思考题	128
		案例分析	129
第九章	**土壤环境影响评价**		130
		本章导航	130
		9.1 基础知识	131

  9.2 土壤环境影响评价概述 ··· 131
  9.3 土壤环境现状调查与评价 ·· 135
  9.4 土壤环境影响预测与评价 ·· 139
  9.5 土壤环境影响评价结论 ··· 141
  思考题 ·· 143
  案例分析 ·· 143

第十章 生态影响评价 ·· 144
  本章导航 ·· 144
  10.1 基础知识 ··· 145
  10.2 生态影响评价概述 ··· 146
  10.3 生态现状调查与评价 ·· 149
  10.4 生态影响预测与评价 ·· 159
  10.5 生态保护对策措施 ··· 161
  10.6 生态影响评价结论 ··· 162
  思考题 ·· 162
  案例分析 ·· 163

第十一章 环境风险评价 ·· 164
  本章导航 ·· 164
  11.1 基础知识 ··· 165
  11.2 环境风险评价概述 ··· 166
  11.3 风险潜势判断 ·· 167
  11.4 风险识别与事故情形分析 ·· 171
  11.5 风险预测与评价 ··· 177
  11.6 环境风险管理 ·· 180
  11.7 环境风险评价结论与建议 ·· 181
  思考题 ·· 182
  案例分析 ·· 182

第十二章 规划环境影响评价 ··· 183
  本章导航 ·· 183
  12.1 基础知识 ··· 184
  12.2 规划环境影响评价概述 ·· 185
  12.3 规划分析 ··· 187
  12.4 现状调查与评价 ··· 188
  12.5 规划环境影响预测与评价 ·· 190
  12.6 规划方案综合论证和优化调整建议 ······································· 194
  12.7 其他要求 ··· 196
  思考题 ·· 200

参考文献 ··· 201

第一章

环境影响评价概述

本章导航

环境影响评价是在全球范围内广泛应用的环境管理方法，是世界各国为了人类赖以生存的环境的可持续发展，针对各国特色规定的环境保护制度。我国从 1979 年建立环境影响评价制度以来，经过 40 余年的发展，环境影响评价制度趋于完善。本章主要介绍了环境影响评价的基本概念、分类、由来，重点阐述了我国环境影响评价制度的形成与发展以及我国环境影响评价制度的特点。

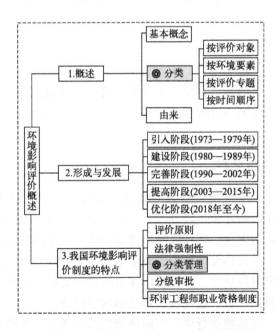

重难点内容

（1）环境影响评价的概念、原则和目的。

（2）我国环境影响评价制度的特点。

1.1 概述

《中华人民共和国环境影响评价法》第二条规定:"本法所称环境影响评价,是指对规划和建设项目实施后可能造成的环境影响进行分析、预测和评估,提出预防或者减轻不良环境影响的对策和措施,进行跟踪监测的方法与制度。"

1.1.1 基本概念

1.1.1.1 环境

《中华人民共和国环境保护法》所称环境,是指影响人类生存和发展的各种天然的和经过人工改造的自然因素的总体,包括大气、水、海洋、土地、矿藏、森林、草原、野生生物、自然遗迹、人文遗迹、自然保护区、风景名胜区、城市和乡村等。

1.1.1.2 环境影响

环境影响是指人类活动对环境的作用和导致的环境变化以及由此引起的对人类社会和经济的效应。它包括人类活动对环境的作用和环境对人类社会的反作用,这两个方面的作用可能是有益的,也可能是有害的。

环境影响按来源可分为直接影响、间接影响和累积影响;按影响效果可分为有利影响和不利影响;按影响性质可分为可恢复影响和不可恢复影响。另外环境影响还可分为短期影响和长期影响;地方影响、区域影响、国家影响和全球影响;建设阶段影响和运行阶段影响;单体影响和综合影响等。

1.1.1.3 环境质量

环境质量表述环境优劣的程度,指一个具体环境中,环境总体或某些要素对人群健康、生存和繁衍以及社会经济发展适宜程度的量化表达。环境质量是因人对环境的具体要求而形成的评定环境的一种概念。

1.1.2 环境影响评价的分类

按照评价对象,环境影响评价可以分为规划环境影响评价、建设项目环境影响评价两类。按照环境要素,环境影响评价可以分为大气环境影响评价、地表水环境影响评价、土壤环境影响评价、声环境影响评价、固体废物环境影响评价、生态环境影响评价。按照评价专题,环境影响评价可以分为人体健康评价、清洁生产与循环经济分析、污染物排放总量控制和环境风险评价等。按照时间顺序,环境影响评价可以分为环境质量现状评价、环境影响预测评价、规划环境影响跟踪评价、建设项目环境影响后评价。

环境质量现状评价一般是根据近两三年的环境监测或现场实地调查资料,对环境质量现状进行的评价。通过现状评价,可以阐明环境的污染现状及其存在的问题,为环境影响的预测与评价、环保措施的制定提供基础与依据。

环境影响预测评价是根据规划或拟建项目等实施后可能对环境产生的影响而进行的预测与评价,并据此提出预防或减轻不良环境影响的对策与措施,为决策部门提供依据。

规划环境影响跟踪评价是指规划编制机关在规划实施过程中对规划已经或正在造成的环境影响进行监测、分析和评价的过程,用以检验规划环境影响评价的准确性以及不良环境影响减缓措施的有效性，并根据评价结果，采取减缓不良环境影响的改进措施，或者对正在实施的规划方案进行修订，甚至终止其实施。按照《规划环境影响评价条例》（国务院令〔2009〕第559号）要求，对环境有重大影响的规划实施后，规划编制机关应当及时组织规划环境影响的跟踪评价，将评价结果报告规划审批机关，并通报环境保护等有关部门。规划环境影响的跟踪评价应当包括下列内容：①规划实施后实际产生的环境影响与环境影响评价文件预测可能产生的环境影响之间的比较分析和评估；②规划实施中所采取的预防或者减轻不良环境影响的对策和措施有效性的分析和评估；③公众对规划实施所产生的环境影响的意见；④跟踪评价的结论。

建设项目环境影响后评价是指编制环境影响报告书的建设项目在通过环境保护设施竣工验收且稳定运行一定时期后，对其实际产生的环境影响以及污染防治、生态保护和风险防范措施的有效性进行跟踪监测和验证评价，并提出补救方案或者改进措施，提高环境影响评价有效性的方法与制度。按照《建设项目环境影响后评价管理办法（试行）》要求，建设项目环境影响后评价应当在建设项目正式投入生产或者运营后三至五年内开展。

建设项目环境影响后评价文件应当包括以下内容：①建设项目过程回顾。包括环境影响评价、环境保护措施落实、环境保护设施竣工验收、环境监测情况，以及公众意见收集调查情况等；②建设项目工程评价。包括项目地点、规模、生产工艺或者运行调度方式，环境污染或者生态影响的来源、影响方式、程度和范围等；③区域环境变化评价。包括建设项目周围区域环境敏感目标变化、污染源或者其他影响源变化、环境质量现状和变化趋势分析等；④环境保护措施有效性评估。包括环境影响报告书规定的污染防治、生态保护和风险防范措施是否适用、有效，能否达到国家或者地方相关法律、法规、标准的要求等；⑤环境影响预测验证。包括主要环境要素的预测影响与实际影响差异，原环境影响报告书内容和结论有无重大漏项或者明显错误，持久性、累积性和不确定性环境影响的表现等；⑥环境保护补救方案和改进措施；⑦环境影响后评价结论。

1.1.3 环境影响评价的由来

库兹涅茨曲线是20世纪50年代诺贝尔奖获得者、经济学家库兹涅茨用来分析人均收入水平与分配公平程度之间关系的一种学说。回顾发达国家二百年来的经济增长道路，确实经历了环境库兹涅茨曲线所反映的"先污染、后治理"的过程。环境影响评价制度随着发达国家环境库兹涅茨曲线"拐点"的到来应运而生。

金石之声

库兹涅茨曲线，又称倒 U 曲线、库兹涅茨倒 U 字形曲线假说，是美国经济学家西蒙·史密斯·库兹涅茨于 1955 年所提出的收入分配状况随经济发展过程而变化的曲线，是发展经济学中重要的概念。

环境库兹涅茨曲线是指当一个国家经济发展水平较低的时候，环境污染的程度较轻，但是随着人均收入的增加，环境污染由低趋高，环境恶化程度随经济的增长而加剧；当经济发展到达一定水平后，也就是说，到达

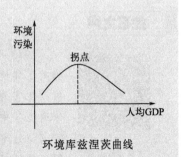

环境库兹涅茨曲线

> 某个临界点或称"拐点"以后，随着人均收入的进一步增加，环境污染又由高趋低，其环境污染的程度逐渐减缓，环境质量逐渐得到改善。

环境影响评价的概念是 1964 年在加拿大召开的"国际环境质量评价会议"上首次提出的。环境影响评价作为一项正式的法律制度，在 1969 年美国国会通过的《国家环境政策法》（NEPA）中首次出现，把环境影响评价作为联邦政府在环境管理中必须遵循的一项制度。该项法案要求，美国联邦政府在作出可能对人类环境产生影响的规划和决定时，应当确保环境资源和环境价值与经济和技术问题一并得到适当的考虑，同时为可能对环境质量产生重大影响的行动提供可供选择的替代方案。20 世纪 70 年代末，美国各州相继建立了各种形式的环境影响评价制度。

环境影响评价制度的实施对防止环境受到人类行为的侵害具有科学的预见性，因此这项制度很快便被世界各国采纳和效仿，并被各国立法确立。继美国之后，瑞典在《环境保护法》（1969 年）、澳大利亚在《联邦环境保护法》（1974 年）、法国在《自然保护法》（1976 年）、荷兰在《环境保护法》（1993 年）中相继确立了环境影响评价制度。另外，英国于 1988 年制定了《环境影响评价条例》，德国于 1990 年制定了《环境影响评价法》，加拿大议会于 1992 年批准了《加拿大环境评价法》，俄罗斯联邦环境与自然资源保护部于 1994 年公布了《环境影响评价条例》，日本国会也于 1997 年通过了《环境影响评价法》。

30 多年来，环评的法规、管理体制、工作范围、时间和空间跨度、评价因子和方法学等方面都有重大发展。环境影响评价的范围已经从最初单个拟建项目扩大到计划、规划、政策或立法议案，并进一步拓展到新技术、新产品及新工艺的研制、开发及公用设施的发展等很广的范围。

1.2 我国环境影响评价制度的形成与发展

1.2.1 引入阶段（1973—1979 年）

1973 年 8 月，在北京召开的第一次全国环境保护会议，揭开了我国环境保护工作的序幕。我国于 1974—1976 年开展了"北京西郊环境质量评价研究"和"官厅水系水源保护研究"工作，由此开始了环境质量评价及其方法的研究和探索。在此基础上，1977 年中国科学院召开了"区域环境保护学术交流研讨会议"，进一步推动了各个城市的环境质量现状评价和重要水域的环境质量现状评价。

金石之声

扫一扫，
了解详细内容

> 1973 年 8 月 5 日至 20 日，第一次全国环境保护会议在北京召开，确定了环境保护的 32 字工作方针，即"全面规划，合理布局，综合利用，化害为利，依靠群众，大家动手，保护环境，造福人民"。会议讨论通过了中国第一个环境保护文件——《关于保护和改善环境的若干规定（试行草案）》。该会议推动了中国环境保护工作的开展，迈出了中国环境保护事业关键性的一步。

1978年12月31日，中共中央批转的国务院环境保护领导小组第四次会议通过的《环境保护工作汇报要点》中，首次提出了环境影响评价的意向。1979年4月，国务院环境保护领导小组在《关于全国环境保护工作会议情况的报告》中，把环境影响评价作为一项方针政策再次提出。在国家的支持下，北京师范大学等单位率先在江西永平铜矿开展了我国第一个建设项目的环境影响评价工作。

1979年9月全国人大常委会通过的《中华人民共和国环境保护法（试行）》第六条规定：一切企业、事业单位的选址、设计、建设和生产，都必须充分注意防止对环境的污染和破坏。在进行新建、改建和扩建工程时，必须提出对环境影响的报告书，经环境保护部门和其他部门审查批准后才能进行设计。

1.2.2 建设阶段（1980—1989年）

环境影响评价制度确立后，相继颁布的各项环境保护法律、法规和部门行政规章，使环境影响评价不断规范。

1981年国家计划委员会、国家基本建设委员会、国家经济委员会和国务院环境保护领导小组联合发布了《基本建设项目环境保护管理办法》，把环境影响评价制度纳入到基本建设项目审批程序中。此后，我国陆续颁布的一些环境保护法律和条例等都对环境影响评价作出了相关规定，如1982年颁布的《中华人民共和国海洋环境保护法》第六条、第九条和第十条，1984年颁布的《中华人民共和国水污染防治法》第十三条，1987年颁布的《中华人民共和国大气污染防治法》，1988年颁布的《中华人民共和国野生动物保护法》和1989年颁布的《中华人民共和国环境噪声污染防治条例》。

国家还通过部门行政规章逐步明确了环境影响评价的内容、范围和程序，环境影响评价的技术方法也不断完善，如1986年3月颁布的《建设项目环境保护管理办法》对建设项目环境影响评价的范围、程序、审批和环境影响报告书（表）编制格式作了明确规定。在我国同年颁布的《建设项目环境影响评价证书》管理办法（试行）开始了对环境影响评价单位的资质管理。同期，环境影响评价的技术方法也被不断探索与完善。

1989年颁布的《中华人民共和国环境保护法》第十三条规定：建设污染环境的项目，必须遵守国家有关建设项目环境保护管理的规定。建设项目的环境影响报告书，必须对建设项目产生的污染和对环境的影响作出评价，规定防治措施，经项目主管部门预审并依照规定的程序报环境保护行政主管部门批准。环境影响报告书经批准后，计划部门方可批准建设项目设计任务书。

同时，各地方也根据《建设项目环境保护管理办法》制定了适用于本地的建设项目环境影响评价行政法规，各行业主管部门也陆续制定了建设项目环境保护管理的行业行政规章，初步形成了国家、地方、行业相配套的建设项目环境影响评价的多层次法规体系。

1.2.3 完善阶段（1990—2002年）

20世纪90年代，环境影响评价制度进一步得到强化与完善。1990年6月颁布的《建设项目环境保护管理程序》明确了建设项目环境影响评价的管理程序和审批资格。1993年针对建设项目的多渠道立项和开发区的兴起，国家环境保护局下发了《关于进一步做好建设项目环境保护管理工作的几点意见》，提出了"先评价，后建设""环境影响评价分类管理"和"对开发区进行区域环境影响评价"的规定。随后，国家环境保护局（现生态环境部）陆续发布了《环境影响评价技术导则 总纲》(1993年)、《环境影响评价技术导则 大气环境》(1993年)、《环境影响评价技术导则 地面水环境》(1993年)、《环境影响评价技术导则 声环境》(1995年)、《辐射环境保护管理导则 电磁辐射环境影响评价方法与标准》(1996年)、《火电厂建设项目环境影响报告书编制规范》(1996年)以及《环境影响评价技术导则 非污染生态影响》(1997年)等，从技术上规范了环境影响评价工作，使环境影响报告书的编制有章可循。1998年11月29日，国务院颁布实施了《建设项目环境保护管理条例》，进一步对环境影响评价作出了明确规定，这是建设项目环境管理的第一个行政法规，提升了我国环境影响评价制度的法律地位。1999年4月，国家环境保护总局发布的《建设项目环境保护分类管理名录（试行）》公布了分类管理名录，从此将建设项目按照分类管理名录编制环境影响评价文件。

这一阶段，我国建设项目环境影响评价在法规建设、评价方法建设、评价队伍建设，以及评价对象和评价内容拓展等方面，取得了全面进展。

2002年10月28日，第九届全国人大常委会通过了《中华人民共和国环境影响评价法》，至此我国的环境影响评价制度进入了一个新的阶段。

1.2.4　提高阶段（2003—2015年）

2003年9月1日起实施的《中华人民共和国环境影响评价法》使环境影响评价从建设项目环境影响评价扩展到规划环境影响评价，是我国环境影响评价制度的重大进步，标志着我国环境影响评价制度法律地位的进一步提高。

国家环境保护总局于2003年发布了《规划环境影响评价技术导则（试行）》，明确了规划环境影响评价的基本内容、工作程序、指标体系以及评价方法等；同时制定了《编制环境影响报告书的规划的具体范围（试行）》《编制环境影响篇章或说明的规划的具体范围（试行）》和《专项规划环境影响报告书审查办法》。

2003年国家环境保护总局初步建立了环境影响评价基础数据库，有效管理环境影响评价数据与文件，促进各部门、各单位之间在环境影响评价方面的信息交流与共享，推进环境影响评价制度的健康发展。同年建立国家环境影响评价审查专家库，保证环境影响评价审查的公正性。

2004年2月16日人事部、国家环境保护总局决定在全国环境影响评价行业建立环境影响评价工程师职业资格制度，发布了《环境影响评价工程师职业资格制度暂行规定》《环境影响评价工程师职业资格考试实施办法》《环境影响评价工程师职业资格考核认定办法》等文件，并于2004年4月1日起实施。建立环境影响评价工程师职业资格制度是为了进一步加强对环境影响评价专业技术人员的管理，规范环境影响评价的行为，提高环境影响评价专业技术人员的素质和业务水平，保证环境影响评价工作的质量，维护国家环境安全和公众利益。

2004年，国家环境保护总局首次发布《建设项目环境风险评价技术导则》，随后环境保护部相继修订并颁布了《环境影响评价技术导则 大气环境》(HJ 2.2—2008)、《环境影响评价技术导则 声环境》(HJ 2.4—2009)等。2009年8月17日国务院颁布《规划环境影响评价条例》，自2009年10月1日起施行。这是我国环境立法的重大进展，标志着环境保护参与综合决策进入新阶段。

国家环境保护标准的修订与制定与时俱进，取得了突飞猛进的发展，为环境影响评价工作提供了大量的技术依据。如《环境影响评价技术导则　生态影响》（HJ 19—2011）、《环境影响评价技术导则　总纲》（HJ 2.1—2011）、《环境影响评价技术导则　地下水环境》（HJ 610—2011）、《规划环境影响评价技术导则　总纲》（HJ 130—2014）等。2014 年 4 月 24 日全国人大常委会通过了新修订的《中华人民共和国环境保护法》，于 2015 年 1 月 1 日起施行，标志着我国环境保护管理进入了新的阶段。

2015 年 12 月 30 日，环境保护部发布了《关于加强规划环境影响评价与建设项目环境影响评价联动工作的意见》（环发〔2015〕178 号），对加强规划环境影响评价与建设项目环境影响评价联动工作提出要求。规划环境影响评价对建设项目环境影响评价具有指导和约束作用，建设项目环境保护管理中应落实规划环境影响评价的成果。这进一步阐明了建设项目环境影响评价与规划环境影响评价的相互联系。

2016 年 7 月 2 日，全国人大常委会通过了修订的《中华人民共和国环境影响评价法》（2016 年修正）。该法主要包括三个特点：一是弱化了项目环评的行政审批要求，强化事中和事后监管，有助于促使政府职能正确定位，提升行政管理效能，发挥宏观控制作用；二是强化了规划环评，规划环评意见需作为项目环评的重要依据，且后续的项目环评内容的审查意见应予以简化，这也进一步体现出规划和项目之间的有效互动；三是加大了处罚力度，根据违法情节和危害后果，可对建设项目处以总投资额 1% 以上 5% 以下的罚款，并可以责令恢复原状，对企业产生强大威慑力。

随后，环境保护部印发了《"十三五"环境影响评价改革实施方案》（环环评〔2016〕95 号），为在新时期发挥环境影响评价源头预防环境污染和生态破坏的作用、推动实现"十三五"绿色发展和改善生态环境质量总体目标，制订了实施方案。至此，环境影响评价进入了改革和优化阶段。

环境保护部于 2016 年 12 月 8 日发布了修订的《建设项目环境影响评价技术导则　总纲》（HJ 2.1—2016），于 2017 年 1 月 1 日起实施；2017 年 1 月 5 日发布了《排污许可证管理暂行规定》，同年 5 月 25 日发布了《建设项目环境风险评价技术导则（征求意见稿）》。

2017 年 6 月 21 日国务院常务会议通过了《国务院关于修改〈建设项目环境保护管理条例〉的决定》，于 2017 年 10 月 1 日起施行。与原条例相比，该条例删除了有关行政审批事项，取消了对环境影响评价单位的资质管理，将环境影响登记表由审批制改为备案制，将建设项目环境保护设施竣工验收由环境保护部门验收改为建设单位自主验收，简化环境影响评价程序，细化环境影响评价审批的要求，强化建设项目事中事后环保监管，加大对企业环保违法行为的处罚力度，强化了信息公开和公众参与制度。

1.2.5　优化阶段（2018 年至今）

为了强化环境影响评价的源头预防作用，相关技术方法、标准逐步开始了新一轮更新和完善。2018 年 7 月 31 日，生态环境部发布了修订的《环境影响评价技术导则　大气环境》（HJ 2.2—2018）；2018 年 9 月 13 日，生态环境部首次发布了《环境影响评价技术导则　土壤环境（试行）》（HJ 964—2018）；2018 年 9 月 30 日，生态环境部发布了修订的《环境影响评价技术导则　地表水环境》（HJ 2.3—2018）；2018 年 10 月 14 日，生态环境部发布了修订的《建设项目环境风险评价技术导则》（HJ 169—2018）。

2018 年 12 月 29 日，全国人大常委会通过了修订的《中华人民共和国环境影响评价法》（2018 年修正），正式取消对环境影响评价技术单位的资质审批监管，同时进一步明确了环境影响评价编制过程违法行为的表现形式、处罚形式及违法后果。环境影响评价编制违法行为的界定及处罚标准更加明确,建设项目环境影响报告书、环境影响报告表存在基础资料明显不实,内容存在重大缺陷、遗漏或者虚假,环境影响评价结论不正确或者不合理等严重质量问题的,由设区的市级以上人民政府生态环境主管部门对建设单位处五十万元以上二百万元以下的罚款,并对建设单位的法定代表人、主要负责人、直接负责的主管人员和其他直接责任人员,处五万元以上二十万元以下的罚款。

2019年12月13日,生态环境部发布了修订的《规划环境影响评价技术导则 总纲》(HJ 130—2019);随后,生态环境部发布了《建设项目环境影响评价分类管理名录(2021年版)》,于2021年1月1日起施行。2022年4月,生态环境部发布了修订的《环境影响评价技术导则 声环境》(HJ 2.4—2021)和《环境影响评价技术导则 生态影响》(HJ 19—2022),于2022年7月起施行。

2024年,国务院办公厅关于印发《加快构建碳排放双控制度体系工作方案》的通知(国办发〔2024〕39号)中,明确要求将温室气体排放管控纳入环境影响评价,对建设项目温室气体排放量和排放水平进行预测和评价,在电力、钢铁、建材、有色、石化、化工等重点行业开展温室气体排放环境影响评价,强化减污降碳协同控制。随着重点行业建设项目温室气体排放环境影响评价技术规范逐步制定,环境影响评价技术体系也将更加健全。

随着相关技术方法、标准的不断更新,我国环境影响评价方法与制度也更加优化与完善。

扫一扫,
了解详细内容

新环评法实施后生态环境部首次亮剑:2019年2月13日,生态环境部发布通报,近期生态环境部向宁夏、内蒙古、黑龙江、河南等省级生态环境部门移送了四家涉嫌违法环评机构的相关线索,要求生态环境部门依法开展调查取证,对存在的违法行为依法处罚,涉嫌犯罪的,依法移送司法机关追究刑事责任。新修订的《中华人民共和国环境影响评价法》取消了环评机构资质管理,但并不意味着监管放松。

1.3 我国环境影响评价制度的特点

1.3.1 评价原则

《建设项目环境影响评价技术导则 总纲》(HJ 2.1—2016)按照突出环境影响评价的源头预防作用,坚持保护和改善环境质量的要求,提出在建设项目环境影响评价中应遵循的工作原则如下:

(1)依法评价原则

应贯彻执行我国环境保护相关法律法规、标准、政策和规划等,优化项目建设,服务环境管理。

(2)科学评价原则

应规范环境影响评价方法,科学分析项目建设对环境质量的影响。

(3) 突出重点原则

应根据建设项目的工程内容及其特点,明确与环境要素间的作用效应关系,根据规划环境影响评价结论和审查意见,充分利用符合时效的数据资料及成果,对建设项目主要环境影响予以重点分析和评价。

1.3.2 法律强制性

我国的环境影响评价制度是《中华人民共和国环境保护法》和《中华人民共和国环境影响评价法》明确规定的一项法律制度,是为了防止造成环境污染与生态破坏而约束人们在制订规划和从事建设活动时必须遵照执行的工作准则,所以这项制度与其他法律制度一样具有强制性。

《中华人民共和国环境影响评价法》明确了环境影响评价制度中涉及单位的法律责任,包括规划编制机关、规划审批机关、建设单位、建设项目审批部门、环境影响评价机构、环境保护行政主管部门及其他相关部门等单位应承担的法律责任。

《中华人民共和国环境保护法》《中华人民共和国环境影响评价法》和《建设项目环境保护管理条例》均明确规定,依法编制环境影响报告书(表)的建设单位应当在建设项目开工建设前,将环境影响报告书(表)报有审批权的环境保护行政主管部门审批。建设项目的环境影响报告书(表)未依法经审批部门审查或者审查后未予批准的,建设单位不得开工建设。

金石之声

由于历史等多方面原因,可能存在一些环保违规建设项目。这些违规项目没有经过环境影响评价和法定程序把关,具有较大的随意性,对区域环境安全和经济社会健康发展造成了不利影响。为了破解历史遗留问题,山东省摸索出顶层推动、全面摸底、分类整改的创新做法,努力实现环境保护与经济社会发展共赢。

扫一扫,
了解详细内容

1.3.3 分类管理

1.3.3.1 建设项目环境影响评价分类管理

建设项目对环境的影响千差万别,不仅不同行业、不同产品、不同规模、不同工艺、不同原材料产生的污染物种类和数量不同,对环境的影响也不同。即使是相同类型的企业,在不同地点、区域,对环境的影响也不一样。

《中华人民共和国环境影响评价法》第十六条规定,国家根据建设项目对环境的影响程度,对建设项目的环境影响评价实行分类管理。

① 可能造成重大环境影响的,应当编制环境影响报告书,对产生的环境影响进行全面评价;

② 可能造成轻度环境影响的,应当编制环境影响报告表,对产生的环境影响进行分析或者专项评价;

③ 对环境影响很小、不需要进行环境影响评价的,应当填报环境影响登记表。

建设单位应当按照《建设项目环境影响评价分类管理名录》的规定，分别组织编制环境影响报告书、环境影响报告表或填报环境影响登记表。

自1999年国家环境保护总局首次发布实施了《建设项目环境保护分类管理名录（试行）》以来，先后对该名录进行了5次修订。2021年1月1日起施行的《建设项目环境影响评价分类管理名录（2021年版）》将建设项目分成具体的55个大类173项。其大类包括：农业、林业、畜牧业、渔业、煤炭开采和洗选业、石油和天然气开采业、黑色金属矿采选业、有色金属矿采选业、非金属矿采选业、其他采矿业、农副食品加工业、食品制造业、酒、饮料制造业、烟草制品业、纺织业、纺织服装、服饰业、皮革、毛皮、羽毛及其制品和制鞋业、木材加工和木、竹、藤、棕、草制品业、家具制造业、造纸和纸制品业、印刷和记录媒介复制业、文教、工美、体育和娱乐用品制造业、石油、煤炭及其他燃料加工业、化学原料和化学制品制造业、医药制造业、化学纤维制造业、橡胶和塑料制品业、非金属矿物制品业、黑色金属冶炼和压延加工业、有色金属冶炼和压延加工业、金属制品业、通用设备制造业、专用设备制造业、汽车制造业、铁路、船舶、航空航天和其他运输制造业、电气机械和器材制造业、计算机、通信和其他电子设备制造业、仪器仪表制造业、其他制造业、废弃资源综合利用业、金属制品、机械和设备修理业、电力、热力生产和供应业、燃气生产和供应业、水的生产和供应业、房地产业、研究和试验发展、专业技术服务业、生态保护和环境治理业、公共设施管理业、卫生、社会事业与服务业、水利、交通运输业、管道运输业、装卸搬运和仓储业、海洋工程、核与辐射。

纳入目录的建设项目是指开发建设、运行和退役过程中人类活动导致环境要素发生变化（包括有利的和不利的变化）的开发建设工程。根据建设项目特征和所处区域环境的敏感程度，综合考虑建设项目对环境的影响，对建设项目环境影响评价实行分类管理。

1.3.3.2　规划环境影响评价分类管理

《中华人民共和国环境影响评价法》规定，对需要进行环境影响评价的规划实行分类管理。明确要求对"一地三域"规划及"十专项"规划中的指导性规划应当编制有关环境影响的篇章或说明；对"十专项"规划中的非指导性规划应当编制环境影响报告书。其中"一地三域"规划指土地利用的有关规划和区域、流域、海域的建设、开发利用规划；"十专项"规划指工业、农业、畜牧业、林业、能源、水利、交通、城市建设、旅游、自然资源开发的有关专项规划。

国务院有关部门、设区的市级以上地方人民政府及其有关部门，对其组织编制的土地利用的有关规划，区域、流域、海域的建设、开发利用规划，应当在规划编制过程中组织进行环境影响评价，编写该规划有关环境影响的篇章或者说明。

国务院有关部门、设区的市级以上地方人民政府及其有关部门，对其组织编制的工业、农业、畜牧业、林业、能源、水利、交通、城市建设、旅游、自然资源开发的有关专项规划（以下简称专项规划），应当在该专项规划草案上报审批前，组织进行环境影响评价，并向审批该专项规划的机关提出环境影响报告书。但需要注意的是，工业、农业、畜牧业、林业、能源、水利、交通、城市建设、旅游、自然资源开发的有关专项规划中的指导性规划，须按规定编制有关环境影响的篇章或说明。

1.3.4　分级审批

分级审批是指建设对环境有影响的项目，不论投资主体、资金来源、项目性质和投资规模，其环境影响报告书（表）均按照规定确定分级审批权限，由生态环境部、省（自治区、直辖市）和市、县等不同级别环境保护行政主管部门负责审批。《中华人民共和国环境影响评价法》第二十三条，国务院生态环境主管部门负责审批下列建设项目的环境影响评价文件：

① 核设施、绝密工程等特殊性质的建设项目；

② 跨省、自治区、直辖市行政区域的建设项目；

③ 由国务院审批的或者由国务院授权有关部门审批的建设项目。

前款规定以外的建设项目的环境影响评价文件的审批权限，由省、自治区、直辖市人民政府规定。

建设项目可能造成跨行政区域的不良环境影响，有关生态环境主管部门对该项目的环境影响评价结论有争议的，其环境影响评价文件由共同的上一级生态环境主管部门审批。

2019年2月26日，生态环境部对生态环境部审批环境影响评价文件的建设项目目录进行调整，发布了《生态环境部审批环境影响评价文件的建设项目目录（2019年本）》，并且要求省级生态环境部门应根据本公告，结合本地区实际情况和基层生态环境部门承接能力，及时调整公告目录以外的建设项目环境影响评价文件审批权限，报省级人民政府批准并公告实施。

以辽宁省为例，辽宁省生态环境厅2021年5月发布了《辽宁省生态环境厅关于发布审批环境影响评价文件的建设项目目录（2021年本）的通知》，通知明确了由辽宁省生态环境厅审批环境影响评价文件的建设项目，同时对市级生态环境部门审批建设项目环境影响评价文件的要求作出了明确规定："各市可以按照审批层级与承接能力相匹配的原则，经综合评估承接部门的承接能力、条件（产业园区应具备独立承担环评审批的内设机构和在编人员），审慎调整环评审批权限，及时向省生态环境厅备案并公开。""各市应及时确定除生态环境部和本通知《目录》以外的建设项目环境影响评价文件审批权限，并发布实施。矿山采选和独立尾矿库、液体化工品泊位、钢压延加工、铁合金冶炼、石化、化工、原料药生产、农药、垃圾发电、污泥发电、纸浆制造、造纸、电镀（含配套电镀工序）、印染（涉漂染工序）、鞣革（以原皮和蓝湿皮等为原料）等建设项目环境影响报告书，以及燃煤锅炉、镁质耐火材料制造、海洋工程、风电站、集中式光伏电站、废弃资源综合利用、涉及重金属（铅、汞、镉、铬和类金属砷）等建设项目环境影响评价文件，由各市环评审批部门负责审批，不得授权派出分局或调整到下级部门审批。"

1.3.5 环境影响评价工程师职业资格制度

《建设项目环境影响报告书（表）编制监督管理办法》（生态环境部部令第9号）第十条要求"编制单位应当具备环境影响评价技术能力。环境影响报告书（表）的编制主持人和主要编制人员应当为编制单位中的全职人员，环境影响报告书（表）的编制主持人还应当为取得环境影响评价工程师职业资格证书的人员。"我国从2004年4月1日开始实施环境影响评价工程师职业资格制度。环境影响评价工程师职业资格制度纳入全国专业技术人员职业资格证书制度进行统一管理。环境影响评价工程师职业资格考试实行全国统一大纲、统一命题、统一组织的考试制度。考试设《环境影响评价相关法律法规》《环境影响评价技术导则与标准》《环境影响评价技术方法》和《环境影响评价案例分析》4个科目，各科考试时间均为3小时，采用闭卷笔答方式，考试时间为每年的第2季度。

考试成绩实行两年为一周期的滚动管理办法。参加全部 4 个科目考试人员必须在连续的两个考试年度内通过全部科目；免试部分科目的人员必须在一个年度内通过应试科目考试。根据关于印发《环境影响评价工程师职业资格制度暂行规定》《环境影响评价工程师职业资格考试实施办法》和《环境影响评价工程师职业资格考核认定办法》的通知（国人部发〔2004〕13 号）要求，凡遵守国家法律、法规，恪守职业道德，并具备以下条件之一者，可申请参加环境影响评价工程师职业资格考试：

① 取得环境保护相关专业大专学历，从事环境影响评价工作满 7 年；或取得其他专业大专学历，从事环境影响评价工作满 8 年。

② 取得环境保护相关专业学士学位，从事环境影响评价工作满 5 年；或取得其他专业学士学位，从事环境影响评价工作满 6 年。

③ 取得环境保护相关专业硕士学位，从事环境影响评价工作满 2 年；或取得其他专业硕士学位，从事环境影响评价工作满 3 年。

④ 取得环境保护相关专业博士学位，从事环境影响评价工作满 1 年；或取得其他专业博士学位，从事环境影响评价工作满 2 年。

思考题

(1) 环境影响评价是什么，如何进行分类？
(2) 为什么规划和建设项目实施前要进行环境影响评价？
(3) 我国环境影响评价制度的发展经历了哪些阶段？
(4) 我国环境影响评价制度有哪些特点？
(5) 想要成为一名环境影响评价工程师，需要符合哪些条件？

第二章 环境法规与环境标准

本章导航

环境法规与环境标准是一个国家或地区环境政策的具体体现,是环境评价和环境管理工作中必须贯彻执行的基本依据。环境法规与环境标准随着国家或地区自然环境的变化、社会经济的发展和科学技术的进步不断发展和完善。本章阐述了环境保护法规体系和环境标准体系的组成及其相互关系,介绍了我国环境影响评价中常用的重要法规和条例,列出了环境影响评价中部分常用的环境质量标准和污染物排放标准。

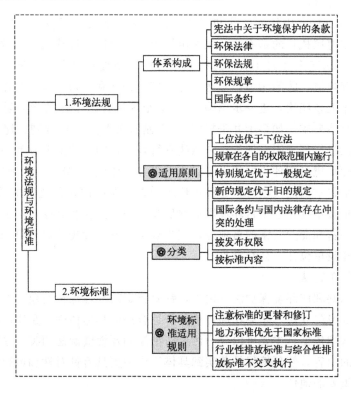

重难点内容

(1) 环境法律、法规体系构成及其适用范围。

(2) 环境标准的构成，解释其作用。
(3) 常用的环境标准及适用条件。
(4) 环境法规、环境标准体系的相互关系与应用。

2.1 环境法规

2.1.1 环境法规体系构成

目前，我国建立了由法律、环境保护行政法规、政府部门规章、地方性法规和地方性规章、环境标准、环境保护国际条约组成的比较完整的环境保护法律法规体系。

2.1.1.1 宪法中关于环境保护的条款

宪法关于环境保护的规定是国家关于环境保护的根本性要求，是环境保护法的基础和环境立法的依据。我国宪法第 26 条和第 9 条规定："国家保护和改善生活环境和生态环境，防治污染和其他公害。""国家保障自然资源的合理利用，保护珍贵的动物和植物，禁止任何组织或者个人用任何手段侵占或者破坏自然资源。"

2.1.1.2 环境保护法律

(1) 环境保护综合法

1989 年颁布实施的《中华人民共和国环境保护法》是我国环境保护的综合法，也是环境保护具体工作中遵照执行的基本法。该法由第十二届全国人民代表大会常务委员会第八次会议通过修订，于 2015 年 1 月 1 日起施行。修订后，该法共七章七十条，分为总则、监督管理、保护和改善环境、防治污染和其他公害、信息公开和公众参与、法律责任和附则。与修订前的六章四十七条相比，进一步明确了 21 世纪环境保护工作的指导思想，规定了环境影响评价制度的具体要求。如第十九条规定："编制有关开发利用规划，建设对环境有影响的项目，应当依法进行环境影响评价。未依法进行环境影响评价的开发利用规划，不得组织实施；未依法进行环境影响评价的建设项目，不得开工建设。"第五十六条规定："对依法应当编制环境影响报告书的建设项目，建设单位应当在编制时向可能受影响的公众说明情况，充分征求意见。负责审批建设项目环境影响评价文件的部门在收到建设项目环境影响报告书后，除涉及国家秘密和商业秘密的事项外，应当全文公开；发现建设项目未充分征求公众意见的，应当责成建设单位征求公众意见。"

(2) 环境保护单行法

除《中华人民共和国环境保护法》之外，针对特定的环境保护对象、领域或特定的环境管理制度而进行的专门立法，是宪法和环境保护综合法的具体体现，是实施环境管理、处理环境问题的直接法律依据，主要可以分为污染防治法和环境资源法两类。这些法律中都规定了环境影响评价的内容，使环境保护落实到具体工作中更具有针对性和可行性，在环境保护法律体系中占有重要的地位。

污染防治法：《中华人民共和国大气污染防治法》《中华人民共和国水污染防治法》《中华人民共和国环境噪声污染防治法》《中华人民共和国固体废物污染环境防治法》《中华人民共和国放射性污染防治法》《中华人民共和国环境影响评价法》《中华人民共和国海洋环境保护法》等。

环境资源法：《中华人民共和国水法》《中华人民共和国森林法》《中华人民共和国土地管理法》《中华人民共和国草原法》《中华人民共和国矿产资源法》《中华人民共和国煤炭法》《中华人民共和国节约能源法》《中华人民共和国渔业法》《中华人民共和国野生动物保护法》《中华人民共和国水土保持法》《中华人民共和国防沙治沙法》《中华人民共和国防洪法》《中华人民共和国气象法》《中华人民共和国文物保护法》等。

(3) 其他法律部门中关于环境保护的法律规范

一些其他有关法律中都涉及了环境保护的有关要求，成为环境保护法律法规体系的一个重要组成部分。如《中华人民共和国民法典》《中华人民共和国刑法》《中华人民共和国治安管理处罚法》《中华人民共和国可再生能源法》《中华人民共和国畜牧法》《中华人民共和国清洁生产促进法》《中华人民共和国传染病防治法》《中华人民共和国农业法》《中华人民共和国农业机械化促进法》《中华人民共和国对外贸易法》《中华人民共和国乡镇企业法》《中华人民共和国城市规划法》《中华人民共和国建筑法》等。

2.1.1.3　环境保护法规

(1) 行政法规

由国务院依照宪法和法律的授权，按照法定程序颁布或通过的关于环境保护方面的行政法规，几乎覆盖了所有环境保护的行政管理领域，其效力仅低于环境保护法律，在实际工作中起到解释法律、规定环境执法的行政程序等作用，在一定程度上弥补了环境保护综合法和单行法的不足。如《建设项目环境保护管理条例》《排污费征收使用管理条例》《淮河流域水污染防治暂行条例》《医疗废物管理条例》《中华人民共和国水污染防治法实施细则》等。

(2) 地方性法规

由各省、自治区、直辖市、省会城市、国务院批准的较大城市人大及其常委会制定并发布的有关环境保护规范。如《辽宁省环境噪声污染防治行动方案》(2023—2025年)、《江苏省开发区条例》、《江苏省湖泊保护条例》等。

2.1.1.4　环境保护规章

(1) 部门规章

由国务院环境保护行政主管部门或者其他有关部门制定并发布的有关环境保护规范。如《碳排放权交易管理办法（试行）》(生态环境部令第19号)、《核动力厂管理体系安全规定》(生态环境部令第18号)、《国家危险废物名录（2021年版）》、《西部地区鼓励类产业目录（2020年本）》(国家发展改革委令第40号)。

(2) 地方政府规章

由各省、自治区、直辖市、省会城市、国务院批准的较大城市人民政府制定并发布的有关环境保护规范。如《辽宁省城市供水用水管理办法》(辽宁省人民政府令第322号)、《辽宁省扬尘污染防治管理办法》(辽宁省人民政府令第283号)、《辽宁省工业锅炉节能管理办法》(辽宁省人民政府令第242号)、《辽宁省人民政府关于修改〈辽宁省取水许可和水资源费征收管理实施办法〉的决定》(辽宁省人民政府令第234号)。

2.1.1.5　我国缔结或参加的与环境保护有关的国际条约

为解决突出的全球性环境问题，在联合国环境规划署牵头组织下，各国经过艰苦谈判达成了一系列环境公约，并以法律制度的形式确定各方的权利和义务，以推动国际社会采取共同行动，使环境问题得到解决或改善。中国政府为保护全球环境而缔结或参加的与环境保护有关的国际条约是我国环境法体系的重要组成部分，据统计，我国已缔结或参加的与环境保护有关的国际条约有 30 多个。如《人类环境宣言》《联合国里约环境与发展宣言》《联合国气候变化框架公约》《生物多样性公约》《21 世纪议程》《保护臭氧层维也纳公约》《控制危险废物越境转移及其处置的巴塞尔公约》《京都议定书》《关于持久性有机污染物的斯德哥尔摩公约》《卡塔赫纳生物安全议定书》等。

2.1.2 环境法规的适用原则

① 上位法优于下位法。
   a. 宪法具有最高的法律效力。
   b. 法律的效力高于行政法规、地方性法规、规章。
   c. 行政法规的效力高于地方性法规、规章。
   d. 地方性法规的效力高于本级和下级地方政府规章。
   e. 上级政府规章的效力高于下级政府规章。
   f. 自治条例和单行条例在自治地方内优先适用。
   g. 经济特区法规在经济特区范围内优先适用。
② 不同部门规章、部门规章与地方政府规章具有同等效力，在各自的权限范围内施行。
③ 特别规定优于一般规定。
④ 新的规定优于旧的规定。
⑤ 中华人民共和国缔结或者参加的与环境保护有关的国际条约，同中华人民共和国法律有不同规定的，适用国际条约的规定，但中华人民共和国声明保留的条款除外。

> **金石之声**
>
> 中国政府高度重视缔约工作。根据《中华人民共和国缔结条约程序法》，外交部在国务院领导下管理同外国缔结条约的具体工作。自 1957 年和 1986 年起，外交部开始编纂《中华人民共和国条约集》和《中华人民共和国多边条约集》，收录我国对外缔结和参加的部分双、多边条约。为践行外交为民，进一步促进条约利用，并服务"一带一路"建设，外交部特建设条约数据库，将两个《条约集》收录的条约以及新近缔结和参加的部分条约加以公布。部分条约已经失效，但为方便研究，也一并收录。此外，数据库还收录了部分双边合作文件，一并供公众查阅使用。
>
> 中国政府重视发展与世界各国的友好关系，深化与全球性、区域性国际组织的合作，维护以联合国为核心的国际体系、以国际法为基础的国际秩序、以联合国宪章宗旨和原则为基础的国际关系基本准则，维护和践行真正的多边主义，积极参与全球治理体系改革和建设。中国政府对外缔结或参加了大量政治、经贸、文化、卫生、科技等领域的双边、多边条约，为深化中国与世界各国及国际组织的全方位合作、推进中国特色大国外交提供了坚实的法律保障。

2.1.3 环境影响评价的重要法律法规

2.1.3.1 中华人民共和国环境影响评价法（2018 年）

该法作为一部环境保护单行法，具体规定了规划和建设项目环境影响评价的相关法律要

求,是我国环境影响评价工作的直接法律依据,由如下部分组成:

第一章为总则(第一条~第六条),规定了立法目的、法律定义、适用范围、基本原则等。

第二章为规划的环境影响评价(第七条~第十五条),规定了评价的类别、范围及评价要求;规定了专规报告书的主要内容、报审时限、审查程序和审查时限、报告书结论和审查意见等内容。

第三章为建设项目的环境影响评价(第十六条~第二十八条),规定了建设项目环境影响评价的分类管理和分级审批制度;规定了建设项目环境影响报告书的编写内容;规定了建设项目环评违法行为及责任追究。

第四章为法律责任(第二十九条~第三十四条),规定了规划编制机关、规划审批机关、项目建设单位、环境评价技术服务机构、生态环境保护部门或者其他部门的主管人员和相关工作人员违反本法规定所必须承担的法律责任。

第五章为附则(第三十五条~第三十七条),规定了省、自治区、直辖市人民政府对规划环境影响评价的审批要求以及军事设施建设项目的环境影响评价办法。

2.1.3.2 建设项目环境保护管理条例(2017年)

该条例是国务院于1998年11月发布并施行的关于建设项目环境管理的第一个行政法规。为防止、减少建设项目产生的环境污染和生态破坏,建立健全环境影响评价制度和"三同时"制度,强化制度的有效性,2017年7月16日国务院发布《国务院关于修改〈建设项目环境保护管理条例〉的决定》,2017年10月1日起施行。修订后的内容包括总则、环境影响评价、环境保护设施建设、法律责任和附则,共五章三十条。

2.1.3.3 规划环境影响评价条例(2009年)

该条例由国务院在2009年8月发布,于2009年10月1日起施行。为了加强规划的环境影响评价工作,提高规划的科学性,从源头预防环境污染和生态破坏,促进经济、社会和环境的全面协调可持续发展,该条例对规划环境影响评价进行了全面、详细、具体、系统的规定。具体内容包括总则、评价、审查、跟踪评价、法律责任和附则,共六章三十六条。

2.2 环境标准

2.2.1 环境标准及其作用

环境标准是为了防治环境污染,维护生态平衡,保护人群健康,对环境保护工作中需要统一的各项技术规范和技术要求所作的规定。

> **金石之声**
>
> 标准指通过标准化活动,按照规定的程序经协商一致制定,为各种活动或其结果提供规则、指南或特性,供共同使用和重复使用的文件。
> 注1:标准宜以科学、技术和经验的综合成果为基础。
> 注2:规定的程序指制定标准的机构颁布的标准制定程序。

注3：诸如国际标准、区域标准、国家标准等，由于它们可以公开获得以及必要时通过修正或修订保持与最新技术水平同步，因此它们被视为构成了公认的技术规则。其他层次上通过的标准，诸如专业协（学）会标准、企业标准等，在地域上可影响几个国家。

——《标准化工作指南　第1部分：标准化和相关活动的通用术语》（GB/T 20000.1—2014）

2.2.2　环境标准体系构成

环境标准按标准发布权限划分为：国家标准、地方标准、行业标准。

① 国家环境标准（用GB或GB/T表示）是国务院环境保护主管部门根据国家环境质量标准和国家经济、技术条件，制定的国家污染物排放（控制）标准。

② 地方环境标准（用DB或DB/T表示）是省、自治区、直辖市人民政府对国家环境标准的补充和完善。省、自治区、直辖市人民政府对国家污染物排放（控制）标准中未作规定的项目，可以制定地方污染物排放（控制）标准；对国家污染物排放（控制）标准中已作规定的项目，可以制定严于国家污染物排放（控制）标准的地方污染物排放（控制）标准。地方污染物排放（控制）标准应当报国务院环境保护主管部门备案。

③ 国家环境保护行业标准（用HJ或HJ/T表示）是除国家、地方环境标准外，还需要统一的技术性能、环境保护仪器设备等技术要求，由生态环境部制定，在全国范围内执行。

环境标准按标准内容划分为：环境质量标准、污染物排放标准、环境监测标准、环境标准样品标准、环境基础标准。

① 环境质量标准是指在一定时间和空间范围内对环境中有害物质或因素的容许浓度所作的规定，是环境质量的目标标准，分为水、大气、土壤、生物和声环境质量标准等。

② 污染物排放标准是对排入环境的有害物质和产生污染的各种因素所作的限制性规定，是对污染源的控制标准，包括废水、废气、噪声、固体废物等污染物质的排放标准。

③ 环境监测标准是为监测环境质量和污染物排放，规范采样、分析测试和数据处理等方法所作的统一规定，包括环境监测技术规范、环境监测分析方法标准、环境监测仪器技术要求。

④ 环境标准样品标准是为保证环境监测数据准确可靠，对用于量值传递或质量控制的材料、实物样品而制定的标准，用于评价分析仪器，鉴别其灵敏度，平均分析者的技术，使操作技术规范化。

⑤ 环境基础标准是对有指导意义的各种符号、代号、公式、量纲、名词术语、标记方法、标准编排方法、原则等所作的规定，是制定其他标准的基础。

2.2.3　环境标准的适用原则

2.2.3.1　环境标准的权限和法律效力

环境标准按性质分为强制性环境标准和推荐性环境标准。强制性环境标准应视同为技术法规，具有法律强制效力，必须执行。强制性标准以外的环境标准属于推荐性标准，推荐性的环境标准作为国家环境经济政策的指导，鼓励、引导有条件的企业按照相关标准实施。推荐性环境标准被强制性标准引用，也必须强制执行。

2.2.3.2 环境标准使用的注意事项

① 地方标准优先于国家标准。
② 综合性排放标准与行业性排放标准不交叉执行。
③ 关注标准的更替和修订。

2.2.4 环境质量标准

环境质量标准与环境功能区类别对应，功能区类别高的区域其浓度限值严于功能区类别低的浓度限值。

2.2.4.1 环境空气质量标准

《环境空气质量标准》（GB 3095—2012）规定了10个项目的浓度限值，其中基本项目为6项（表2-1），其他项目为4项（表2-2）。依据环境空气的功能和保护目标，将环境空气质量分为两类，分别执行相应的环境质量标准。一类区为自然保护区、风景名胜区和其他需特殊保护的区域，适用一级浓度限值。二类区为居住区、商业交通居民混合区、文化区、工业区和农村地区，适用二级浓度限值。

表 2-1 环境空气污染物基本项目浓度限值

序号	污染物项目	平均时间	浓度限值 一级	浓度限值 二级	单位
1	二氧化硫（SO_2）	年平均	20	60	$\mu g/m^3$
		24小时平均	50	150	
		1小时平均	150	500	
2	二氧化氮（NO_2）	年平均	40	40	$\mu g/m^3$
		24小时平均	80	80	
		1小时平均	200	200	
3	一氧化碳（CO）	24小时平均	4	4	mg/m^3
		1小时平均	10	10	
4	臭氧（O_3）	日最大8小时平均	100	160	$\mu g/m^3$
		1小时平均	160	200	
5	颗粒物（PM_{10}）	年平均	40	70	$\mu g/m^3$
		24小时平均	50	150	
6	颗粒物（$PM_{2.5}$）	年平均	15	35	
		24小时平均	35	75	

2.2.4.2 地表水环境质量标准

《地表水环境质量标准》（GB 3838—2002）规定了109个项目的标准限值，其中24个为基本项目（表2-3）。地表水水域依据环境功能和保护目标，按功能高低依次划分为五类，分别对应五级质量标准：Ⅰ类主要适用于源头水、国家自然保护区，执行Ⅰ级标准；Ⅱ类主要适用于集中式生活饮用水地表水源地一级保护区、珍稀水生生物栖息地、鱼虾类产卵场、仔稚幼鱼的索饵场等，执行Ⅱ级标准；Ⅲ类主要适用于集中式生活饮用水地表水源地二级保护区、鱼虾类越冬场、洄游通道、水产养殖区等渔业水域及游泳区,执行Ⅲ级标准;Ⅳ类主要适用于一般工业用水区及人体非直接接触的娱乐用水区,执行Ⅳ级标准;Ⅴ类主要适用于农业用水区及一般景观要求水域,执行Ⅴ级标准。

表2-2 环境空气污染物其他项目浓度限值

序号	污染物项目	平均时间	浓度限值 一级	浓度限值 二级	单位
1	总悬浮颗粒物(TSP)	年平均	80	200	$\mu g/m^3$
1	总悬浮颗粒物(TSP)	24小时平均	120	300	$\mu g/m^3$
2	氮氧化物(NO_x)	年平均	50	50	$\mu g/m^3$
2	氮氧化物(NO_x)	24小时平均	100	100	$\mu g/m^3$
2	氮氧化物(NO_x)	1小时平均	250	250	$\mu g/m^3$
3	铅(Pb)	年平均	0.5	0.5	$\mu g/m^3$
3	铅(Pb)	季平均	1	1	$\mu g/m^3$
4	苯并[a]芘(BaP)	年平均	0.001	0.001	$\mu g/m^3$
4	苯并[a]芘(BaP)	24小时平均	0.0025	0.0025	$\mu g/m^3$

表2-3 地表水环境质量标准中基本项目的标准限值

序号	项目	Ⅰ类	Ⅱ类	Ⅲ类	Ⅳ类	Ⅴ类
1	水温/℃	人为造成的环境水温变化应限制在:周平均最大温升≤1,周平均最大温降≤2				
2	pH值(无量纲)	6~9				
3	溶解氧/(mg/L)	饱和率≥90%(或≥7.5)	≥6	≥5	≥3	≥2
4	高锰酸盐指数/(mg/L)	≤2	≤4	≤6	≤10	≤15
5	化学需氧量(COD)/(mg/L)	≤15	≤15	≤20	≤30	≤40
6	五日生化需氧量(BOD_5)/(mg/L)	≤3	≤3	≤4	≤6	≤10
7	氨氮(NH_3-N)/(mg/L)	≤0.15	≤0.5	≤1.0	≤1.5	≤2.0
8	总磷(以P计)/(mg/L)	≤0.02(湖、库≤0.01)	≤0.1(湖、库≤0.025)	≤0.2(湖、库≤0.05)	≤0.3(湖、库≤0.1)	≤0.4(湖、库≤0.2)
9	总氮(湖、库,以N计)/(mg/L)	≤0.2	≤0.5	≤1.0	≤1.5	≤2.0
10	铜/(mg/L)	≤0.01	≤1.0	≤1.0	≤1.0	≤1.0
11	锌/(mg/L)	≤0.05	≤1.0	≤1.0	≤2.0	≤2.0
12	氟化物(以F^-计)/(mg/L)	≤1.0	≤1.0	≤1.0	≤1.5	≤1.5
13	硒/(mg/L)	≤0.01	≤0.01	≤0.01	≤0.02	0.02
14	砷/(mg/L)	≤0.05	≤0.05	≤0.05	≤0.1	0.1
15	汞/(mg/L)	≤0.00005	≤0.00005	≤0.0001	≤0.001	0.001
16	镉/(mg/L)	≤0.001	≤0.005	≤0.005	≤0.005	0.01
17	铬(Ⅵ)/(mg/L)	≤0.01	≤0.05	≤0.05	≤0.05	0.1
18	铅/(mg/L)	≤0.01	≤0.01	≤0.05	≤0.05	0.1

续表

序号	项目	标准分类				
		Ⅰ类	Ⅱ类	Ⅲ类	Ⅳ类	Ⅴ类
19	氰化物/(mg/L)	≤0.005	≤0.05	≤0.2	≤0.2	0.2
20	挥发酚/(mg/L)	≤0.002	≤0.002	≤0.005	≤0.01	0.1
21	石油类/(mg/L)	≤0.05	≤0.05	≤0.05	≤0.5	1.0
22	阴离子表面活性剂/(mg/L)	≤0.2	≤0.2	≤0.2	≤0.3	0.3
23	硫化物/(mg/L)	≤0.05	≤0.1	≤0.2	≤0.5	1.0
24	粪大肠菌群/(个/L)	≤200	≤2000	≤10000	≤20000	40000

注：同一水域兼有多种适用功能的，执行最高功能类别对应的标准值。

2.2.4.3 地下水质量标准

《地下水质量标准》(GB/T 14848—2017) 规定了地下水的质量分类、指标及限值，地下水质量调查与监测、地下水质量评价等内容，适用于地下水质量调查、监测、评价与管理。

依据我国地下水质量状况和人体健康风险，参照生活饮用水、工业、农业等用水质量要求，依据各组分含量高低（pH除外），将地下水质量划分为五类：Ⅰ类地下水化学组分含量低，适用于各种用途；Ⅱ类地下水化学组分含量较低，适用于各种用途；Ⅲ类地下水化学组分含量中等，主要适用于集中式生活饮用水水源及工农业用水；Ⅳ类地下水化学组分含量较高，以农业和工业用水质量要求以及一定的人体健康风险为依据，适用于农业和部分工业用水，适当处理后可作生活饮用水；Ⅴ类地下水化学组分含量高，不宜作为生活饮用水水源，其他用水可根据使用目的选用。

2.2.4.4 海水水质标准

《海水水质标准》(GB 3097—1997) 规定了海水水质按照海域的不同使用功能和保护目标分为四类，分别对应四级质量标准：第一类适用于海洋渔业水域、海上自然保护区和珍稀濒危海洋生物保护区，执行一级标准；第二类适用于水产养殖区，海水浴场，人体直接接触海水的海上运动或娱乐区，与人类食用直接有关的工业用水区，执行二级标准；第三类适用于一般工业用水区、滨海风景旅游区，执行三级标准；第四类适用于海洋港口水域、海洋开发作业区，执行四级标准。该标准规定了35项指标的不同级别的标准限值。

2.2.4.5 声环境质量标准

《声环境质量标准》(GB 3096—2008) 规定依据区域的使用功能特点和环境质量要求，声环境功能区分为五类，分别对应五级质量标准：0类指康复疗养区等特别需要安静的区域，执行0类标准；1类指以居民住宅、医疗卫生、文化教育、科研设计、行政办公为主要功能，需要保持安静的区域，执行1类标准；2类指以商业金融、集市贸易为主要功能，或者居住、商业、工业混杂，需要维护住宅安静的区域，执行2类标准；3类指以工业生产、仓储物流为主要功能，需要防止工业噪声对周围环境产生严重影响的区域，执行3类标准；4类指交通干线两侧一定距离内，需要防止交通噪声对周围环境产生严重影响的区域，其中4a类指高速公路、一级和二级公路、城市快速路、城市主干路、城市次干路、城市轨道交通（地面段）、内河航道两侧区域，4b类指铁路干线两侧区域。各类声环境功能区的环境噪声限值见表2-4。

表 2-4　环境噪声限值

声环境功能区类别		声级限值/dB(A)	
		昼间	夜间
0 类		50	40
1 类		55	45
2 类		60	50
3 类		65	55
4 类	4a 类	70	55
	4b 类	70	60

注：1. 4b 类声环境功能区环境噪声限值适用于 2011 年 1 月 1 日起环境影响评价文件通过审批的新建铁路（含新开廊道的增建铁路）干线建设项目两侧区域。

2. 在下列情况下，铁路干线两侧区域不通过列车时的环境背景噪声限值，按昼间 70dB（A）、夜间 55dB（A）执行：

a）穿越城区的既有铁路干线；

b）对穿越城区的既有铁路干线进行改建、扩建的铁路建设项目。既有铁路是指 2010 年 12 月 31 日前已建成运营的铁路或环境影响评价文件已通过审批的铁路建设项目。

2.2.4.6　土壤环境质量标准

土壤环境质量标准体系包括《土壤环境质量　农用地土壤污染风险管控标准（试行）》(GB 15618—2018)、《土壤环境质量　建设用地土壤污染风险管控标准（试行）》(GB 36600—2018)，对农用地土壤及建设用地土壤环境质量及污染风险作出了要求。

2.2.5　污染物排放标准

大部分污染物排放标准分级别对应于相应的环境功能区，处于环境质量标准高的功能区内的污染源执行相对严格的污染物排放限值，处于环境质量标准低的功能区内的污染源执行相对宽松的污染物排放限值。

2.2.5.1　大气污染物排放标准

《大气污染物综合排放标准》(GB 16297—1996) 规定了 33 种大气污染物的最高允许排放浓度和依排气筒高度限定的最高允许排放速率，适用于尚没有行业排放标准的现有污染源大气污染物的排放管理，以及建设项目的环境影响评价、设计、环境保护设施竣工验收及投产后的大气污染物排放管理。

1997 年 1 月 1 日前设立的污染源（以下简称为现有污染源）执行现有污染源大气污染物排放限值；1997 年 1 月 1 日起设立（包括新建、扩建、改建）的污染源（以下简称为新污染源）执行新污染源大气污染物排放限值。位于一类区的污染源执行一级标准，一类区禁止新、扩建污染源，一类区现有污染源改建时执行现有污染源的一级标准；位于二类区的污染源执行二级标准；位于三类区的污染源执行三级标准。

《锅炉大气污染物排放标准》(GB 13271—2014) 对在用锅炉的大气污染物排放管理，以及锅炉建设项目环境影响评价、环境保护设施设计、竣工环境保护验收及其投产后的大气污染物排放管理等作了规定，适用于以燃煤、燃油和燃气为燃料的单台出力 65t/h 及以下蒸汽锅炉、各种容量的热水锅炉及有机热载体锅炉、各种容量的层燃炉及抛煤机炉。

按照规定，10t/h 以上在用蒸汽锅炉和 7MW 以上在用热水锅炉自 2015 年 10 月 1 日起执行表 2-5 规定的大气污染物排放限值，10t/h 及以下在用蒸汽锅炉和 7MW 及以下在用热水锅炉自 2016 年 7 月 1 日起执行表 2-5 规定的大气污染物排放限值。

表 2-5　在用锅炉大气污染物排放浓度限值

污染物项目	限值			污染物排放监控位置
	燃煤锅炉	燃油锅炉	燃气锅炉	
颗粒物/(mg/m^3)	80	60	30	烟囱或烟道
二氧化硫/(mg/m^3)	400 550[①]	300	100	烟囱或烟道
氮氧化物/(mg/m^3)	400	400	400	烟囱或烟道
汞及其化合物/(mg/m^3)	0.05	—	—	烟囱或烟道
烟气黑度(林格曼黑度)/级	≤1			烟囱排放口

① 位于广西壮族自治区、重庆市、四川省和贵州省的燃煤锅炉执行该限值。

自 2014 年 7 月 1 日起，新建锅炉执行表 2-6 规定的大气污染物排放限值。

表 2-6　新建锅炉大气污染物排放浓度限值

污染物项目	限值			污染物排放监控位置
	燃煤锅炉	燃油锅炉	燃气锅炉	
颗粒物/(mg/m^3)	50	30	20	烟囱或烟道
二氧化硫/(mg/m^3)	300	200	50	烟囱或烟道
氮氧化物/(mg/m^3)	300	250	200	烟囱或烟道
汞及其化合物/(mg/m^3)	0.05	—	—	烟囱或烟道
烟气黑度(林格曼黑度)/级	≤1			烟囱排放口

重点地区锅炉执行表 2-7 规定的大气污染物特别排放浓度限值。执行大气污染物特别排放限值的地域范围、时间，由国务院环境保护主管部门或省级人民政府规定。

表 2-7　大气污染物特别排放浓度限值

污染物项目	限值			污染物排放监控位置
	燃煤锅炉	燃油锅炉	燃气锅炉	
颗粒物/(mg/m^3)	30	30	20	烟囱或烟道
二氧化硫/(mg/m^3)	200	100	50	烟囱或烟道
氮氧化物/(mg/m^3)	200	200	150	烟囱或烟道
汞及其化合物/(mg/m^3)	0.05	—	—	烟囱或烟道
烟气黑度(林格曼黑度)/级	≤1			烟囱排放口

每个新建燃煤锅炉房只能设一根烟囱，烟囱高度应根据锅炉房装机总容量按照表 2-8 执行，燃油、燃气锅炉烟囱不低于 8m，锅炉烟囱的具体高度按批复的环境影响评价文件确定。新建锅炉房的烟囱周围半径 200m 距离内有建筑物时，其烟囱应高出最高建筑物 3m 以上。

表 2-8　燃煤锅炉房烟囱最低允许高度

锅炉房装机总容量/MW	<0.7	0.7~<1.4	1.4~<2.8	2.8~<7	7~<14	≥14
锅炉房装机总容量/(t/h)	<1	1~<2	2~<4	4~<10	10~<20	≥20
烟囱最低允许高度/m	20	25	30	35	40	45

2.2.5.2　水污染物排放标准

《污水综合排放标准》(GB 8978—1996) 按照污水排放去向，以 1997 年 12 月 31 日为界，按年限规定了第一类污染物（共 13 种）和第二类污染物（共 56 种）的最高允许排放浓度及部分行业最高允许排水量。第一类污染物不分行业和污水排放方式，不分受纳水体的功能类别，一律在车间或车间处理设施排放口采样，其最高允许排放浓度必须达到本标准的相应要求，见表 2-9。第二类污染物在排污单位排放口采样，其最高允许排放浓度必须达到本标准的相应要求。

表 2-9　第一类污染物最高允许排放浓度

序号	污染物	最高允许排放浓度	序号	污染物	最高允许排放浓度
1	总汞	0.05mg/L	8	总镍	1.0mg/L
2	烷基汞	不得检出	9	苯并[a]芘	0.00003mg/L
3	总镉	0.1mg/L	10	总铍	0.005mg/L
4	总铬	1.5mg/L	11	总银	0.5mg/L
5	六价铬	0.5mg/L	12	总 α 放射性	1Bq/L
6	总砷	0.5mg/L	13	总 β 放射性	10Bq/L
7	总铅	1.0mg/L			

《城镇污水处理厂污染物排放标准》(GB 18918—2002) 适用于城镇污水处理厂出水、废气排放和污泥处置（控制）的管理，规定了城镇污水处理厂出水、废气排放和污泥处置（控制）的污染物浓度限值，其中基本控制项目主要包括影响水环境和城镇污水处理厂一般处理工艺可以去除的常规污染物和部分第一类污染物，共 19 项。基本控制项目最高允许排放浓度见表 2-10，部分一类污染物最高允许排放浓度见表 2-11，厂界（防护带边缘）废气排放最高允许浓度见表 2-12。

表 2-10　基本控制项目最高允许排放浓度

序号	基本控制项目	一级标准		二级标准	三级标准
		A	B		
1	化学需氧量(COD)/(mg/L)	50	60	100	120①
2	生化需氧量(BOD_5)/(mg/L)	10	20	30	60①
3	悬浮物(SS)/(mg/L)	10	20	30	50
4	动植物油/(mg/L)	1	3	5	20
5	石油类/(mg/L)	1	3	5	15
6	阴离子表面活性剂/(mg/L)	0.5	1	2	5
7	总氮(以氮计)/(mg/L)	15	20	—	—
8	氨氮(以氮计)②/(mg/L)	5(8)	8(15)	25(30)	—

续表

序号	基本控制项目		一级标准 A	一级标准 B	二级标准	三级标准
9	总磷(以 P 计)	2005 年 12 月 31 日前建设的	1	1.5	3	5
		2006 年 1 月 1 日后建设的	0.5	1	3	5
10	色度(稀释倍数)		30	30	40	50
11	pH		6~9			
12	粪大肠菌群数/(个/L)		10^3		10^4	—

① 下列情况下按去除率指标执行：当进水 COD 大于 350mg/L 时，去除率应大于 60%；BOD 大于 160mg/L 时，去除率大于 50%。

② 括号外数值为水温＞12℃时的控制指标，括号内数值为水温≤12℃时的控制指标。

表 2-11 部分一类污染物最高允许排放浓度

序号	项目	标准值/(mg/L)	序号	项目	标准值/(mg/L)
1	总汞	0.001	5	六价铬	0.05
2	烷基汞	不得检出	6	总砷	0.1
3	总镉	0.01	7	总铅	0.1
4	总铬	0.1			

表 2-12 厂界（防护带边缘）废气排放最高允许浓度

序号	控制项目	一级标准	二级标准	三级标准
1	氨/(mg/m³)	1.0	1.5	4.0
2	硫化氢/(mg/m³)	0.03	0.06	0.32
3	臭气浓度(无量纲)	10	20	60
4	甲烷(厂区最高体积浓度)/%	0.5	1	1

2.2.5.3 噪声排放标准

《工业企业厂界环境噪声排放标准》（GB 12348—2008）适用于工业及企事业等单位噪声排放的管理、评价及控制。该标准规定了工业企业和固定设备厂界环境噪声排放限值及其测量方法。工业企业厂界环境噪声排放限值见表 2-13。

表 2-13 工业企业厂界环境噪声排放限值

厂界外声环境功能区类别	时段 昼间/dB(A)	时段 夜间/dB(A)	厂界外声环境功能区类别	时段 昼间/dB(A)	时段 夜间/dB(A)
0	50	40	3	65	55
1	55	45	4	70	55
2	60	50			

注：1. 夜间频发噪声的最大声级超过限值的幅度不得高于 10dB（A）。

2. 夜间偶发噪声的最大声级超过限值的幅度不得高于 15dB（A）。

3. 工业企业若位于未划分声环境功能区的区域，当厂界外有噪声敏感建筑物时，由当地县级以上人民政府参照 GB 3096 和 GB/T 15190 的规定确定厂界外区域的声环境质量要求，并执行相应的厂界环境噪声排放限值。

4. 当厂界与噪声敏感建筑物距离小于 1m 时，厂界环境噪声应在噪声敏感建筑物的室内测量，并将表 2-13 中相应的限值减 10dB（A）作为评价依据。

《建筑施工场界环境噪声排放标准》（GB 12523—2011）适用于周围有噪声敏感建筑物的建筑施工噪声排放的管理、评价及控制。该标准规定建筑施工场界昼间和夜间的环境噪声排放限值分别为 70dB（A）、55dB（A），见表 2-14。

表 2-14 建筑施工场界环境噪声排放限值

昼间/dB(A)	夜间/dB(A)
70	55

注：1. 夜间噪声最大声级超过限值的幅度不得高于 15dB（A）。
2. 当场界距噪声敏感建筑物较近，其室外不满足测量条件时，可在噪声敏感建筑物室内测量，并将表中相应的限值减 10dB（A）作为评价依据。

2.2.6 环境影响评价技术导则

国家生态环境主管部门制定了由总纲、污染源源强核算技术指南、环境要素环境影响评价技术导则、专题环境影响评价技术导则、行业建设项目环境影响评价技术导则等构成的环境影响评价技术导则体系。环境影响评价技术导则规定了建设项目环境影响评价的一般性原则、通用规定、工作程序、工作内容、方法及相关要求，适用于需编制环境影响报告书和环境影响报告表的建设项目环境影响评价。重点行业环境影响评价技术导则针对不同行业建设及生产等过程的特点，规定了相关行业建设项目环境影响评价的一般性原则、内容和方法。

针对《中华人民共和国环境影响评价法》第二十四条规定"建设项目的环境影响评价文件经批准后，建设项目的性质、规模、地点、采用的生产工艺或者防治污染、防止生态破坏的措施发生重大变动的，建设单位应当重新报批建设项目的环境影响评价文件。"为规范环境影响评价重大变动管理，国家生态环境主管部门组织制定了不同行业建设项目重大变动清单。

污染源强核算是开展建设项目环境影响评价的重要基础，为了规范污染源强核算方法、步骤，提高污染源强核算结果的准确性，国家生态环境主管部门针对不同行业生产、建设特点，组织制定了建设项目污染源强核算技术指南系列文件。

思考题

(1) 我国环境保护法规体系包括哪些内容，它们之间有哪些异同？
(2) 我国环境标准体系包括哪些内容，它们的适用范围分别是什么？
(3) 环境质量标准与污染物排放标准之间有哪些区别和联系？

案例分析

某塑料制品有限公司建设项目的背景、环境质量标准及污染物排放标准见二维码 2-1。

二维码 2-1

第三章 环境影响评价程序与方法

本章导航

　　环境影响评价程序是指按一定的顺序或步骤指导完成环境影响评价工作的过程。作为法定制度的环境影响评价程序主要用于指导环境影响评价工作的监督与管理以及指导环境影响评价工作的具体实施。一个对环境可能产生影响的建设项目从提出申请到环境影响报告书（表）审查通过的全过程，每一步都必须按照法规的要求执行。本章详细介绍了我国环境影响评价工作应遵循的管理程序、工作程序以及环境影响评价文件的编制与填报，同时也介绍了开展环境影响评价工作经常用到的环境影响识别方法、环境影响预测方法和环境影响评估方法等。

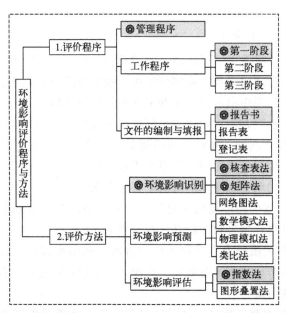

重难点内容

（1）环境影响评价程序的定义、分类、遵循的原则。
（2）环境影响评价的管理程序和工作程序。
（3）环境影响识别、预测、评估的常用方法及适用条件。

3.1 环境影响评价程序

3.1.1 管理程序

环境影响评价是建设项目开工建设必不可少的前置程序，根据《中华人民共和国环境影响评价法》第二十五条规定，建设项目的环境影响评价文件未依法经审批部门审查或者审查后未予批准的，建设单位不得开工建设。

3.1.1.1 环境影响评价文件的编写

按照《建设项目环境影响报告书（表）编制监督管理办法》（生态环境部令第9号）要求，建设单位可以委托技术单位对其建设项目开展环境影响评价，编制环境影响报告书（表）；建设单位具备环境影响评价技术能力的，可以自行对其建设项目开展环境影响评价，编制环境影响报告书（表）。

为贯彻落实"十四五"生态环境保护目标、任务，深入打好污染防治攻坚战，健全以环境影响评价制度为主体的源头预防体系，构建以排污许可制为核心的固定污染源监管制度体系，推动生态环境质量持续改善和经济高质量发展，制定本方案。

——《"十四五"环境影响评价与排污许可工作实施方案》

3.1.1.2 环境影响评价文件审批

建设项目的环境影响报告书、报告表，由建设单位按照国务院的规定报有审批权的生态环境主管部门审批。审批部门应当自收到环境影响报告书之日起六十日内，收到环境影响报告表之日起三十日内，分别作出审批决定并书面通知建设单位。

生态环境部主要从下列方面对建设项目环境影响报告书（表）进行审查：

① 建设项目类型及其选址、布局、规模等是否符合生态环境保护法律法规和相关法定规划、区划，是否符合规划环境影响报告书及审查意见，是否符合区域生态保护红线、环境质量底线、资源利用上线和生态环境准入清单管控要求；

② 建设项目所在区域生态环境质量是否满足相应环境功能区划要求、区域环境质量改善目标管理要求、区域重点污染物排放总量控制要求；

③ 拟采取的污染防治措施能否确保污染物排放达到国家和地方排放标准；拟采取的生态保护措施能否有效预防和控制生态破坏；可能产生放射性污染的，拟采取的防治措施能否有效预防和控制放射性污染；

④ 改建、扩建和技术改造项目，是否针对项目原有环境污染和生态破坏提出有效防治措施；

⑤ 环境影响报告书（表）编制内容、编制质量是否符合有关要求。

3.1.1.3 建设及竣工验收

根据《建设项目环境保护管理条例》，建设项目需要配套建设的环境保护设施，必须与主体工程同时设计、同时施工、同时投产使用。编制环境影响报告书、环境影响报告表的建设项目竣工后，建设单位应当按照国务院环境保护行政主管部门规定的标准和程序，对配套建设的环境保护设施进行验收，编制验收报告。

以排放污染物为主的建设项目，参照《建设项目竣工环境保护验收技术指南　污染影响类》编制验收监测报告；主要对生态造成影响的建设项目，按照《建设项目竣工环境保护验收技术规范　生态影响类》编制验收调查报告；火力发电、石油炼制、水利水电、核与辐射等已发布行业验收技术规范的建设项目，按照该行业验收技术规范编制验收监测报告或者验收调查报告。

建设项目环境保护设施存在下列情形之一的，建设单位不得提出验收合格的意见：

① 未按环境影响报告书（表）及其审批部门审批决定要求建成环境保护设施，或者环境保护设施不能与主体工程同时投产或者使用的；

② 污染物排放不符合国家和地方相关标准、环境影响报告书（表）及其审批部门审批决定或者重点污染物排放总量控制指标要求的。

3.1.1.4　环境影响后评价

根据《建设项目环境影响后评价管理办法（试行）》，下列建设项目运行过程中产生不符合经审批的环境影响报告书情形的，应当开展环境影响后评价：

① 水利、水电、采掘、港口、铁路行业中实际环境影响程度和范围较大，且主要环境影响在项目建成运行一定时期后逐步显现的建设项目，以及其他行业中穿越重要生态环境敏感区的建设项目；

② 冶金、石化和化工行业中有重大环境风险，建设地点敏感，且持续排放重金属或者持久性有机污染物的建设项目；

③ 审批环境影响报告书的环境保护主管部门认为应当开展环境影响后评价的其他建设项目。

建设单位或者生产经营单位负责组织开展环境影响后评价工作，编制环境影响后评价文件，并对环境影响后评结论负责。

建设单位或者生产经营单位可以委托环境影响评价机构、工程设计单位、大专院校和相关评估机构等编制环境影响后评价文件。

3.1.2　工作程序

建设项目环境影响评价是一项复杂的、程序化的系统性工作，其工作程序可依据《建设项目环境影响评价技术导则　总纲》（HJ 2.1—2016）执行。

首先，分析判定建设项目选址选线、规模、性质和工艺路线等与国家和地方有关环境保护法律法规、标准、政策、规范、相关规划、规划环境影响评价结论及审查意见的符合性，并与生态保护红线、环境质量底线、资源利用上线和环境准入负面清单进行对照，是开展环境影响评价工作的前提和基础。

环境影响评价工作一般分为三个阶段：调查分析和工作方案制定阶段、分析论证和预测评价阶段、环境影响报告书（表）编制阶段。

研究国家和地方的法律法规、发展规划和环境功能区划、技术导则和相关标准、建设项目依据，同时收集项目可行性报告资料、各种批文及建设项目初步设计方案、可行性分析报告等有关技术资料，依据相关技术文件及要求进行初步工程分析，明确建设项目的工程组成，根据工艺流程确定排污环节和主要的污染物，开展初步的环境现状调查，为后续环境影响识别与评价因子筛选，明确评价重点和环境保护目标，确定工作等级、评价范围和评价标准提供基础数据。

（1）环境影响因素识别

列出建设项目的直接和间接行为，结合建设项目所在区域发展规划、环境保护规划、环境功能区划、生态功能区划及环境现状，分析可能受上述行为影响的环境影响因素。

应明确建设项目在建设阶段、生产运行、服务期满后（可根据项目情况选择）等不同阶段的各种行为与可能受影响的环境要素间的作用效应关系、影响性质、影响范围、影响程度等，定性分析建设项目对各环境要素可能产生的污染影响与生态影响，包括有利与不利影响、长期与短期影响、可逆与不可逆影响、直接与间接影响、累积与非累积影响等。

环境影响因素识别可采用矩阵法、网络法、地理信息系统支持下的叠加图法等。

（2）评价因子筛选

根据建设项目的特点、环境影响的主要特征，结合区域环境功能要求、环境保护目标、评价标准和环境制约因素，筛选确定评价因子。

（3）环境影响评价等级的划分

按建设项目的特点、所在地区的环境特征、相关法律法规、标准及规划、环境功能区划等划分各环境要素、各专题评价工作等级，具体由环境要素或专题环境影响评价技术导则规定。工作等级的划分依据如下：

① 建设项目的特点（项目性质、规模，能源与资源的使用，主要污染物种类、源强、排放方式等）；

② 所在地区的环境特征（自然环境、生态环境和社会环境状况，环境敏感程度等）；

③ 有关法律法规、规划、环境功能区划与标准（环境质量标准、污染物排放标准等）。

对于某一具体建设项目，评价等级可根据实际情况作适当调整，但调整的幅度不超过一级，并说明调整的具体理由。

（4）环境保护目标的确定

环境保护目标指环境影响评价范围内的环境敏感区及需要特殊保护的对象。依据环境影响因素识别结果，附图并列表说明评价范围内各环境要素涉及的环境敏感区、需要特殊保护对象的名称和功能、与建设项目的位置关系以及环境保护要求等。

（5）环境影响评价标准的确定

根据环境影响评价范围内各环境要素的环境功能区划确定各评价因子适用的环境质量标准及相应的污染物排放标准。尚未划定环境功能区的区域，由地方人民政府环境保护主管部门确认各环境要素应执行的环境质量标准和相应的污染物排放标准。

（6）环境影响评价方法的选取

环境影响评价应采用定量评价与定性评价相结合的方法，以量化评价为主。环境影响评价技术导则规定了评价方法的，应采用规定的方法。选用非环境影响评价技术导则规定方法的，应根据建设项目环境影响特征、影响性质和评价范围等分析其适用性。

（7）建设方案的环境比选

建设项目有多个建设方案、涉及环境敏感区或环境影响显著时，应重点从环境制约因素、环境影响程度等方面进行建设方案环境比选。

3.1.3 文件的编制与填报

建设项目环境影响报告文件是环境影响评价过程与内容的书面表现形式,由环境影响评价单位从保护环境的目的出发,对建设项目进行可行性研究,通过综合评价,论证和选择最佳方案,听取各方面意见,使之达到布局合理,环境污染与破坏可能性最小。建设项目环境影响报告文件的编制与填报的科学性和合理性对于充分发挥环境影响评价制度的源头预防作用至关重要。

3.1.3.1 基本要求

建设单位、技术单位和编制人员在环境影响报告书(表)编制过程中要注意与有关环境影响评价法律法规、标准和技术规范等规定的符合性,严格避免以下情况:

① 评价因子中遗漏建设项目相关行业污染源源强核算或者污染物排放标准规定的相关污染物的;

② 降低环境影响评价工作等级,降低环境影响评价标准,或者缩小环境影响评价范围的;

③ 建设项目概况描述不全或者错误的;

④ 环境影响因素分析不全或者错误的;

⑤ 污染源源强核算内容不全,核算方法或者结果错误的;

⑥ 环境质量现状数据来源、监测因子、监测频次或者布点等不符合相关规定,或者所引用数据无效的;

⑦ 遗漏环境保护目标,或者环境保护目标与建设项目位置关系描述不明确或者错误的;

⑧ 环境影响评价范围内的相关环境要素现状调查与评价、区域污染源调查内容不全或者结果错误的;

⑨ 环境影响预测与评价方法或者结果错误,或者相关环境要素、环境风险预测与评价内容不全的;

⑩ 未按相关规定提出环境保护措施,所提环境保护措施或者其可行性论证不符合相关规定的。

在监督检查过程中发现环境影响报告书(表)存在下列严重质量问题之一的,由市级以上生态环境主管部门依照《中华人民共和国环境影响评价法》第三十二条的规定,对建设单位及其相关人员、技术单位、编制人员予以处罚:

① 建设项目概况中的建设地点、主体工程及其生产工艺,或者改扩建和技术改造项目的现有工程基本情况、污染物排放及达标情况等描述不全或者错误的;

② 遗漏自然保护区、饮用水水源保护区或者以居住、医疗卫生、文化教育为主要功能的区域等环境保护目标的;

③ 未开展环境影响评价范围内的相关环境要素现状调查与评价,或者编造相关内容、结果的;

④ 未开展相关环境要素或者环境风险预测与评价,或者编造相关内容、结果的;

⑤ 所提环境保护措施无法确保污染物排放达到国家和地方排放标准或者有效预防和控制生态破坏,未针对建设项目可能产生的或者原有环境污染和生态破坏提出有效防治措施的;

⑥ 建设项目所在区域环境质量未达到国家或者地方环境质量标准,所提环境保护措施

不能满足区域环境质量改善目标管理相关要求的；

⑦ 建设项目类型及其选址、布局、规模等不符合环境保护法律法规和相关法定规划，但给出环境影响可行结论的；

⑧ 其他基础资料明显不实，内容有重大缺陷、遗漏、虚假，或者环境影响评价结论不正确、不合理的。

2022年3月11日，辽宁省生态环境厅发布关于对刘××等5名环评专家处理意见的函：《××经济开发区大宗固废资源综合利用产业基地基础设施配套项目环境影响报告表》存在严重质量问题，遗漏项目与《××经济开发区总体规划（2016—2030）》及其规划环评的符合性分析，内容存在重大缺陷。为进一步加强环评管理和廉政建设，严厉查处不负责任、弄虚作假等违反廉政规定的行为，现对环评编制单位××环境工程有限公司作出罚款三万元，并没收违法所得一万元的行政处罚。5名评审专家在审查《报告表》过程中不负责任，把关不严，情节严重，取消5人环评专家库入选专家资格，且5年内不得再次申请入库。全省各级环评专家库管理部门即日起将上述人员移出环评专家库。

3.1.3.2 环境影响报告书编制

按照《中华人民共和国环境影响评价法》第十七条要求，建设项目的环境影响报告书应当包括下列内容：

① 建设项目概况；
② 建设项目周围环境现状；
③ 建设项目对环境可能造成影响的分析、预测和评估；
④ 建设项目环境保护措施及其技术、经济论证；
⑤ 建设项目对环境影响的经济损益分析；
⑥ 对建设项目实施环境监测的建议；
⑦ 环境影响评价的结论。

环境影响报告表和环境影响登记表的内容和格式，由国务院生态环境主管部门制定。

根据《建设项目环境影响评价技术导则 总纲》（HJ 2.1—2016），环境影响报告书一般包括概述、总则、建设项目工程分析、环境现状调查与评价、环境影响预测与评价、环境保护措施及其可行性论证、环境影响经济损益分析、环境管理与监测计划、环境影响评价结论、附录和附件等内容。

概述：可简要说明建设项目的特点、环境影响评价的工作过程、分析判定相关情况、关注的主要环境问题及环境影响、环境影响评价的主要结论等。

总则：应包括编制依据、评价因子与评价标准、评价工作等级和评价范围、相关规划及环境功能区划、主要环境保护目标等。

① 编制依据包括建设项目执行的相关法律法规、相关政策及规划、相关导则及技术规范、有关技术文件和工作文件，以及环境影响报告书编制中引用的资料等。

② 评价因子与评价标准分列现状评价因子和预测评价因子，给出各评价因子所执行的

环境质量标准、污染物排放标准、其他有关标准及具体限值。

③ 评价工作等级和评价范围说明各环境要素、各专题评价等级和评价范围，具体根据各环境要素和各专题环境影响评价技术导则的要求确定。

④ 相关规划及环境功能区划附图列表说明建设项目所在城镇、区域或流域发展总体规划、环境保护规划、生态保护规划、环境功能区划或保护区规划等。

⑤ 主要环境保护目标依据环境影响识别结果，附图并列表说明评价范围内各环境要素涉及的环境敏感区、需要特殊保护对象的名称、功能、与建设项目的位置关系以及环境保护要求等。

建设项目工程分析：包括建设项目概况、影响因素分析和污染源源强核算。其中建设项目概况采用图表与文字结合的方式，概要说明建设项目的基本情况、项目组成、主要工艺路线、工程布置及与原有工程的关系等；影响因素分析包括污染影响因素分析和生态影响因素分析；污染源源强核算是选用可行的方法确定建设项目单位时间内污染物的产生量或排放量。详见本书第四章。

环境现状调查与评价：根据环境影响识别的结果，开展相应的现状调查与评价，包括自然环境、环境保护目标、环境质量和区域污染源等方面的现状调查，给出相应的调查与评价的结果。详见本书第五、六、七、八、九章。

环境影响预测与评价：给出各环境要素或各专题的环境影响预测时段、预测内容、预测范围、预测方法及预测结果，并根据环境质量标准或评价指标对建设项目的环境影响进行评价。重点预测建设项目生产运行阶段正常工况与非正常工况等情况的环境影响。详见本书第五、六、七、八、九章。

环境保护措施及其可行性论证：应明确提出建设项目建设阶段、生产运行阶段和服务期满后（可根据项目情况选择）拟采取的具体污染防治、生态保护、环境风险防范等环境保护措施；分析论证拟采取措施的技术可行性、经济合理性、长期稳定运行和达标排放的可靠性、满足环境质量改善和排污许可要求的可行性、生态保护和恢复效果的可达性。一般包括：①大气污染防治措施的可行性分析与建议；②废水治理措施的可行性分析与建议；③对废渣处理与处置的可行性分析；④对噪声、振动等其他污染控制措施的可行性分析；⑤对绿化措施的评价及建议；⑥环境监测制度建议。

环境影响经济损益分析：应以建设项目实施后的环境影响预测与环境质量现状进行比较，从环境影响的正负两方面，以定性与定量相结合的方式，对建设项目的环境影响后果（包括直接和间接影响、不利和有利影响）进行货币化经济损益核算，估算建设项目环境影响的经济价值。

① 建设项目的经济效益：建设项目的直接经济效益，利税、资金回收年限、贷款偿还期；建设项目的产品为社会其他部门带来的经济效益；环保投资及运转费。

② 建设项目的环境效益：建设项目建成后使环境恶化，对农、林、牧、渔业造成的经济损失及污染治理费用；环保副产品收益，环境改善效益。

③ 建设项目的社会效益：建设项目的产品满足社会需要，促进生产和人民生活的提高，促进当地经济、文化的进步，增加就业机会等。

环境管理与监测计划：

① 按建设项目建设阶段、生产运行、服务期满后（可根据项目情况选择）等不同阶段，

针对不同工况、不同环境影响和环境风险特征，提出具体环境管理要求。

② 给出污染物排放清单，明确污染物排放的管理要求。

③ 提出建立日常环境管理制度、组织机构和环境管理台账相关要求，明确各项环境保护设施和措施的建设、运行及维护费用保障计划。

④ 环境监测计划应包括污染源监测计划和环境质量监测计划，内容包括监测因子、监测网点布设、监测频次、监测数据采集与处理、采样分析方法等，明确自行监测计划内容，主要应包括下列内容：

a. 污染源监测包括对污染源（包括废气、废水、噪声、固体废物等）以及各类污染治理设施的运转进行定期或不定期监测，明确在线监测设备的布设和监测因子。

b. 根据建设项目环境影响特征、影响范围和影响程度，结合环境保护目标分布，制订环境质量定点监测或定期跟踪监测方案。

c. 对以生态影响为主的建设项目应提出生态监测方案。

d. 对存在较大潜在人群健康风险的建设项目，应提出环境跟踪监测计划。

环境影响评价结论：①对建设项目的建设概况、环境质量现状、污染物排放情况、主要环境影响、公众意见采纳情况、环境保护措施、环境影响经济损益分析、环境管理与监测计划等内容进行概括总结，结合环境质量目标要求，明确给出建设项目的环境影响可行性结论。②对存在重大环境制约因素、环境影响不可接受或环境风险不可控、环境保护措施经济技术不满足长期稳定达标及生态保护要求、区域环境问题突出且整治计划不落实或不能满足环境质量改善目标的建设项目，应提出环境影响不可行的结论。

附录和附件：应包括项目依据文件、相关技术资料、引用文献等。①附件：建设项目建议书及其批复，评价大纲及其批复；②附图：只在图表特别多的报告书中另行编附图分册；③参考文献：作者、文献名称、出版单位、版次、出版日期等。

3.1.3.3 环境影响报告表编制

环评是约束项目与规划环境准入的法治保障，是在发展中守住绿水青山的第一道防线。近年来，环评"放管服"改革作为生态环境保护领域改革的重要内容之一，在简政放权、提高审批效率、提升环评质量、优化营商环境、激发市场活力等方面取得了一些进展，也提出了进一步深化要求。编制报告表的项目是可能对环境造成轻度影响的项目，占全国环评审批项目数的90%以上，其中大部分是中小企业，是当前深化环评"放管服"改革、优化营商环境的重点。

根据关于印发《建设项目环境影响报告表》内容、格式及编制技术指南的通知（环办环评〔2020〕33号），为深化建设项目环境影响评价"放管服"改革，优化和规范环境影响报告表编制，提高环境影响评价制度有效性，生态环境部修订了《建设项目环境影响报告表》内容及格式。根据建设项目环境影响特点将报告表分为污染影响类和生态影响类，配套制定了《建设项目环境影响报告表编制技术指南（污染影响类）（试行）》和《建设项目环境影响报告表编制技术指南（生态影响类）（试行）》，同时涉及污染和生态影响的建设项目应填报生态影响类表格。

以污染影响为主要特征的建设项目，包括制造业，电力、热力生产和供应业的火力发电、热电联产、生物质能发电、热力生产项目，燃气生产和供应业，水的生产和供应业，研究和试验发展，生态保护和环境治理业（不包括泥石流等地质灾害治理工程），公共设施管理业，卫生，社会事业与服务业的有化学或生物实验室的学校、胶片洗印厂、加油加气站、汽车或摩托车维修场所、殡仪馆和动物医院，交通运输业中的导航台站、供油工程、维修保障等配套工程，装卸搬运和仓储业，海洋工程中的排海工程，核与辐射（不包括已单独制定建设项目环境影响报告表格式的核与辐射类建设项目），以及其他以污染影响为主的建设项目。其他同时涉及污染和生态影响的建设项目，填写《建设项目环境影响报告表（生态影响类）》。

以生态影响为主要特征的建设项目包括农业，林业，渔业，采矿业，电力、热力生产和供应业的水电、风电、光伏发电、地热等其他能源发电，房地产业，专业技术服务业，生态保护和环境治理业的泥石流等地质灾害治理工程，社会事业与服务业（不包括有化学或生物实验室的学校、胶片洗印厂、加油加气站、洗车场、汽车或摩托车维修场所、殡仪馆、动物医院），水利，交通运输业（不包括导航台站、供油工程、维修保障等配套工程）、管道运输业，海洋工程（不包括排海工程），以及其他以生态影响为主要特征的建设项目（不包括已单独制定建设项目环境影响报告表格式的核与辐射类建设项目）。

3.1.3.4 环境影响登记表填报

建设单位应根据《建设项目环境影响登记表备案管理办法》（环境保护部令第41号）完成环境影响登记表填报。建设单位应当在建设项目建成并投入生产运营前，登录网上备案系统，在网上备案系统注册真实信息，在线填报并提交建设项目环境影响登记表。建设项目环境影响登记表备案完成后，建设单位或者其法定代表人或者主要负责人在建设项目建成并投入生产运营前发生变更的，建设单位应当再次办理备案手续。

建设项目环境影响登记表备案采用网上备案方式。对国家规定需要保密的建设项目，建设项目环境影响登记表备案采用纸质备案方式。

环境保护部（现生态环境部）统一布设建设项目环境影响登记表网上备案系统（以下简称网上备案系统）。省级环境保护主管部门在本行政区域内组织应用网上备案系统，通过提供地址链接方式，向县级环境保护主管部门分配网上备案系统使用权限。县级环境保护主管部门应当向社会公告网上备案系统地址链接信息。

建设项目环境影响登记表备案完成后，县级环境保护主管部门通过其网站的网上备案系统同步向社会公开备案信息，接受公众监督。对国家规定需要保密的建设项目，县级环境保护主管部门严格执行国家有关保密规定，备案信息不公开。

3.2 环境影响评价方法

3.2.1 环境影响识别方法

环境影响识别是定性地判断开发活动可能导致的环境变化以及由此引起的对人类社会的效应，要找出所有受影响（特别是不利影响）的环境因素，以使环境影响预测的盲目性降低，环境影响评估分析的可靠性增加，污染防治对策具有针对性。

3.2.1.1 核查表法

核查表法又称列表清单法或一览表法，是最常用的环境影响识别方法，由Little等人在1971年提出。它是将受开发方案影响的环境因子和可能产生的环境影响在一张表单上一一列出的识别方法，可以鉴别出开发行为可能会对哪一种环境因子产生影响。

核查表法根据表单的具体形式分为简单型和描述型核查表。表3-1是某港口建设项目进行环境影响识别所采用的简单型核查表。表3-2是某工业建设项目进行环境影响识别所采用的描述型核查表。

表3-1 简单型核查表

可能受影响的环境因子	不利影响						有利影响			
	短期	长期	可逆	不可逆	局部	大范围	短期	长期	显著	一般
水生生态系统		×		×	×					
渔业		×		×						
河流水文条件		×		×		×				
河水水质		×			×					
空气质量	×			×	×					
声环境	×		×							
地方经济									×	×
……										

表3-2 描述型核查表

环境要素	有利影响	无明显不利影响	一般不利影响	较严重不利影响	严重不利影响	主要影响因素和污染因子
大气				√		燃烧烟气和工艺废气排放：烟尘、SO_2、乙醛、二醇、聚醚
地表水				√		生产和生活废水排放：pH、COD、SS、乙醇、氨氮、磷酸盐
声			√			设备噪声、施工噪声
土壤		√				固废堆放
景观			√			土地利用方式、建筑
社会经济	√					经济发展、就业岗位

3.2.1.2 矩阵法

Leopold等人在1971年为进行水利工程等建设项目的环境影响评价创立了矩阵法。矩阵法由清单法发展而来，一般是在清单法对环境因素和环境影响因子进行识别筛选的基础上进行的，将开发活动分解成完整的基本行为清单，并把开发行为和受影响的环境要素分别作为行和列组成一个矩阵，在开发行为和环境影响之间建立直接的因果关系。

矩阵法的特点是简明扼要，将行为与影响联系起来评估，以直观的形式表达了拟议活动或建设项目的环境影响。矩阵法不仅具有影响识别功能，还有影响综合分析评估功能，可以定量或半定量地说明拟议的工程行动对环境的影响，目前已广泛应用于铁路、公路、水电、供水、输油、输气、输电、矿山开发、流域开发、区域开发、资源开发等工程项目和开发项目的环境影响评价中。

矩阵法分为关联矩阵法（或称相关矩阵法）和迭代矩阵法，其中关联矩阵法应用广泛。

一般关联矩阵的横轴列出一项开发行为所包含的对环境有影响的各种活动；纵轴列出所有可能受开发行为的各种活动影响的环境因子；矩阵中的每个元素用斜线隔开，左边表示影响的大小 m_{ij}，右边表示影响权重（重要性）w_{ij}；有利影响为"+"，不利影响为"-"。

Leopold 将影响大小分为 10 级，"10"最大，"1"最小，将影响权重也分为 10 个等级，"10"表示最重要，"1"表示影响重要性最低。由每行的元素累加得到总影响 $\sum_{j=1}^{m} m_{ij}w_{ij}$，表示开发行为的所有活动对环境因子 i 的总影响；由每列的元素累加得到 $\sum_{i=1}^{n} m_{ij}w_{ij}$，表示某项活动 j 对整个环境的总影响；行和列元素累加得到矩阵的加权分值 $\sum_{i=1}^{n}\sum_{j=1}^{m} m_{ij}w_{ij}$，即该拟议工程项目涉及的所有活动对整个环境的影响。以某公路项目为例，典型的矩阵如表 3-3 所示。

表 3-3 某公路项目的关联矩阵

环境因子		前期		施工期					运营期		总影响
		征地	拆迁安置	取弃土石方	桥涵工程	道路工程	服务区建设	材料运输	车辆行驶	服务区运营	
大气环境	空气质量		-1/6	-4/4	-2/2	-6/4	-2/2	-3/4	-8/8	-1/2	-132
水环境	水文										
	水质										
声环境	噪声										
生态环境	土地利用	-5/6									
	水土保持	-2/2									
	植被	-5/4									
	动物	-2/2									
	景观	-3/3									
总影响		-67									

利用矩阵法可以对环境影响评价的重点进行识别和选择，将环境影响权重值大、影响的环境因子多的开发活动确定为评价重点；可以对比多个方案的矩阵表，选择出较佳方案；可以根据综合评价矩阵表的评价结果，对开发活动（或建设项目）的环境影响综合评价作出结论。

关联矩阵是在开发活动与环境因子间建立起直接的因果关系，因此只能识别出直接影响，而不能判断环境系统中错综复杂的交叉和间接影响，于是又产生了迭代矩阵。迭代矩阵是在关联矩阵的基础上，将识别出的显著影响在形式上当作"行为"来处理，再与各环境因子间建立起关联矩阵，得出全部的"二级影响"，此即为"迭代"。迭代矩阵形式上较复杂，应用很少，通常所说的矩阵法实际上是指关联矩阵法，而迭代矩阵法进一步发展成的网络图法，是识别、评估间接和累积影响常用的一种方法。

3.2.1.3 网络图法

网络图法是采用因果关系分析网络图来解释和描述拟建项目的各项活动和环境要素之间

的关系，其不仅具有矩阵法的功能，还可识别间接影响和累积影响。网络图法将多级影响逐步展开，呈树枝状，因此又称为关系树枝或影响树枝，可以表述和记载第二、第三以及更高层次上的影响。典型的网络图如图3-1所示。网络图法不但可以识别环境影响，还可以通过定量、半定量的方法对环境影响进行预测和评价，即在网络的箭头上标出该路线发生的概率，并将网络路线终点的影响赋予权重（"＋"表示正面影响，"－"表示负面影响），然后计算该网络各个路线的权重期望值，对各个替代方案进行排序比较，从而得出评价结果。

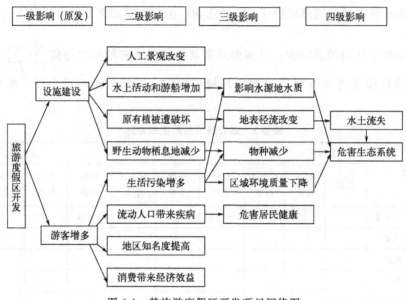

图3-1 某旅游度假区开发项目网络图

3.2.2 环境影响预测方法

环境影响预测是对识别出的主要环境影响开展定量预测，以明确各主要影响因子的影响范围和影响大小，常用数学模式法、物理模拟法或类比法。

3.2.2.1 数学模式法

以数学模式为主的客观预测方法，被广泛应用于环境影响预测中。根据人们对预测对象认识的深浅，又可分为：

① 黑箱模式。不研究影响机理，仅通过统计归纳的方法，建立"输入-输出"关系的数学模型，通过外推做出预测；

② 白箱模式。与黑箱模式相反，通过研究影响机理，得到系统的物理、化学或生物学过程，建立描述各过程的数学方程，从而做出预测；

③ 灰箱模式。介于黑箱模式与白箱模式之间，用于人们对事物发生规律有一定了解，但某些方面并不充分，对这类事物的预测通常用半经验、半理论的灰箱模式，即把了解清楚的方面用白箱模式建立各种变化关系，某些还没了解清楚的方面用黑箱模式，设法根据统计关系确定参数。

3.2.2.2 物理模拟法

应用物理、化学、生物等方法直接模拟环境影响问题，这类方法称为物理模拟法。物理模拟法常用于研究变化机理，确定模型参数，从而构建数学模型。

（1）野外模拟

野外模拟是在研究现场（野外）采用实验方式开展的模拟，主要包括示踪物浓度测量法、光学轮廓法等。

① 示踪物浓度测量法通过在现场施放示踪物，跟踪检测其在环境中的浓度分布，从而获得物质在空间和时间上的变化规律。常用的示踪剂有：荧光类物质如罗丹明B，同位素类物质如 ^{82}Br、^{132}I 等。

② 光学轮廓法按一定的采样时段拍摄照片（或录像），获得污染物在介质中的瞬时存在状态，通过分析和对比照片粗略地得出污染物的迁移转化情况。

（2）室内模拟

室内模拟基于相似性原则，在实验室构建野外环境的实物模型，主要包括微宇宙技术、风洞试验等。

① 微宇宙技术亦称模式生态系统。利用自然生态系统的生物学模型，将复杂和不均一的自然生态系统加以简化并对其过程进行模拟，以得到各种定量数据（如能量和营养流受到破坏的数据等）的技术。这种生物学模型可以是自然生态系统中的一部分，也可以在实验室内模拟。微宇宙技术始于20世纪60年代，70年代有很大的发展。早期用于生态系统中群落的结构与功能的研究，近年来用于筛选有毒化学品的环境效应，了解有机毒性物质在环境中的实际浓度、半衰期和降解速率，合理地评价有机毒物的危险性。有机毒物对环境的危害并不完全取决于它的毒性，最主要的是看它在环境中的实际浓度和转变过程。因此，微宇宙技术是研究污染生态学、生态毒理学、污染物运移转化规律，建立数学模型的有力工具。

② 风洞试验是由人工产生和控制气流，模拟环境中气体的流动，量度气流对物体作用的试验，是进行空气动力学研究最常用、最有效的方法。优点是流动条件容易控制，可重复取得试验数据。但在一个风洞中同时模拟所有的相似参数是很困难的，通常只能根据需求选择一些影响较大的参数进行模拟。

3.2.2.3 类比法

一个拟建工程对环境的影响可以通过将其与一个已知的相似工程兴建后对环境的影响进行类比而确定，预测结果属于半定量性质。

由于评价工作时间较短等原因，无法取得足够的参数、数据，不能采用数学模式法和物理模拟法进行预测时，可选用类比法。

类比法在生态影响评价中比较常用，一般可分为部分类比法与整体类比法。因环境特征、工程特点等方面多少有些差异，部分类比法往往优于整体类比法。

3.2.3 环境影响评估方法

环境影响评估是对各个评价因子定量预测的结果进行评估，确定对环境影响的大小。

3.2.3.1 指数法

指数法是最早和最常用的一种方法，可以简明直观地通过计算指数判断环境质量的好坏及影响程度的相对大小，既可用于环境现状评价，也可用于环境影响预测评价。指数法大致可分为两大类：普通指数法和函数型指数法。

① 普通指数法。又称等标型指数法，是以某评价因子实测浓度或预测浓度 C 与标准浓度限值 C_s 的比值作为指数：$P = C/C_s$，P 值越小越好，越大越不利。

单因子指数法：某个特定的评价因子的等标型指数称为单因子指数，用 P_i 表示，用于判断该环境因子是达标（$P_i \leqslant 1$）还是超标（$P_i > 1$）以及超标程度。

综合指数法：在计算单因子指数的基础上，可对多个评价因子进行综合评价，即将各因子的指数相加，此为多因子综合指数。如果将各因子看成同等重要，只是简单相加，则为均值型综合指数。

$$P = \sum_{j=1}^{m} \sum_{i=1}^{n} P_{ij} \qquad (3\text{-}1)$$

$$P_{ij} = C_{ij}/C_{sij} \qquad (3\text{-}2)$$

式中，j 为第 j 个环境要素；m 为环境要素总数；i 为第 j 个环境要素中的第 i 个环境因子；n 为第 j 个环境要素中的环境因子总数。

② 函数型指数法。在某些情况下（如环境质量标准尚未确定），可根据评价对象的毒性数据，引入评价对象的浓度变化范围，把此变化范围定为横坐标，把环境质量指数定为纵坐标，建立函数关系，绘制指数函数图。

根据评价因子的实测值或预测值，通过该图得到评价因子的环境质量指数。如将纵坐标标准化为 0～1，以"0"表示质量最差，"1"表示质量最好，则该指数为"巴特尔指数"。

在标准化后的单因子巴特尔指数的基础上，又可获得综合指数，计算方法同等标型指数。

3.2.3.2 图形叠置法

图形叠置法是麦克哈格（McHarg）于 1968 年提出的利用叠置地图进行环境评价的方法。克劳斯科普夫（Krauskopf）和邦德（Bunde）在 1972 年将此法加以发展。这种方法最初是手工作业，它将一套环境特征（如物理、化学、生态、美学等）的透明图片叠置起来，做出一张复合图来表示地区的特征，用以在开发行为影响所及的范围内，判断受影响的环境特征及受影响的相对大小。它的作用在于预测和评价某一地区适合开发的程度，识别供选择的地点或路线，曾用于公路选线和沿海地区开发的影响评价。每个待评价的因素都有一张透明图片，受影响的程度可以用一种专门的黑白色码阴影的深浅来表示。将表征各种环境要素受影响状况的阴影图叠置到基图上，就可以看出该项工程的总体影响。不同地址的综合影响差别可由阴影的相对深度来表示。图形叠置法直观性强、易于理解，适用于空间特征明显的开发活动，尤其在选址、选线类的建设项目上有着得天独厚的优势。常用的叠图方法有手工叠图和计算机叠图。

但是手工叠图有明显的缺陷，如当评价因子过多时，透明图数量激增，使得颜色过杂过乱，难以分辨；另外简单的叠置不能体现评价因子重要性的区别。随着科学技术的发展，图形叠置法可借助于计算机，逐渐成为地理信息系统（GIS）可视化技术中的一部分，由此克服了手工叠图存在的缺点，使得图形叠置法的环境影响评估优势日益显现。

思考题

（1）简述环境影响评价工作程序以及各阶段的主要工作内容。

（2）简述典型的环境影响评价报告书的编制内容。

（3）简述环境影响预测中常用的几种方法及其适用条件。

案例分析

某塑料制品有限公司建设项目背景同第二章案例，符合性分析和环境影响识别见二维码 3-1。

二维码 3-1

第四章

建设项目工程分析

本章导航

要对建设项目的环境影响作出切实和准确的评价,必须全面辨识出建设项目中的工程活动究竟对哪些环境要素产生哪些影响,筛选确定其中有重要意义的受影响因子(或参数)作为下一步预测和评价的重点,这些都离不开工程分析。本章介绍了工程分析的作用、工作重点和常用方法,重点介绍了污染型建设项目和生态影响型建设项目工程分析的主要内容。在此基础上,以某新建烧碱建设项目为例,详细介绍了如何对污染型建设项目进行工程分析。

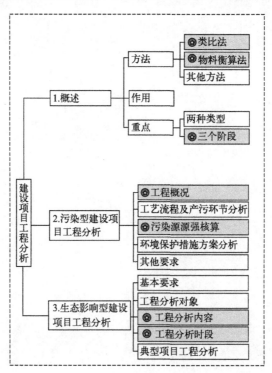

重难点内容

(1) 工程分析的定义、作用和重点。
(2) 工程分析的常用方法。

（3）污染型建设项目工程分析的重点及主要内容。

（4）生态影响型建设项目工程分析的重点及主要内容。

（5）污染型建设项目和生态影响型建设项目工程分析的区别。

4.1 工程分析概述

4.1.1 工程分析的常用方法

建设项目的工程分析应根据项目规划、可行性研究和设计方案等技术资料进行。目前采用较多的工程分析方法有类比法、物料衡算法、实测法、实验法以及查阅参考资料分析法。

4.1.1.1 类比法

类比法是利用与拟建项目类型相同的现有项目的设计资料或实测数据进行工程分析的常用方法。

采用此法时，为提高类比数据的准确性，应注意分析对象与类比对象之间的相似性和可比性，包括工程一般特征的相似性、污染物排放特征的相似性和环境特征的相似性。工程一般特征的相似性包括建设项目的性质、建设规模、车间组成、产品结构、工艺路线、生产方法、原料、燃料成分与消耗量、用水量和设备类型等。污染物排放特征的相似性包括污染物排放类型、浓度、强度与数量，排放方式与去向以及污染方式与途径等。环境特征的相似性包括气象条件、地貌状况、生态特点、环境功能区划以及区域污染情况等。因为在生产建设中常会遇到某污染物在甲地是主要污染因素，在乙地则可能是次要因素，甚至是可被忽略的因素，因此要强调环境特征的相似性。

类比法中，经验产（排）污系数是常用数据之一，用于计算同类生产工艺的产品的污染物产生或排放量。经验系数法是根据生产过程中单位产品的产（排）污系数进行计算，求得污染物产生（排放）量的方法，又称经验计算法、产（排）污系数法。计算公式为：

$$Q = KW \tag{4-1}$$

式中，Q 为单位时间污染物产生（排放）量，kg/h；W 为单位时间的产品产量，t/h；K 为单位产品经验产（排）污系数，kg/t。

经验产（排）污系数可来自技术标准、规范及国内外文献，在选择时需根据生产规模等工程特征和生产管理以及外部因素等实际情况进行必要的修正。

4.1.1.2 物料衡算法

物料衡算法是在具体建设项目产品方案、工艺路线、生产规模、原材料和能源消耗，以及治理措施确定的情况下，运用质量守恒定律核算污染物排放量，即生产过程中投入系统的物料总量必须等于产出的产品量和物料流失量之和。通式如下：

$$\sum G_{投入} = \sum G_{产品} + \sum G_{流失} \tag{4-2}$$

式中，$\sum G_{投入}$ 为投入系统的物料总量；$\sum G_{产品}$ 为产出的产品总量；$\sum G_{流失}$ 为物料流失总量，流失的物料在很大程度上最终成为各类废物。

当投入的物料在生产过程中发生化学反应时，可按总量法或定额法公式进行衡算。

（1）总量法

$$\sum G_{排放} = \sum G_{投入} - \sum G_{回收} - \sum G_{处理} - \sum G_{转化} - \sum G_{产品} \tag{4-3}$$

式中，$\sum G_{排放}$ 为某污染物的排放量；$\sum G_{投入}$ 为投入物料中的某污染物总量；$\sum G_{回收}$ 为进入回收产品中的某污染物总量；$\sum G_{处理}$ 为经净化处理掉的某污染物总量；$\sum G_{转化}$ 为生产过程中被分解、转化的某污染物总量；$\sum G_{产品}$ 为进入产品结构中的某污染物总量。

(2) 定额法

$$A = AD \times M \tag{4-4}$$

式中，A 为某污染物的排放总量；AD 为单位产品某污染物的排放定额；M 为产品总产量。

$$AD = BD - (aD + bD + cD + dD) \tag{4-5}$$

式中，BD 为单位产品投入或生成的某污染物量；aD 为单位产品中某污染物的含量；bD 为单位产品所生成的副产物、回收品中某污染物的含量；cD 为单位产品中被分解、转化的污染物量；dD 为单位产品被净化处理掉的污染物量。

采用物料衡算法计算污染物排放量时，必须从总体上掌握技术路线与工艺流程的布局框架和结构特征，从物流、能流与信息流上对生产工艺、化学反应、副反应和管理等情况进行全面了解，掌握原料、辅助材料、燃料的成分和单位消耗定额及总量动态变化。由于此法的计算工作量较大，所得结果难免有偏差，所以在应用时应注意修正。

4.1.1.3 实测法

实测法是指通过选择相同或类似工艺实测一些关键的污染参数，通常是通过某个有组织排放污染源的现场测定，得到污染物的排放浓度 C（mg/m³）和废气排放量或废水流量 L（m³/h），然后计算出排放量 Q（mg/h）。

$$Q = CL \tag{4-6}$$

此法适用于已投产污染源，应注意取样的代表性，否则用实测结果计算污染源排放量会有很大误差。

4.1.1.4 实验法

实验法是指通过一定的实验手段确定一些关键的污染参数的方法。作为其他方法的补充，实验法对实验条件要求较高。操作时要求实验条件尽可能与实际环境条件一致，这样所得的参数才具有实际意义。

4.1.1.5 查阅参考资料分析法

查阅参考资料分析法是指利用同类工程已有的环境影响评价资料或可行性研究报告等资料进行工程分析的方法。此法较为简便，但所得数据的准确性很难保证，所以只能在评价等级较低的建设项目工程分析中使用。

在实际工作中，经常是类比法、物料衡算法、实测法、实验法等多种方法相互校正、相互补充，以取得最为可靠的污染源排放数据为主要目的。

4.1.2 工程分析的作用

工程分析是环境影响评价中分析建设项目影响环境内在因素的重要环节，是对建设项目的工程方案和整个工程活动进行分析。从环境保护角度分析项目性质、影响及其程度、清洁生产分析、环境保护措施方案以及总图布置、选址选线方案等，并提出要求和建议。同时，确定项目在建设阶段、运行阶段以及服务期满后主要污染源强、生态影响等因素。

工程分析贯穿于整个评价工作的全过程，从宏观上可以掌握开发行为或建设项目与区域乃至国家环境保护全局的关系，在微观上可以为环境影响预测、评价和提出削减负面影响措施提供基础数据。

工程分析成果是建设项目决策的重要依据，能够为各专题预测评价提供基础数据，为环境保护设计提供优化建议，并且为建设项目环境管理提供建议指标和科学数据。

> 2018年环境保护部更名为生态环境部，各省环保厅陆续更名为生态环境厅，而环保局也相继更名为生态环境局。"环境保护"改为"生态环境"，更大的目的是在于职能的调整。
>
> 生态环境部首任部长表示，组建生态环境部有助于实现"五个打通"：第一，打通了地上与地下；第二，打通了岸上和水里；第三，打通了陆地和海洋；第四，打通了城市和农村；第五，打通了一氧化碳和二氧化碳。

4.1.3　工程分析的重点与阶段划分

依据建设项目对环境影响的方式和途径不同，可将工程分析分为：①以污染影响为主的污染型建设项目的工程分析；②以生态破坏为主的生态影响型建设项目的工程分析。工程分析的重点内容见表 4-1。

表 4-1　工程分析的重点内容

建设项目	主要分析影响	重点	核心
污染型	主要以污染物排放对大气环境、水环境、土壤环境或声环境的影响为主	对项目的工艺过程分析	确定工程污染源及其源强
生态影响型	主要是以建设阶段、运行阶段对生态环境的影响为主	对建设阶段的施工方式及运行阶段的运行方式分析	确定工程主要生态影响因素

根据实施过程的不同阶段，建设项目工程分析可分为建设阶段、生产运行阶段和服务期满后阶段，不同类型建设项目工程分析需要重点关注的阶段各不相同。

部分建设项目的建设周期长、影响因素复杂且影响区域广，需进行建设阶段的工程分析。

所有建设项目都应分析运行阶段所产生的环境影响，包括正常工况和非正常工况。

个别建设项目由于运行阶段的长期影响、累积影响或毒害影响，会造成项目所在区域的环境发生质的变化，如核设施退役或矿山退役等，因此需要进行服务期满后的工程分析。

4.2　污染型建设项目工程分析

污染型建设项目工程分析的主要工作内容包括：客观评价项目产生的污染负荷；核算常规污染物和特征污染物的排放源强，提出污染物排放清单；树立污染源头预防、过程控制和末端治理的全过程控制理念；对于建设项目可能存在的具有致癌、致畸、致突变的物质及具有持久性影响的污染物，应分析其产生的环节、污染物转移途径和流向。污染型建设项目工程分析基本工作内容见表 4-2。

表 4-2 污染型建设项目工程分析基本工作内容

工程分析项目	工作内容
工程概况	工程一般特征简介、项目组成、物料与能源消耗定额
工艺流程及产污环节分析	工艺流程及污染物产生环节
污染源源强核算	污染源分布及污染物源强核算、物料平衡与水平衡
	污染物排放总量建议指标、无组织排放源强统计及分析
	非正常排放源强统计及分析
清洁生产分析	从原料、产品、工艺技术、装备水平等分析清洁生产情况
环境保护措施方案分析	分析环保措施方案及所选工艺、设备的先进水平和可靠程度
	分析与处理工艺有关的技术经济参数的合理性
	分析环境保护设施投资构成及其在总投资中占有的比例
总图布置方案分析	分析厂区与周围的保护目标之间所定防护距离的安全性
	根据气象、水文等自然条件分析工厂和车间布置的合理性
	分析环境敏感点(保护目标)处置措施的可行性

4.2.1 工程概况

工程分析的范围应包括主体工程、辅助工程、公用工程、环保工程、储运工程及依托工程等。首先简介建设项目概况和工程一般特征,通过项目组成分析找出项目建设存在的主要环境问题,列出项目组成表和建设项目的产品方案(包括主要产品及副产品),为分析项目产生的环境影响和提出合适的污染防治措施方案奠定基础。

工程概况中应明确项目建设地点、面积、生产工艺、主要生产设备、总平面布置、建设周期、劳动定员、总投资及环境保护投资等;给出产品方案、主要原料与辅料的名称、单位产品消耗量、年总消耗量和来源及能源消耗量。表 4-3 为某新建合成氨、尿素、甲醇工程项目组成。

表 4-3 某新建合成氨、尿素、甲醇工程项目组成表

工程类别	主要内容		备注
主体工程	合成氨装置	造气车间	生产能力为每年 36×10^4 t 合成氨
		脱硫车间	
		合成氨车间	
	甲醇装置	醇化车间	生产能力为每年 12×10^4 t 甲醇
		甲醇精制车间	
	尿素装置	CO_2 压缩车间	生产能力为每年 60×10^4 t 尿素
		尿素合成车间	
辅助工程	氢回收系统		—
	吹风气回收系统		—
	机修及机械加工车间		—
	冷冻站		—

续表

工程类别	主要内容		备注
公用工程	热电车间	锅炉房及电站	3台75t/h循环流化床锅炉,2台6000kW·h背压发电机组
		循环冷却水系统	1台机力冷却塔
		软水站	180m³/h
	给水系统	自备深井	360m³/h
	循环水系统	合成循环水系统	4台冷水塔,循环水量为20000m³/h
		尿素循环水系统	2台凉水塔,循环水量为13000m³/h
环保工程	造气污水处理站		处理能力为10000m³/h
	生化污水处理站		处理能力为80m³/h
储运工程	贮煤场	原料煤场	12000m²
		燃料煤场	6000m²
	液氨贮罐		容积为2×1000m³
	尿素成品库		—
办公及生活设施	倒班宿舍、食堂、浴室等		—

4.2.2 工艺流程及产污环节分析

工艺流程及产污环节分析是进行污染源源强核算的基础。分析项目生产工艺过程,产生化学反应的应分析研究主要化学反应和副反应方程式,绘制工艺流程图,按图逐一分析工艺过程的主要产污环节,明确污染物的类型,用代号代表,依据流程中的先后顺序编号。

4.2.3 污染源源强核算

污染源分布和污染物类型及排放量是各环境要素和各专题评价的基础资料,需要分阶段分环境要素进行分析核算。建设阶段和运行阶段需进行详细核算和统计,并且根据项目评价需要对服务期满后污染源源强进行核算,涵盖水、气、渣、声和辐射等要素。对于废气,可按点源、线源、面源进行核算,说明源强、排放方式和排放高度及存在的有关问题。对于废液和废水,应说明种类、成分、浓度、排放方式、排放去向等有关问题。对于废渣,应说明有害成分、溶出物浓度、排放量、处置方式和贮存方法。对于噪声和放射性,应列表说明源强、剂量及分布。

对于污染源分布,应绘制污染流程图,按排放点标明污染物排放部位,列表逐点统计各种污染物的排放强度、浓度及数量,对于最终进入环境的污染物,需以建设项目的最大负荷核算,确定其是否达标排放。

新建项目污染物排放量统计需按废水和废气污染物分别统计各种污染物排放总量,固体废物按我国规定统计一般固体废物和危险废物。应算清"两本账":一本账是生产过程中的污染物产生量,另一本账是实施污染防治措施后的污染物削减量,两本账之差是需要评价的污染物最终排放量。

技改扩建项目污染物排放量统计应算清新老污染源"三本账":第一本账是技改扩建前污染物排放量,第二本账是技改扩建项目自身污染物排放量,第三本账是技改扩建完成后污染物排放量（包括"以新带老"污染物削减量）。"三本账"相互关系为：第三本＝第一本＋第二本－"以新带老"污染物削减量。

【例题】 某企业拟进行锅炉技术改造并增容，现有 SO_2 排放量是 200t/a（未加脱硫设施），改造后，SO_2 产生量为 240t/a，安装了脱硫设施后 SO_2 最终排放量为 80t/a，请问"以新带老"削减量为多少？

【解答】 第一本账（改扩建前排放量）：200t/a

第二本账（改扩建项目自身排放量）：

计算脱硫设施去除率：$(240-80)/240 \times 100\% = 66.7\%$

改扩建项目自身排放量：$(240-200) \times (1-66.7\%) = 13.32(t/a)$

第三本账（改扩建完成后）：80t/a

"以新带老"削减量可采用以下两种计算方法：

① 按照"三本账"之间的相互关系计算：$200+13.32-80=133.32(t/a)$

② 按照污染治理设施去除率计算：$200 \times 66.7\% = 133.4(t/a)$

4.2.3.1 物料平衡

在进行环境影响评价的工程分析时，必须根据不同行业的具体特点，选择若干有代表性的物料，主要是针对有毒有害的物料，进行物料衡算。通过物料平衡，可以核算产品和副产品的产量，并计算出污染物的排放源强。物料平衡计算的种类包括：①以全厂物料的总进出为基准的物料衡算；②针对具体装置或工艺进行的物料平衡。例如，某生产系统在生产产品 CZ 和 M 时会产生副产品硫黄（S），针对硫进行的物料平衡称为硫平衡，可绘制该生产系统的硫平衡图。

4.2.3.2 水平衡

水作为工业生产中的原料和载体，在任一用水单元内都存在着水量的平衡关系，因此可以依据质量守恒定律，进行质量平衡计算，即水平衡。

工业用水量和排水量的关系见图 4-1，水平衡关系式如式（4-7）：

$$Q+A=H+P+L \tag{4-7}$$

式中，Q 为取水量；A 为物料带入水量；H 为耗水量；P 为排水量；L 为漏水量。

水平衡计算中常用指标如下：

① 取水量：工业用水的取水量是指取自地表水、地下水、自来水、海水、城市污水及其他水源的总水量。对于建设项目工业取水量包括生产用水（间接冷却水、工艺用水、锅炉给水）和生活用水，主要指建设项目取用的新鲜水量。

② 重复用水量：建设项目内部循环使用和循序使用的总水量，即在生产过程中，不同设备之间与不同工序之间经二次或二次以上重复利用的水量或经处理后的再生水回用量。

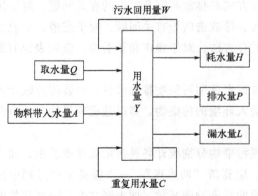

图 4-1 工业用水量和排水量的关系

③ 耗水量：又称损失水量，指整个工程项目消耗掉的新鲜水量总和。

④ 水重复利用率＝重复用水量/（重复用水量＋取用新鲜水量）。

⑤ 工艺水回用率＝工艺水回用量/(工艺水回用量＋工艺水取水量)。

⑥ 间接冷却水循环率＝间接冷却水循环量/(间接冷却水循环量＋间接冷却水取水量)。

⑦ 污水回用率＝污水回用量/(污水回用量＋直接排入环境的污水量)。

⑧ 单位产品新鲜水用量 (m^3/t)＝年新鲜水用量/年产品总量。

⑨ 单位产品循环水用量 (m^3/t)＝年循环水用量/年产品总量。

⑩ 万元产值取水量 ($m^3/$万元)＝年取用新鲜水量/年产值。

> **金石之声**
>
> 取水定额是衡量节约用水水平的技术标准和重要依据，是国家实施取水许可制度、实行计划用水管理和开展水资源论证的基础。取水定额标准是核定许可水量、开展节水评价和载体建设，以及对标达标管理的主要指标之一，也是落实最严格水资源管理制度的重要手段。
>
> GB/T 18916 根据不同工业行业的用水特点，明确其取水量范围、取水量供给范围以及取水量的计量，规定取水定额的计算方法，划分定额指标等级，并对定额管理作出要求。
>
> GB/T 18916 目前由《取水定额 第1部分：火力发电》(GB/T 18916.1—2021) 至《工业用水定额 第66部分：石材》(GB/T 18916.66—2024) 构成。

4.2.3.3 污染物排放总量建议指标

在核算污染物排放量的基础上，按国家对污染物排放总量控制指标的要求，提出污染物排放总量控制建议指标，包括国家规定的污染物指标和项目的特征污染物指标。污染物排放总量控制建议指标必须满足：①达标排放的要求；②符合其他相关环境保护要求（如特殊控制的区域与河段）；③技术上可行。

建设项目污染物排放总量核算与排污许可制度紧密衔接，环境质量不达标地区，要通过提高排放标准或加严许可排放量等措施，对企事业单位实施更为严格的污染物排放总量控制，推动环境质量改善。需要注意的是，实施总量控制的污染物种类是根据不同地区及时期环境质量改善需求而变化的。按照《国务院关于印发"十三五"生态环境保护规划的通知》（国发〔2016〕65号）要求，实施总量控制的主要污染物是化学需氧量、氨氮、二氧化硫、氮氧化物，在重点地区、重点行业推进挥发性有机物总量控制，对沿海56个城市及29个富营养化湖库实施总氮总量控制，对总磷超标的控制单元以及上游相关地区实施总磷总量控制。按照《国务院关于印发大气污染防治行动计划的通知》（国发〔2013〕37号）要求，在大气环境领域严格实施污染物排放总量控制，将二氧化硫、氮氧化物、烟粉尘和挥发性有机物排放是否符合总量控制要求作为建设项目环境影响评价审批的前置条件。

4.2.3.4 无组织排放源统计

无组织排放是相对于有组织排放而言的，主要针对废气排放，表现为生产工艺过程中产生的污染物没有进入收集和排气系统，而通过厂房天窗或直接弥散到环境中。在工程分析中，通常将没有排气筒或排气筒高度低于15m的排放源定为无组织排放。

非正常排污包括两部分：

① 正常开、停车或部分设备检修时排放的污染物。

② 工艺设备或环境保护设施达不到设计规定指标运行时的可控排污。因为这种排污不代表长期运行的排污水平，所以列入非正常排污评价中。此类异常排污分析应重点说明异常情况产生的原因、发生频率和处置措施。

无组织排放量的确定方法主要有三种：

① 物料衡算法。通过全厂物料的投入、产出分析，确定无组织排放量。

② 类比法。与工艺相同、使用原料相似的同类工厂进行类比，核算本厂无组织排放量。

③ 反推法。通过对同类工厂正常生产时无组织监控点进行现场监测，利用面源扩散模式反推，以此确定该工厂无组织排放量。

4.2.4 清洁生产分析

清洁生产是我国工业可持续发展的重要战略，也是实现我国污染控制重点由末端控制向生产全过程控制转变的重要措施。清洁生产要求不断采取改进设计、使用清洁的能源和原料、采用先进的工艺技术与设备、改善管理、综合利用等措施，从源头削减污染，提高资源利用效率，减少或者避免生产、服务和产品使用过程中污染物的产生和排放，以减轻或者消除对人类健康和环境的危害，强调预防污染物的产生，即从源头和生产过程防止污染物的产生。项目实施清洁生产，可以减轻项目末端处理的负担，提高项目建设的环境可行性，主要内容包括：

① 清洁生产分析应考虑生产工艺和装备是否先进可靠，资源和能源的选取、利用和消耗是否合理，产品的设计、寿命、报废后的处置等是否合理，在生产过程中排放出来的废物是否做到尽可能地循环利用和综合利用，从而实现从源头消灭环境污染问题。清洁生产提出的环境保护措施建议，应是从源头围绕生产过程的节能、降耗和减污的清洁生产方案建议。

② 建设项目工程分析应参考项目可行性研究中工艺技术比选、节能、节水、设备等篇章的内容，分析项目从原料到产品的设计是否符合清洁生产的理念，包括工艺技术来源和技术特点、装备水平、资源能源利用效率、废弃物产生量、产品指标等方面的说明。

4.2.5 环境保护措施方案分析

环境保护措施方案分析是指对项目可行性研究报告提供的污染防治措施进行技术先进性、经济合理性及运行可靠性的分析评价。分析要点包括：①分析建设项目可行性研究阶段环境保护措施方案的技术可行性；②分析项目采用污染处理工艺，排放污染物达标的可靠性；③分析环境保护设施投资构成及其在总投资（或建设投资）中所占的比例，对依托设施的可行性进行分析；④对于改扩建项目，原有工程的环境保护设施能否满足改扩建的要求。

4.2.6 总图布置方案与外环境关系分析

总图布置方案与外环境关系分析是从环境保护角度指导建设项目优化总图布置，使其布局更加合理。主要包括四方面工作：

① 分析厂区与周围的保护目标之间所定防护距离的可靠性。参考大气技术导则、国家有关防护距离的规范，分析厂区与周围的保护目标之间所定防护距离的可靠性，合理布置建设项目的各构筑物及生产设施，给出总图布置方案与外环境关系图。图中应标明保护目标与建设项目的方位关系、保护目标与建设项目的距离、保护目标（如学校、医院、集中居住区等）的内容与性质。

② 分析工厂和车间布置的合理性。在充分掌握项目建设地点的气象、水文和地质资料的条件下，认真考虑这些因素对污染物污染特性的影响，合理布置生产装置和车间，尽可能减少对环境的不利影响。

③ 分析对周围环境敏感点处置措施的可行性。分析建设项目所产生的污染物的特点及其污染特征，结合现有的有关资料，确定建设项目对附近环境敏感点的影响程度，在此基础上提出切实可行的处置措施（如搬迁、防护等）。

④ 标示建设项目主要污染源在总图上的位置。

4.3 生态影响型建设项目工程分析

4.3.1 工程分析的基本要求

生态影响型建设项目的工程分析要重视以下内容：

工程分析时段：涵盖勘察设计期、施工期（建设阶段）、运营期（运行阶段）和退役期（服务期满后阶段），以施工期和运营期为工程分析的重点。

工程分析内容：包括项目所处的地理位置、工程的规划依据和规划环境影响评价依据、工程类型、项目组成、占地规模、总平面及现场布置、施工方式、施工时序、运行方式、替代方案、工程总投资与环境保护投资、设计方案中的生态保护措施等。

污染影响型建设项目与生态影响型建设项目工程分析内容对比见表4-4。

表4-4 污染影响型建设项目与生态影响型建设项目工程分析内容对比

以污染影响为主的建设项目	以生态影响为主的建设项目
项目组成、建设地点、原辅料、生产工艺、主要生产设备、产品（包括主产品和副产品）方案、平面布置、建设周期、总投资及环境保护投资等	项目组成、建设地点、占地规模、总平面及现场布置、施工方式、施工时序、建设周期和运行方式、总投资及环境保护投资等

根据评价项目自身特点、区域的生态特点以及评价项目与影响区域生态系统的相互关系，确定工程分析的重点，分析生态影响的污染源及其强度，主要内容包括：

① 可能产生重大生态影响的工程行为；
② 与特殊生态敏感区和重要生态敏感区有关的工程行为；
③ 可能产生间接、累积生态影响的工程行为；
④ 可能造成重大资源占用和配置的工程行为。

4.3.2 工程分析对象

工程分析对象是指工程项目的组成部分，一般包括主体工程、配套工程（包括公用工程、环保工程和储运工程等）和辅助工程。表4-5为工程分析对象分类及界定依据。

表 4-5 工程分析对象分类及界定依据

分类		界定依据	备注
主体工程		一般指永久性工程,由项目立项文件确定工程主体	—
配套工程	公用工程	除服务于本项目外,还服务于其他项目,可以新建,也可以依托原有工程或改扩建原有工程	不包括公用的环保工程和储运工程
	环保工程	根据环境保护要求,专门新建或依托、改扩建原有工程,其主体功能是生态保护、污染防治、节能、提高资源使用效率和综合利用等	包括公用的或依托的环保工程
	储运工程	原辅材料、产品和副产品的储存设施和运输道路	包括公用的或依托的储运工程
辅助工程		一般指施工期的临时性工程,项目立项文件中不一定有明确的说明,可通过工程行为分析和类比方法确定	—

生态影响型建设项目应明确项目组成。工程组成要完全,包括临时性/永久性、勘察期/施工期/运营期/退役期的所有工程;重点工程突出,对环境影响范围大、影响时间长的工程和处于环境保护目标附近的工程应重点分析;改扩建及易地搬迁建设项目还应包括现有工程的基本情况、污染物排放及达标情况、存在的环境保护问题及拟采取的整改方案等内容。

4.3.3 工程分析内容

4.3.3.1 工程概况

介绍工程名称、建设地点、性质、规模,给出工程的经济技术指标;介绍工程特征,给出工程特征表或技术指标表;完整交代工程项目组成,包括施工期临时工程,给出项目组成表;给出地理位置图、总平面布置图、施工平面布置图等工程基本图件。

4.3.3.2 施工规划

施工规划又叫施工组织,主要阐述工程施工和运营设计方案,明确工程进度、施工工序、施工方式、施工设备及原辅材料,完成物料(含土石方)平衡和水平衡。

4.3.3.3 初步论证

主要从宏观上进行项目可行性论证,必要时提出替代或调整方案。初步论证主要包括以下三方面内容:

① 建设项目和法律法规、产业政策、环境政策和相关规划的符合性;
② 建设项目选址选线、施工布置和总图布置的合理性;
③ 清洁生产和区域循环经济的可行性,提出替代或调整方案。

4.3.3.4 影响源识别

应明确建设项目在建设期、运营期、退役期(可根据项目情况选择)等不同时段的各种行为与可能受影响的环境要素间的作用效应关系、影响性质、影响范围、影响程度等,分析建设项目可能产生的生态影响,其影响源识别主要从工程自身的影响特点出发,识别可能带来生态影响或污染影响的来源,包括工程行为和污染源。

工程行为分析时,应明确给出土地征用量、临时用地量、地表植被破坏面积、取土量、弃渣量、库区淹没面积和移民数量等。

污染源分析时,原则上按污染型建设项目要求进行,从废水、废气、固体废物、噪声与振动、电磁等方面分别考虑,明确污染源位置、属性、产生量、处理处置量和最终排放量。

4.3.3.5 环境影响识别

建设项目环境影响识别一般从社会影响、生态影响、环境污染三个方面考虑,在结合项目自身环境影响特点、区域环境特点和具体环境敏感目标的基础上进行识别,还应结合建设项目所在区域发展规划、环境保护规划、环境功能区划、生态功能区划、"三线一单"及环境现状,分析可能受建设行为影响的环境影响因素。

生态影响型建设项目的生态影响识别,不仅要识别工程行为造成的直接生态影响,而且要注意污染影响造成的间接生态影响,甚至要求识别工程行为和污染影响在时间或空间上的累积效应(累积影响),明确各类影响的性质(有利/不利)和属性(可逆/不可逆、临时/长期等)。

4.3.3.6 环境保护方案分析

要求从经济、环境、技术和管理方面论证环境保护措施和设施的可行性,必须满足达标排放、总量控制、环境规划和环境管理要求,技术先进且与社会经济发展水平相适宜,确保环境保护目标可达性。环境保护方案分析至少应有以下五个方面内容:①施工和运营方案合理性分析;②工艺和设施的先进性和可靠性分析;③环境保护措施的有效性分析;④环境保护投资估算及合理性分析;⑤环境保护设施处理效率合理性和可靠性分析。

经过环境保护方案分析,对于不合理的环境保护措施应提出比选方案,进行比选分析后提出推荐方案或替代方案。

4.3.4 工程分析时段

在实际工作中,工程分析针对各类生态影响型建设项目的影响性质和所处的区域环境特点的差异,所关注的工程行为和重要生态影响会有所侧重,不同阶段有不同的问题需要关注和解决。

4.3.4.1 勘察设计期

勘察设计期一般不晚于环境影响评价阶段结束,主要包括初勘、选址选线和工程可行性(预)研究报告。

工程可行性(预)研究报告与环境影响评价是一个互动阶段,环境影响评价以工程可行性(预)研究报告为基础,评价过程中发现初勘、选址选线和相关工程设计中存在环境影响问题应提出调整或修改建议,工程可行性(预)研究报告据此进行修改或调整,最终形成科学的工程可行性(预)研究报告与环境影响评价报告书(表)。

4.3.4.2 施工期

施工期少则几个月,多则几年。对生态影响来说,施工期和运营期的影响同等重要且各具特点,施工期产生的直接生态影响一般属于临时性质,但在一定条件下,其产生的间接影响可能是永久性的。在实际工程中,施工期生态影响注重直接影响的同时,也不应忽略可能造成的间接影响。施工期是生态影响评价必须重点关注的时段。

4.3.4.3 运营期

运营期一般比施工期长得多,在工程可行性(预)研究报告中会有明确的期限要求。由于时间跨度长,该时期的生态和污染影响可能会造成区域性的环境问题,如水库蓄水会使周边区域地下水位抬升,进而可能造成区域土壤盐渍化甚至沼泽化,井下采矿时大量疏干排水可能导致地表沉降和地面植被生长不良甚至荒漠化。运营期同样是生态影响评价必须重点关注的时段。

4.3.4.4 退役期

退役期不仅包括主体工程的退役，也涉及主要设备和相关配套工程的退役。如矿井（区）闭矿、渣场封闭、设备报废更新等，也可能存在环境影响问题需要解决。

> 2022年7月26日，江西省人大常委会审议通过《江西省矿山生态修复与利用条例》，以法治规范矿山生态修复与利用管理，解决矿山生态环境问题，鼓励社会资本参与历史遗留矿山生态修复，将"生态包袱"转化为绿色财富。这是全国首部专门规范矿山生态修复与利用管理的省级地方性法规，也是江西以立法"小切口"解决环境大问题的重要尝试。

4.3.5 典型生态影响型建设项目工程分析

根据项目特点（线型/区域型）和影响方式不同，选择代表案例，阐述工程分析的技术要求。

4.3.5.1 公路项目

公路项目工程分析应涉及勘察设计期、施工期和运营期，以施工期和运营期为主，按环境生态、声环境、水环境、环境空气、固体废物等要素识别影响源和影响方式，并估算影响源源强。现阶段，《环境影响评价技术导则　公路建设项目》已开始进行第二次征求意见。

勘察设计期工程分析的重点是选址选线和移民安置，详细说明工程与各类保护区、区域路网规划、各类建设规划和环境敏感区的相对位置关系及可能存在的影响。

施工期是公路工程产生生态破坏和水土流失的主要环节，应重点考虑工程用地、桥隧工程和辅助工程（施工期临时工程）所带来的环境影响和生态破坏。在工程用地分析中要说明临时租地和永久征地的类型、数量，特别是占用基本农田的位置和数量；桥隧工程要说明位置、规模、施工方式和施工时间计划；辅助工程包括进场道路、施工便道、施工营地、作业场地、各类料场和废弃渣料场等，应说明其位置、临时用地类型和面积及恢复方案，不要忽略表土保存和利用问题。

施工期要注意主体工程行为带来的环境问题。如路基开挖工程涉及弃土利用和运输问题、路基填筑需要借方和运输、隧道开挖涉及弃方和爆破、桥梁基础施工涉及底泥清淤弃渣等。

运营期主要考虑交通噪声、管理服务区"三废"、线性工程阻隔和景观等方面的影响，同时根据沿线区域环境特点和可能运输货物的种类，识别运输过程中可能产生的环境污染和风险事故。

4.3.5.2 管线项目

管线项目工程分析应包括勘察设计期、施工期和运营期，一般管道工程主要生态影响大多数发生在施工期。

勘察设计期工程分析的重点是管线路由和工艺、站场的选择。

施工期工程分析对象应包括施工作业带清理（表土保存和回填）、施工便道、管沟开挖和回填、管道穿越（定向钻和隧道）工程、管道防腐和铺设工程、站场建设和监控工程，重点明确管道防腐、管道铺设、穿越方式、站场建设工程的主要内容和影响源、影响方式，对于重大穿越工程（如穿越大型河流）和处于环境敏感区工程（如自然保护区、水源保护地等），应重点分析其施工方案和相应的环保措施。施工期工程分析时，应注意管道不同的穿越方式可造成不同影响：

① 大开挖方式：管沟回填后多余的土方一般就地平整，不产生弃方问题。

② 悬架穿越方式：不产生弃方和直接环境影响，存在空间、视觉干扰问题。

③ 定向钻穿越方式：存在施工期泥浆处理处置问题。

④ 隧道穿越方式：除隧道工程弃渣外，还可能对隧道区域的地下水和坡面植被产生影响；若有施工爆破则产生噪声、振动影响，甚至局部地质灾害。

运营期主要考虑污染影响和风险事故。污染影响分析应重点关注增压站的噪声源强、清管站的废水及废渣源强、分输站超压放空的噪声源和排空废气源、站场的生活废水和生活垃圾以及相应的环保措施。风险事故应根据输送物品的理化性质和毒性，一般从管道潜在的各种灾害识别源头，按自然灾害、人类活动和人为破坏三种原因造成的事故分别估算事故源强。

管线项目不同阶段工程分析重点见表 4-6。

表 4-6 管线项目不同阶段工程分析重点

建设项目	勘察设计期	施工期	运营期
管线	管线路由、工艺及站场的选择	作业带清理、施工便道、管沟开挖和回填、管道穿越、建设工程	污染影响、风险事故

4.3.5.3 航运码头项目

航运码头项目工程分析应涉及勘察设计期、施工期和运营期，以施工期和运营期为主，参照《水运工程建设项目环境影响评价指南》（JTS/T 105—2021）开展工程分析，按水环境（或海洋环境）、生态环境、大气环境、声环境和固体废物等环境要素识别影响源和影响方式，并估算影响源源强。

勘察设计期工程分析的重点是码头选址和航路选线。

施工期是航运码头工程产生生态破坏和环境污染的主要环节，重点考虑填充造路工程、航道疏浚工程、护岸工程和码头施工对水域环境和生态系统的影响，说明施工工艺和施工布置方案的合理性，从施工全过程识别和估算影响源。

运营期主要考虑陆域生活污水、运营过程中产生的含油污水、船舶污染物及码头和航道的风险事故。海运船舶污染物（船舶生活污水、含油污水、压载水、垃圾等）的处理处置有相应的法律规定。同时，应特别注意从装卸货物的理化性质及装卸工艺分析，识别可能产生的环境污染和风险事故。

航运码头项目不同阶段工程分析重点见表 4-7。

表 4-7 航运码头项目不同阶段工程分析重点

建设项目	勘察设计期	施工期	运营期
航运码头	码头选址、航路选线	填充造路工程、航道疏浚工程、护岸工程、码头施工	陆域生活污水、含油污水、船舶污染物、码头和航道的风险事故

4.3.5.4 油气开采项目

油气开采项目工程分析涉及勘察设计期、施工期、运营期和退役期四个时段,各时段影响源和主要影响对象存在一定差异,参照《环境影响评价技术导则 陆地石油天然气开发建设项目》(HJ 349—2023)开展工程分析。

勘察设计期工程分析以探井作业、选址选线和钻井工艺、井组布设等作为重点。井场、站场、管线和道路布设的选择要尽量避开环境敏感区域,应采用定向井或丛式井等先进钻井及布局,其目的均是从源头上避免或减少对环境敏感区域的影响;而探井作业是勘察设计期主要影响源,勘察期钻井防渗和探井科学封堵有利于防止地下水串层,保护地下水。

施工期土建工程的生态保护应重点关注水土保持、表土保存和恢复利用、植被恢复等措施;对钻井工程更应注意钻井泥浆的处理处置、落地油处理处置、钻井套管防渗等措施的有效性,避免土壤、地表水和地下水受到污染。

运营期以污染影响和事故风险分析与识别为主。按环境要素进行分析,重点分析含油废水、废弃泥浆、落地油、油泥的产生点,说明其产生量、处理处置方式和排放量、排放去向。对滚动开发项目,应按"以新带老"要求,分析原有污染源并估算源强。风险事故应考虑到钻井套管破裂、井场和站场漏油(气)、油气罐破损和油气管线破损等产生的泄漏、爆炸和火灾情形。

退役期主要考虑封井作业。

4.3.5.5 水电项目

水电项目工程分析应涉及勘察设计期、施工期和运营期,以施工期和运营期为主,参照《环境影响评价技术导则 水利水电工程》(HJ/T 88—2003)开展工程分析。

勘察设计期工程分析以坝体选址选型、电站运行方案设计的合理性和相关流域规划的合理性为主。移民安置也是水利工程特别是蓄水工程设计时应考虑的重点。

施工期应在掌握施工内容、施工量、施工时序和施工方案的基础上,识别可能引发的环境问题。

运营期的影响源应包括水库淹没高程及范围、淹没区地表附属物名录和数量、耕地和植被类型与面积、机组发电用水及梯级开发联合调配方案、枢纽建筑布置等方面。水电项目运营期生态影响识别时应注意水库、电站运行方式不同,生态影响也有差异。运营期的环境风险包括:水库库岸侵蚀、下泄河段河岸冲刷引发塌方、诱发地震。

对于引水式电站,厂址间会出现不同程度的脱水河段,其对水生生态、用水设施和景观影响较大。对于日调节水电站,下泄流量、下游河段河水流速和水位在一日内变化较大,对下游河道的航运和用水设施影响明显。对于年调节电站,水库水温分层相对稳定,下泄河水温度相对较低,对下游水生生物和农灌作物影响较大。对于抽水蓄能电站,上库区域易对区域景观、旅游资源等造成影响。

思考题

(1) 简述工程分析的作用及方法。

(2) 简述污染型建设项目与生态影响型建设项目工程分析的差别。

 案例分析

7×10^5 t/a 煤制烯烃新材料示范项目的案例详情见二维码 4-1。

二维码 4-1

第五章

大气环境影响评价

本章导航

大气污染物在环境影响评价技术导则中分为基本污染物与其他污染物。污染物在大气中的分布水平与释放源的排放方式和排放强度有关，同时受制于大气的输送和扩散过程。大气环境评价工作的内容与深度取决于评价等级，而评价等级主要依据建设项目的排放工况、环境因素以及环境管理要求。本章在对大气环境影响评价基础理论进行概述的基础上，重点介绍了依据环境影响评价技术导则对大气环境质量进行的现状调查和评价的方法与要求，依据大气环境影响评价工作等级合理应用估算模型以及进一步预测模型进行预测评价等内容。

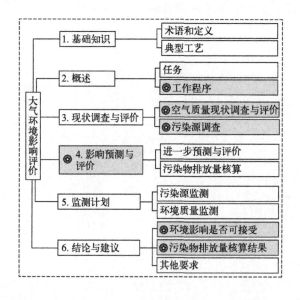

重难点内容

（1）大气环境影响评价工作内容及程序。
（2）大气环境影响评价等级、影响因子及评价范围确定。
（3）大气环境影响预测因子及预测范围确定、预测与评价的主要内容。
（4）大气环境影响预测法规模型及其选用。

5.1 基础知识

5.1.1 相关标准

《环境影响评价技术导则　大气环境》(HJ 2.2—2018)。
《环境空气质量标准》(GB 3095—2012)。
《环境空气质量评价技术规范（试行）》(HJ 663—2013)。
《环境空气质量监测点位布设技术规范（试行）》(HJ 664—2013)。

5.1.2 术语和定义

5.1.2.1 环境空气保护目标

环境空气保护目标指评价范围内按《环境空气质量标准》规定划分为一类区的自然保护区、风景名胜区和其他需要特殊保护的区域，二类区中的居住区、文化区和农村地区中人群较集中的区域。

5.1.2.2 大气污染物分类

按存在形态可将大气污染物分为颗粒态污染物和气态污染物两类，按生成机理可将大气污染物分为一次污染物和二次污染物两类。由人类或自然活动直接产生，由污染源直接排入环境的污染物称为一次污染物。排入环境中的一次污染物在物理、化学因素的作用下发生变化，或与环境中的其他物质发生反应所形成的新污染物称为二次污染物。

5.1.2.3 基本污染物

基本污染物指《环境空气质量标准》中所规定的基本项目污染物，包括二氧化硫(SO_2)、二氧化氮(NO_2)、可吸入颗粒物(PM_{10})、细颗粒物($PM_{2.5}$)、一氧化碳(CO)、臭氧(O_3)。

5.1.2.4 非正常排放

非正常排放指生产过程中开停车（工、炉）、设备检修、工艺设备运转异常等非正常工况下的污染物排放，以及污染物排放控制措施达不到应有效率等情况下的排放。

5.1.2.5 空气质量模型

空气质量模型指采用数值方法模拟大气中污染物的物理扩散和化学反应的数学模型，包括高斯扩散模型和区域光化学网格模型。

5.1.2.6 推荐模型

推荐模型指生态环境主管部门按照一定的工作程序遴选，并以推荐名录形式公开发布的环境模型。列入推荐名录的环境模型简称推荐模型。当推荐模型适用性不能满足需要时，可采用替代模型。替代模型一般需经模型领域专家评审推荐，并经生态环境主管部门同意后方可使用。

5.1.2.7 浓度

短期浓度：某污染物的评价时段小于等于24h的平均质量浓度。
长期浓度：某污染物的评价时段大于等于1个月的平均质量浓度。

5.1.3 典型大气污染源产生大气污染物的种类与机制

5.1.3.1 煤炭工业大气污染物种类与发生机制

（1）洗煤

（2）煤炭气化

煤炭气化指在特定的设备内，在一定温度及压力下使煤中有机质与气化剂（如蒸汽、空气或氧气等）发生一系列化学反应，将固体煤转化为含有 CO、氢气、甲烷等可燃气体和二氧化碳、氮气等非可燃气体的合成气的过程。主要发生如下化学反应：

① 水蒸气转化反应：
$$C+H_2O = CO+H_2-131kJ/mol$$

② 水煤气变换反应：
$$CO+H_2O = CO_2+H_2+42kJ/mol$$

③ 部分氧化反应：
$$C+0.5O_2 = CO+111kJ/mol$$

④ 完全氧化（燃烧）反应：
$$C+O_2 = CO_2+394kJ/mol$$

⑤ 甲烷化反应：
$$CO+3H_2 = CH_4+H_2O+74kJ/mol$$

⑥ Boudouard 反应：
$$C+CO_2 = 2CO-172kJ/mol$$

（3）煤的液化

利用煤产生氢气和一氧化碳的混合气体，然后使这种气体在催化作用下成为液态碳氢化合物燃料，通过高温热解煤产生蒸气，蒸气凝结成燃料油，把粉碎的煤与油混合，再经过热催化反应达到液化的目的。主要发生如下化学反应：

① 烃类生成反应：
$$2CO+H_2 \longrightarrow (-CH_2-)+CO_2$$

② 烷烃生成反应：
$$nCO+(2n+1)H_2 \longrightarrow C_nH_{2n+2}+nH_2O$$
$$2nCO+(n+1)H_2 \longrightarrow C_nH_{2n+2}+nCO_2$$
$$(3n+1)CO+(n+1)H_2O \longrightarrow C_nH_{2n+2}+(2n+1)CO_2$$
$$nCO_2+(3n+1)H_2 \longrightarrow C_nH_{2n+2}+2nH_2O$$

③ 烯烃生成反应：
$$nCO+2nH_2 \longrightarrow C_nH_{2n}+nH_2O$$
$$2nCO+nH_2 \longrightarrow C_nH_{2n}+nCO_2$$
$$3nCO+nH_2O \longrightarrow C_nH_{2n}+2nCO_2$$
$$nCO_2+3nH_2 \longrightarrow C_nH_{2n}+2nH_2O$$

煤炭工业建设项目环境影响评价工作依据《环境影响评价技术导则 煤炭采选工程》（HJ 619—2011）开展。

5.1.3.2 钢铁工业大气污染物种类与发生机制

① 炼焦：指炼焦煤在隔绝空气条件下高温干馏，通过热分解和结焦产生焦炭、焦炉煤

气和其他炼焦化学产品的工艺过程。

② 烧结：利用铁矿粉（精矿、富矿粉、高炉灰等）、燃料（焦炭末、无烟煤）和熔剂（石灰石、白云石等）作为原料，经过原料加工、配制、混合、造球、布料、点火、烧结、破碎、筛分、冷却等流程，生产出成品烧结矿的过程。

球团：先将粉矿加适量的水分和黏结剂制成黏度均匀、具有足够强度的生球，经干燥、预热后在氧化气氛中焙烧，使生球结团，制成球团矿。

钢铁工业建设项目环境影响评价工作依据《环境影响评价技术导则 钢铁建设项目》（HJ 708—2014）开展。

> **金石之声**
>
> 2013年，国务院发布《大气污染防治行动计划》，这份被称为"大气十条"的大气污染防治行动计划成为一个时期全国大气污染防治工作的行动指南。"大气十条"确定了大气污染防治十条措施，包括减少污染物排放，严控高耗能、高污染行业新增耗能，大力推行清洁生产，加快调整能源结构，强化节能环保指标约束，推行激励与约束并举的节能减排新机制，加强公众参与等。
>
> 2018年，生态环境部发布关于《大气污染防治行动计划》实施情况终期考核结果的通报。通报指出，"大气十条"实施5年来，在党中央、国务院坚强领导下，各地区各部门各单位思想统一、态度坚决、行动有力，扎实推进各项政策措施，"大气十条"确定的45项重点工作任务全部按期完成。2017年，全国地级及以上城市可吸入颗粒物（PM_{10}）平均浓度比2013年下降了22.7%，京津冀、长三角、珠三角等重点区域细颗粒物（$PM_{2.5}$）平均浓度分别比2013年下降39.6%、34.3%、27.7%，北京市$PM_{2.5}$年均浓度降至$58\mu g/m^3$，"大气十条"确定的空气质量改善目标全面完成。

5.1.4 空气质量模型

空气质量模型是基于对大气物理和化学过程科学认识的基础上，运用气象学原理及数学方法，从水平和垂直方向在一定尺度范围内对空气质量进行仿真模拟，再现污染物在大气中输送、反应、清除等过程的数学工具。近些年来，空气质量模拟技术发展迅速，相比其他环境要素的数学模拟技术最为成熟，当前各种空气质量模型已被广泛应用于环境影响评价、重大科学研究及环境管理与决策领域，已成为模拟臭氧、颗粒物、能见度、酸雨甚至气候变化等各种复杂空气质量问题及研究区域复合型大气污染控制理论的重要手段之一，并发展成为一门学科方向。

根据生态环境部发布的《环境影响评价技术导则 大气环境》（HJ 2.2—2018），估算模型AERSCREEN、进一步预测模型AERMOD、ADMS、AUSTAL2000、EDMS/AEDT、CALPUFF以及CMAQ等光化学网格模型是我国环境影响评价领域现行的法规模型。

5.1.4.1 空气质量模型的分类

空气质量模型一般考虑了以下大气过程：排放（人为和自然源排放）、输送（水平平流和垂直对流）、扩散（水平和垂直扩散）、化学转化（气、液、固相化学反应）、清除机制（干湿沉降）等，其理论研究一直是沿着湍流扩散三个理论体系发展起来的，即梯度输送理论（K 理论）、统计理论和相似理论。

① 梯度输送理论（K 理论）是在湍流半经验理论的基础上发展起来的，其缺陷体现在两方面：一方面，它把无规则的湍涡看成分子热运动，假定湍涡是流体微团，与分子输送模型具有相同属性，由此得到梯度与通量之间的线性关系，实质上这只是一种假定；另一方面，近地层流场情况十分复杂，湍流输送的性质远非简单的线性关系，尤其是湍流交换系数，它随大气湍流场的性质及空间尺度而改变，其形式难以确定。因此梯度输送理论在小尺度预测上缺陷很突出，但它在处理大尺度污染扩散问题上具有一定优越性，能够利用观测的风速廓线资料，不需假定某种分布形式，即可得到污染物的浓度分布。

② 统计理论是从湍流场的统计特征量出发，描述流场中扩散物质的散布规律。泰勒把扩散系数和湍流脉动场的统计特征量联系起来，用气象参数来表达这些统计特征量，找出扩散参数和气象条件的联系，导出了适用于连续运动扩散过程的泰勒公式。该理论的核心是扩散粒子关于时间和空间的概率分布，通过概率分布函数描述扩散粒子浓度的空间分布和时间变化。泰勒公式是在均匀、定常的假设条件下导出的，而实际大气并不符合这种条件，只有在下垫面开阔平坦、气流稳定的小尺度扩散处理中，才近似满足这样的条件。

③ 相似理论是在量纲分析基础上发展起来的，是研究近地层大气湍流的一种有效理论方法。其基本原理是关于拉格朗日相似性的假设，假定流场的拉格朗日性质仅取决于表征流场欧拉性质的已知参数，粒子扩散的特征与流场的拉格朗日性质相联系。在上述假定下，可以把大气扩散和风速及温度的空间分布联系起来，但由于量纲分析的复杂性和不确定性，其目前主要在小尺度的铅直扩散问题中比较成功。

5.1.4.2 空气质量模型的发展历程

鉴于空气质量模型在大气污染控制中的重要地位，开发和推广新型的空气质量模型显得尤为重要。自 1970 年到现在，USEPA 或其他机构共资助开发了三代空气质量模型：20 世纪 70 年代到 80 年代，EPA 推出了第一代空气质量模型，这些模型又分为箱式模型、高斯扩散模型和拉格朗日轨迹模型，其中高斯扩散模型主要有 ISC、AERMOD、ADMS 等，拉格朗日模型如 OZIP/EKMA、CALPUFF 等；20 世纪 80 年代到 90 年代的第二代空气质量模型主要包括 UAM、ROM、RADM 在内的欧拉网格模型；20 世纪 90 年代以后出现的第三代空气质量模型是以 CMAQ、CAMx、WRF-CHEM、NAQPMS 为代表的综合空气质量模型，即"一个大气"的模拟系统。

① 第一代空气质量模型主要包括了基于质量守恒定律的箱式模型、基于湍流扩散统计理论的高斯模型和拉格朗日轨迹模型。当时的模型一般以 Pasquill 和 Gifford 等研究者得出的离散不同稳定度条件下的大气扩散参数曲线和 Pasquill 方法确定的扩散参数为基础，采用简单的、参数化的线性机制描述复杂的大气物理过程，适用于模拟惰性污染物的长期平均浓度。高斯模式（如 ISC、AERMOD、ADMS）由于其结构简单，对输入数据的要求不高以及计算简便，20 世纪 60 年代以后，在大气环境问题中得到了最为广泛的应用。但近年来城市及区域环境问题如细粒子、光化学烟雾等往往与污染物在大气中的化学反应紧密相关，而第一代模型没有或仅有简单的化学反应模块，这使它们的应用受到了很大限制。但是这些模型结构简单、运算速度快、长期浓度模拟的准确度高，至今仍在常规污染物模拟方面被广泛使用。值得注意的是第一代空气质量模型的划分并不是非常明确，例如 ADMS、AER-MOD、CALPUFF 模型应用了 20 世纪 90 年代以来大气研究的最新成果，与传统的第一代模型已有很大不同。

② 20 世纪 70 年代末 80 年代初，随着对大气边界层湍流特征的研究，研究者开展了大量室内试验、数值试验和现场野外观测等工作，发现高斯模型对许多问题都无法解答，这逐渐推动了第二代空气质量模型的发展。第二代欧拉数值空气质量模型中加入了比较复杂的气象模式和非线性反应机制，并将被模拟的区域分成许多三维网格单元。模型将模拟每个单元格大气层中的化学变化过程、云雾过程，以及位于该网格周边的其他单元格内的大气状况，这包括污染源对网格区域内的影响以及所产生的干、湿沉降作用等。这类模型在 1980—1990 年间被广泛应用。这一时期一些三维城市尺度光化学污染模式（如 CIT、UAM 等模式）、区域尺度光化学模式（ROM）以及酸沉降模式（RADM、ADOM、STEM 等模式）开始得到研究。我国第二代空气质量模型主要有中国科学院基于 RADM 模型建立的高分辨率对流层化学模式 HRCM，中国科学院大气物理所等研发的区域空气质量模式 RAQM 和三维时变欧拉型区域酸沉降模式 RegADM 等。

③ 第二代空气质量模型在设计上仅考虑了单一的大气污染问题，对于各污染物间的相互转化和相互影响考虑不全面，而实际大气中各种污染物之间存在着复杂的物理、化学反应过程。因此，20 世纪 90 年代末美国环保局基于"一个大气"理念，设计研发了第三代空气质量模式系统 Models-3/CMAQ。CMAQ 是一个多模块集成、多尺度网格嵌套的三维欧拉模型，突破了传统模式针对单一物种或单相物种的模拟，考虑了实际大气中不同物种之间的相互转换和互相影响，开创了模式发展的新理念。当前主流的第三代空气质量模型还包括 CAMx、WRF-CHEM 等。美国大气研究中心 NCAR 开发的 WRF-CHEM 模型还考虑了气象和大气污染的双向反馈过程。中国的第三代空气质量模型以中国科学院大气物理所自主研发的嵌套网格空气质量预报模型 NAQPMS 为代表，目前已在北京、上海、深圳、郑州等城市空气质量实时预报业务中得以应用。

一代、二代或三代空气质量模型按照尺度划分，大致可以分为城市模型、区域模型和全球模型（如 GEOS-Chem）；按机理划分，可分为统计模型和数值模型，前者是以现有的大量数据为基础作统计分析建立的模型，后者则是对污染物在大气中发生的物理化学过程（如传输、扩散、化学反应等）进行数学抽象所建立的；从流体力学的角度看，空气质量模型又分为拉格朗日模型和欧拉模型，前者由跟随流体移动的空气微团来描述污染物浓度的变化，后者则相对于固定坐标系研究污染物的运动，以空间内固定的微元为研究对象；从模型研究对象来看，空气质量模型又分为扩散模式、光化学氧化模式、酸沉降模式、气溶胶细粒子模式和综合性空气质量模式。

5.1.4.3 高斯扩散模型

空气污染高斯扩散模式是应用湍流统计理论得到的正态分布假设下的扩散模式。污染物进入大气后，随大气整体飘移，同时由于湍流混合，使污染物从高浓度区向低浓度区扩散稀释，其扩散程度取决于大气湍流的强度。大气污染的形成及其危害程度在于有害物质的浓度及其持续时间，大气扩散理论就是用数理方法来模拟各种大气污染源在一定条件下的扩散稀释过程，用数学模型计算和预报大气污染物浓度的时空变化规律。

研究物质在大气湍流场中的扩散理论主要有三种：梯度输送理论、相似理论和统计理论。针对不同的原理和研究对象，形成了不同形式的大气扩散数学模型。由于数学模型建立时作了一些假设，以及考虑气象条件和地形地貌对污染物在大气中扩散的影响而引入的经验系数，目前的各种数学模式都有较大的局限性，应用较多的是采用湍流统计理论体系的高斯扩散模式。

5.1.4.4 典型空气质量模型

空气质量数值模式已经有数十年的发展历史,在世界范围内产生了数十个不同的模式,当前国际上典型的空气质量模式主要包括 ISC3、AERMOD、ADMS、CALPUFF 等法规化中小尺度模型,NAQPMS、CAMx、WRF-CHEM、CMAQ 等综合型区域尺度模型和 GEOS-CHEM 等全球尺度空气质量模型。

（1）AERMOD 模型

AERMOD 由美国环保局联合美国气象学会组建的法规模式改善委员会开发。其目标是开发一个能完全替代 ISC3 的法规模型,新模型将采用 ISC3 的输入与输出结构,应用最新的扩散理论和计算机技术。

20 世纪 90 年代中后期,法规模式改善委员会在 ISC3 模型框架的基础上成功开发出 AERMOD 扩散模型,AERMOD 系统包括 AERMET 气象、AERMAP 地形、AERMOD 扩散三个模块,适用范围一般小于 50km。该系统以高斯统计扩散理论为出发点,假设污染物的浓度分布在一定程度上服从高斯分布,可用于乡村环境和城市环境、平坦地形和复杂地形、低矮面源和高架点源等多种排放扩散情形的模拟和预测。

AERMOD 是一种稳态烟羽模型。在稳定边界层（SBL）,将垂直和水平方向的浓度分布看作高斯分布。在对流边界层（CBL）,将水平分布也看作是高斯分布,但是垂直分布考虑用概率密度函数来描述。另外,在对流边界层中,AERMOD 考虑"烟羽抬举"现象:从浮力源出来的部分烟羽物质,先是升到边界层顶部附近并在那里停留一段时间,然后混合入对流边界层内部。AERMOD 计算穿透进入稳定层的部分烟羽,允许它在某些情况下重新返回边界层内。无论在稳定边界层还是在对流边界层中,AERMOD 均考虑了弯曲烟羽导致的水平扩散加强现象。

AERMOD 具有以下特点:①以行星边界层（PBL）湍流结构及理论为基础,按空气湍流结构和尺度概念,湍流扩散由参数化方程给出,稳定度用连续参数表示;②中等浮力通量对流条件采用非正态的 PDF 模式;③考虑了对流条件下浮力烟羽和混合层顶的相互作用;④对简单地形和复杂地形进行了一体化的处理;⑤可以计算城市边界层,建筑物下洗,以及干、湿沉降等清除过程。

（2）AERSCREEN 模型

AERSCREEN 是基于美国环保局空气质量预测模型 AERMOD 的空气质量估算模型。由于 AERSCREEN 估算浓度扩散模型的程序采用的是 AERMOD 内核,所估算的结果更符合 AERMOD 预测结果,可用于预测工作前期的等级估算和范围确定等工作。

AERSCREEN 模型主要包括两部分:①MAKEMET 程序,生成输入到 AERMOD 模型的不利气象条件组合文件;②AERSCREEN 命令提示符界面程序,其中 AERSCREEN 界面程序不仅调用 MAKEMET 程序生成不利气象条件组合文件,还可调用 AERMOD 模式中的 AER-MAP 程序处理地形、BPIPPRM 程序处理建筑物下洗,通过调用 AERMOD 模型的筛选选项,结合 MAKEMET 程序生成不利气象条件组合文件来计算最不利气象条件下的污染物浓度。

AERSCREEN 模型可计算最不利气象条件下的平均时间浓度（1h 平均、3h 平均、8h 平均、日平均以及年平均）。AERSCREEN 程序目前仅限于模拟单个点源、矩形面源、圆形面源、火炬源、体源等。

（3）ADMS 模型

ADMS 模型是由英国剑桥环境研究公司（CERC）开发的一套先进的三维高斯型大气扩

散模型，属新一代大气扩散模型，适用范围一般小于50km。ADMS可模拟点源、面源、线源和体源排放出的污染物在短期（小时平均、日平均）和长期（年平均）的浓度分布，还包括一个街道窄谷模型，适用于简单和复杂地形，同时也可考虑建筑物下洗、湿沉降、重力沉降和干沉降以及化学反应等功能。ADMS模型耦合了大气边界层研究的最新进展，利用常规气象要素来定义边界层结构。

ADMS模型与其他大气扩散模型的一个显著区别：使用了最小莫宁-奥布霍夫（Monin-Obukhov）长度和边界结构的最新理论，精确定义边界层特征参数；另外ADMS模型在不稳定条件下摒弃了高斯模式体系，采用高斯概率密度函数（PDF）及小风对流模式。

ADMS利用莫宁-奥布霍夫（Monin-Obukhov）长度表示大气稳定程度，定义用L_0表示。在白天，由于地表受热，大气处于不稳定状态，这时L_0是负值；而在夜间，由于地表辐射冷却，大气处于稳定状态，这时L_0是正值。如果L_0绝对值接近于零，表明大气非常不稳定（负值时）或非常稳定（正值时）。在城市区域，由于地表障碍物（如建筑物）产生的机械扰动会使得边界层趋向中性，因此，在城市区域的稳定时间段（夜间），估算的莫宁长度值可能比实际情况要偏小，即偏向稳定。为了解决这个问题，在模式中稳定时间段里设置一个最小的L_0值。最小L_0值根据障碍物高度对区域流场影响的大小确定。

（4）CALPUFF模型

CALPUFF是三维非稳态拉格朗日扩散模式系统，与传统的稳态高斯扩散模式相比，它能更好地处理长距离（50km以上）污染物传输。它由西格玛研究公司开发，是美国环保局长期支持开发的首选法规化模型。CALPUFF模型系统包括三部分：CALMET、CALPUFF、CALPOST以及一系列对常规气象、地理数据进行预处理的程序。CALMET气象模型用于在三维网格模型区域上生成小时风场和温度场。CALPUFF非稳态三维拉格朗日烟团输送模型利用CALMET生成的风场和温度场文件，输送污染源排放的污染物烟团，模拟扩散和转化过程。CALPOST通过处理CALPUFF输出文件，生成所需浓度文件用于后处理及可视化。

CALPUFF具有以下自身的优势和特点：①能用于模拟从几十到几百公里中等尺度的环境问题；②能模拟一些非稳态的情况（静小风、熏烟、环流、地形和海岸效应）；③气象模型包括了陆上和水上边界层模型，可以利用MM5或WRF中尺度气象模式输出的网格风场作为观测数据，或者作为初始猜测风场；④采用地形动力学、坡面流参数方法对初始猜测风场进行分析，适合于粗糙、复杂地形条件下的模拟；⑤加入了处理针对面源浮力抬升和扩散的功能模块。

（5）综合型区域尺度模型

事实上大气污染过程异常复杂，各种污染物之间存在极为复杂的物理、化学反应及气固两相转化过程。ADMS、AERMOD、CALPUFF等过于简单的空气质量模型很难再现真实的大气污染过程。由于科学研究与环境决策的目的在于追求大气模拟的真实性、内生原理性和污染过程的系统性，因此在科学研究与环境决策领域应用最多的均为第三代综合型空气质量模型，如：NAQPMS、CAMx、WRF-CHEM及CMAQ等。这些模型均具有以下共同优点：①充分考虑了各种大气物理过程和各污染物间的化学反应及气固两相转化过程，可模拟多污染物间的协同效应；②基于嵌套网格设计，可用于模拟局地、区域等多种尺度的大气环境问题；③基于"一个大气"的设计理念，通过一次工作可以同时模拟各种大气环境问题，特别适用于模拟O_3、$PM_{2.5}$、酸雨等区域性复合型大气污染过程。

综合型区域尺度模型存在的不足主要包括：①对气象、污染源等基础数据要求过于苛刻。尤其是对排放清单中的污染物排放量要求具体到每一个化学物种、每一个网格及每小时。由于排放清单的复杂性，排放清单编制已成为一个新的研究领域；②功能灵活多样，但可操作性降低，为增加模型开发及应用的灵活性，第三代模型均无可视化操作界面，采用模块化集成设计方式，使用者必须熟悉模型的架构、基本物理化学原理及模型程序代码；③计算机专业知识要求大幅度提高，第三代空气质量模型计算量极大，多运行在基于LINUX操作系统的高性能集群计算机平台，需要较高硬件资源及专门人员负责平台的日常管理和维护；④海量输入输出数据需要分析及可视化，第三代空气质量模型输入输出数据少则数百GB，多则数千GB，海量数据的管理、分析及可视化大幅增加了工作成本。

5.2 大气环境影响评价概述

5.2.1 大气环境影响评价的任务与工作程序

5.2.1.1 大气环境影响评价的任务

大气环境影响评价通过调查、预测等手段，对项目在建设阶段、生产运行和服务期满后（可根据项目情况选择）所排放的大气污染物对环境空气质量影响的程度、范围和频率进行分析、预测和评估，为项目的选址选线、排放方案、大气污染治理设施与预防措施制订、排放量核算以及其他有关的工程设计、项目实施环境监测等提供科学依据或指导性意见。

5.2.1.2 大气环境影响评价的工作程序

大气环境影响评价主要工作包括：

① 研究有关文件，进行项目污染源调查、环境空气保护目标调查、评价因子筛选与评价标准确定、区域气象与地表特征调查，收集区域地形参数，确定评价等级和评价范围等。

② 依据评价等级要求开展与项目评价相关污染源调查与核实，选择适合的预测模型，对环境质量现状进行调查或补充监测，收集建立模型所需气象、地表参数等基础数据，确定预测内容与预测方案，开展大气环境影响预测与评价工作等。

③ 制订环境监测计划，明确大气环境影响评价结论与建议，完成环境影响评价文件的编写。

5.2.2 环境影响识别与评价因子筛选

大气环境影响评价因子主要为项目排放的基本污染物及其他污染物。按《建设项目环境影响评价技术导则 总纲》（HJ 2.1—2016）或《规划环境影响评价技术导则 总纲》（HJ 130—2019）的要求识别大气环境影响因素，并筛选出大气环境影响评价因子。二次污染物评价因子筛选见表5-1。

表5-1 二次污染物评价因子筛选

类别	污染物排放量/(t/a)	二次污染物评价因子
建设项目	$SO_2+NO_x \geqslant 500$	$PM_{2.5}$
规划项目	$SO_2+NO_x \geqslant 500$	$PM_{2.5}$
	$NO_x+VOCs \geqslant 2000$	O_3

5.2.3 评价等级与评价范围

5.2.3.1 评价工作分级方法

选择项目污染源正常排放的主要污染物及排放参数,采用推荐模型中的估算模型分别计算项目污染源的最大环境影响,然后按评价工作分级判据进行分级。

根据项目污染源初步调查结果,分别计算项目排放主要污染物的最大地面空气质量浓度占标率 P_i(第 i 个污染物),简称"最大浓度占标率",以及第 i 个污染物的地面空气质量浓度达到标准值的 10% 时所对应的最远距离 $D_{10\%}$。其中 P_i 定义如下:

$$P_i = C_i / C_{0i} \times 100\% \tag{5-1}$$

式中,P_i 为第 i 个污染物的最大地面空气质量浓度占标率,%;C_i 为采用估算模型计算出的第 i 个污染物的最大 1h 地面空气质量浓度,$\mu g/m^3$;C_{0i} 为第 i 个污染物的环境空气质量浓度标准,$\mu g/m^3$。

注意:①一般选用《环境空气质量标准》(GB 3095—2012)中 1h 平均质量浓度的二级浓度限值,如项目位于一类环境空气功能区,应选择相应的一级浓度限值;②对该标准中未包含的污染物,使用确定的各评价因子 1h 平均质量浓度限值;③对仅有 8h 平均质量浓度限值、日平均质量浓度限值或年平均质量浓度限值的,可分别按 2 倍、3 倍、6 倍折算为 1h 平均质量浓度限值。

评价等级按表 5-2 的分级判据进行划分,如污染物数 i 大于 1,取 P_i 值中最大者 P_{max}。

表 5-2 评价等级判别表

评价工作等级	评价工作分级判据
一级评价	$P_{max} \geq 10\%$
二级评价	$1\% \leq P_{max} < 10\%$
三级评价	$P_{max} < 1\%$

评价等级的判定还应遵守以下规定:

同一项目有多个污染源(两个及以上,下同)时,则按各污染源分别确定评价等级,并取评价等级最高者作为项目的评价等级。

对电力、钢铁、水泥、石化、化工、平板玻璃、有色等高耗能行业的多源项目或以使用高污染燃料为主的多源项目,并且编制环境影响报告书的项目评价等级提高一级。

对等级公路、铁路项目,分别按项目沿线主要集中式排放源(如服务区、车站大气污染源)排放的污染物计算其评价等级。

对新建包含 1km 及以上隧道工程的城市快速路、主干路等城市道路项目,按项目隧道主要通风竖井及隧道出口排放的污染物计算其评价等级。

对新建、迁建及飞行区扩建的枢纽及干线机场项目,应考虑机场飞机起降及相关辅助设施排放源对周边城市的环境影响,评价等级取一级。

【例题】根据《环境影响评价技术导则 大气环境》(HJ 2.2—2018),选择推荐模型中估算模型对某煤业集团有限责任公司 7×10^5 t/a 煤制烯烃新材料示范项目的大气环境评价工作进行分级,选择正常排放的污染物及排放参数估算结果如表 5-3 所示,请计算表 5-3 各污染物最大地面浓度占标率,并对本项目大气环境影响评价等级进行判定。

表 5-3 大气环境初步预测结果

序号	污染物	污染源		最大 1h 地面浓度 /(μg/m³)	P_{max}/%
1	SO$_2$	点源	05G01 焚烧炉尾气脱硫塔排气	3.3135	
2			15G02 污水处理站活性炭再生废气	8.6695	
3	NO$_2$	点源	02G01a 备煤-磨煤干燥废气	3.143	
4			11G01RTO 焚烧炉尾气脱硫塔排气	11.933	
5			09G02RTO 焚烧炉尾气	23.226	
6	PM$_{10}$	点源	09G01 除尘器排放气	20.9642	
7			12G01 煤储运-转运站	53.2040	
8			02G03d 备煤-粉煤仓过滤器排放气	3.1059	

【解答】选择每种污染物质最大 1h 地面浓度中的最大值,求得最大 1h 地面浓度占标率中的最大值分别为:

SO$_2$:8.6695/500×100%=1.7339%。

NO$_2$:23.226/200×100%=11.6130%。

PM$_{10}$:53.2040/(150×3)×100%=11.8231%。

取其最大者判定评价等级,11.8231%≥10%,因此项目大气环境影响评价等级为一级。

5.2.3.2 评价范围确定

对于一级评价项目,根据建设项目排放污染物的最远影响距离($D_{10\%}$)确定大气环境影响评价范围。即以项目厂址为中心区域,自厂界外延 $D_{10\%}$ 的矩形区域作为大气环境影响评价范围。

当 $D_{10\%}$ 超过 25km 时,确定评价范围为边长 50km 的矩形区域。

当 $D_{10\%}$ 小于 2.5km 时,评价范围为边长 5km 的矩形区域。

对于二级评价项目,大气环境影响评价范围边长取 5km 的矩形区域。

对于三级评价项目,不需设置大气环境影响评价范围。

5.2.4 评价基准年

依据评价所需环境空气质量现状、气象资料等数据的可获得性、数据质量、代表性等因素,选择近 3 年中数据相对完整的 1 个日历年作为评价基准年。

5.3 大气环境现状调查与评价

5.3.1 环境空气质量现状调查与评价

5.3.1.1 调查内容与目的

(1)一级评价项目调查内容

调查项目所在区域环境质量达标情况,作为项目所在区域是否为达标区的判断依据。

调查评价范围内有环境质量标准的评价因子的环境质量监测数据或进行补充监测,用于评价项目所在区域污染物环境质量现状,以及计算环境空气保护目标和网格点的环境质量现状浓度。

（2）二级评价项目调查内容

调查项目所在区域环境质量达标情况。

调查评价范围内有环境质量标准的评价因子的环境质量监测数据或进行补充监测，用于评价项目所在区域污染物环境质量现状。

（3）三级评价项目调查内容

只调查项目所在区域环境质量达标情况。

5.3.1.2 数据来源

（1）基本污染物环境质量现状数据

项目所在区域达标判定，优先采用国家或地方生态环境主管部门公开发布的评价基准年环境质量公告或环境质量报告中的数据或结论。

采用评价范围内国家或地方环境空气质量监测网中评价基准年连续 1 年的监测数据，或采用生态环境主管部门公开发布的环境空气质量现状数据。

评价范围内没有环境空气质量监测网数据或公开发布的环境空气质量现状数据的，可选择符合《环境空气质量监测点位布设技术规范（试行）》（HJ 664—2013）规定，并且与评价范围地理位置邻近，地形、气候条件相近的环境空气质量城市点或区域点监测数据。

位于环境空气质量一类区的环境空气保护目标或网格点，各污染物环境质量现状浓度可取符合《环境空气质量监测点位布设技术规范（试行）》（HJ 664—2013）规定，并且与评价范围地理位置邻近，地形、气候条件相近的环境空气质量区域点或背景点监测数据。

（2）其他污染物环境质量现状数据

优先采用评价范围内国家或地方环境空气质量监测网中评价基准年连续 1 年的监测数据。

评价范围内没有环境空气质量监测网数据或公开发布的环境空气质量现状数据的，可收集评价范围内近 3 年与项目排放的其他污染物有关的历史监测资料。

5.3.1.3 评价内容与方法

（1）项目所在区域达标判断

城市环境空气质量达标情况评价指标为六项基本污染物，全部达标即城市环境空气质量达标。

根据国家或地方生态环境主管部门公开发布的城市环境空气质量达标情况，判断项目所在区域是否属于达标区。如项目评价范围涉及多个行政区（县级或以上，下同），须分别评价各行政区的达标情况，若存在不达标行政区，则判定项目所在评价区域为不达标区。

国家或地方生态环境主管部门未发布城市环境空气质量达标情况的，可按照《环境空气质量评价技术规范》（HJ 663—2013）中各评价项目的年评价指标进行判定。年评价指标中的年均浓度和相应百分数、24h 平均或 8h 平均质量浓度满足《环境空气质量标准》（GB 3095—2012）中浓度限值要求的即达标。

（2）各污染物的环境质量现状评价

长期监测数据的现状评价内容，按 HJ 663—2013 中的统计方法对各污染物的年评价指标进行环境质量现状评价。对于超标的污染物，计算其超标倍数和超标率。

补充监测数据的现状评价内容，分别对各监测点位不同污染物的短期浓度进行环境质量现状评价。对于超标的污染物，计算其超标倍数和超标率。

（3）环境空气保护目标及网格点环境质量现状浓度

对采用多个长期监测点位数据进行现状评价的，取各污染物相同时刻各监测点位的浓度平均值，作为评价范围内环境空气保护目标及网格点环境质量现状浓度，计算方法见公式（5-2）。

$$C_{现状(x,y,t)} = \frac{1}{n}\sum_{j=1}^{n} C_{现状(j,t)} \tag{5-2}$$

式中，$C_{现状(x,y,t)}$ 为环境空气保护目标及网格点 (x, y) 在 t 时刻环境质量现状浓度，$\mu g/m^3$；$C_{现状(j,t)}$ 为第 j 个监测点位在 t 时刻环境质量现状浓度（包括短期浓度和长期浓度），$\mu g/m^3$；n 为长期监测点位数。

对采用补充监测数据进行现状评价的，取各污染物不同评价时段监测浓度的最大值，作为评价范围内环境空气保护目标及网格点环境质量现状浓度。对于有多个监测点位数据的，先计算相同时刻各监测点位平均值，再取各监测时段平均值中的最大值。计算方法见公式（5-3）。

$$C_{现状(x,y,t)} = \mathrm{MAX}\left[\frac{1}{n}\sum_{j=1}^{n} C_{监测(j,t)}\right] \tag{5-3}$$

式中，$C_{现状(x,y,t)}$ 为环境空气保护目标及网格点 (x, y) 在 t 时刻环境质量现状浓度，$\mu g/m^3$；$C_{监测(j,t)}$ 为第 j 个监测点位在 t 时刻环境质量现状浓度（包括1h平均、8h平均或日平均质量浓度），$\mu g/m^3$；n 为现状补充监测点位数。

5.3.2 污染源调查

5.3.2.1 调查内容

（1）一级评价项目污染源调查内容

一级评价项目调查不同排放方案有组织及无组织排放源，对于改建、扩建项目还应调查本项目现有污染源。本项目污染源调查包括正常排放和非正常排放，其中非正常排放调查内容包括非正常工况、频次、持续时间和排放量。

调查本项目所有拟被替代的污染源（如有），包括被替代污染源名称、位置、排放污染物及排放量、拟被替代时间等。

调查评价范围内与评价项目排放污染物有关的其他在建项目、已批复环境影响评价文件的拟建项目等污染源。

对于编制报告书的工业项目，分析调查受本项目物料及产品运输影响新增的交通运输移动源，包括运输方式、新增交通流量、排放污染物及排放量。

（2）二级评价项目污染源调查内容

二级评价项目调查本项目现有及新增污染源和拟被替代的污染源。

（3）三级评价项目污染源调查内容

三级评价项目只调查本项目新增污染源和拟被替代的污染源。

（4）其他要求

对于城市快速路、主干路等城市道路的新建项目，需调查道路交通流量及污染物排放量。

对于采用网格模型预测二次污染物的，需结合空气质量模型及评价要求，开展区域现状污染源排放清单调查。

5.3.2.2 数据来源与要求

新建项目的污染源调查，依据《建设项目环境影响评价技术导则 总纲》（HJ 2.1—2016）、《规划环境影响评价技术导则 总纲》（HJ 130—2019）、《排污许可证申请与核发技术规范 总则》（HJ 942—2018）、行业排污许可证申请与核发技术规范及各污染源源强核算技术指南，并结合工程分析从严确定污染物排放量。

在建和拟建项目评价范围内在建和拟建项目的污染源调查，可使用已批准的环境影响评价文件中的资料。改建、扩建项目的现状工程和评价范围内拟被替代的污染源调查，可根据数据的可获得性，依次优先使用项目监督性监测数据、在线监测数据、年度排污许可执行报告、自主验收报告、排污许可证数据、环评数据或补充污染源监测数据等。污染源监测数据应采用满负荷工况下的监测数据或者换算至满负荷工况下的排放数据。

网格模型模拟所需的区域现状污染源排放清单调查按国家发布的清单编制相关技术规范执行。污染源排放清单数据应采用近 3 年内国家或地方生态环境主管部门发布的包含人为源和天然源在内所有区域污染源清单数据。在国家或地方生态环境主管部门未发布污染源清单之前，可参照污染源清单编制指南自行建立区域污染源清单，并对污染源清单准确性进行验证分析。

5.4 大气环境影响预测与评价

5.4.1 一般性要求

一级评价项目应采用进一步预测模型开展大气环境影响预测与评价；二级评价项目不进行进一步预测与评价，只对污染物排放量进行核算；三级评价项目不进行进一步预测与评价。

5.4.2 预测因子

预测因子根据评价因子而定，选取有环境质量标准的评价因子作为预测因子。

5.4.3 预测范围

预测范围应覆盖评价范围，并覆盖各污染物短期浓度贡献值占标率大于10%的区域。

对于需预测二次污染物的项目，预测范围应覆盖 $PM_{2.5}$ 年平均质量浓度贡献值占标率大于1%的区域。

对于评价范围内包含环境空气功能区一类区的，预测范围应覆盖项目对一类区最大环境影响。

5.4.4 预测周期

选取评价基准年作为预测周期，预测时段取连续 1 年。

选用网格模型模拟二次污染物的环境影响时，预测时段应至少选取评价基准年 1、4、7、10 月。

5.4.5 预测模型

一级评价项目应结合项目环境影响预测范围、预测因子及推荐模型的适用范围等选择空气质量模型。预测模型及其适用范围见表 5-4。

表 5-4 预测模型及其适用范围

模型名称	适用污染源	适用排放形式	推荐预测范围	模拟污染物			其他特性
				一次污染物	二次 $PM_{2.5}$	O_3	
AERMOD ADMS AUSTAL2000 EDMS/AEDT	点源、面源、线源、体源 烟塔合一源 机场源	连续源、间断源	局地尺度 (≤50km)	模型模拟法	系数法	不支持	—
CALPUFF	点源、面源、线源、体源	连续源、间断源	城市尺度 (50km 到 几百 km)	模型模拟法	模型模拟法	不支持	局地尺度特殊风场，包括长期静、小风和岸边熏烟
区域光化学 网格模型	网格源	连续源、间断源	区域尺度 (几百 km)	模型模拟法	模型模拟法	模型模拟法	模拟复杂化学反应

注：当推荐模型适用性不能满足需要时，可选择适用的替代模型。当项目评价基准年内存在风速≤0.5m/s 的持续时间超过 72h 或近 20 年统计的全年静风（风速≤0.2m/s）频率超过 35％时，应采用 CALPUFF 模型进行进一步模拟。当建设项目处于大型水体（海或湖）岸边 3km 范围内时，应首先采用估算模型判定是否会发生熏烟现象。如果存在岸边熏烟，并且估算的最大 1h 平均质量浓度超过环境质量标准，应采用 CALPUFF 模型进行进一步模拟。环境影响预测模型所需气象、地形、地表参数等基础数据应优先使用国家发布的标准化数据。采用其他数据时，应说明数据来源、有效性及数据预处理方案。

5.4.6 预测方法

选择合适的模型预测建设项目或规划项目对预测范围不同时段的大气环境影响。当建设项目或规划项目 SO_2、NO_x 及 VOCs 年排放量达到一定量时，须按推荐的方法预测二次污染物，见表 5-5。

表 5-5 二次污染物预测方法

	污染物排放量/(t/a)	预测因子	二次污染物预测方法
建设项目	SO_2+NO_x≥500	$PM_{2.5}$	AERMOD/ADMS（系数法）或 CALPUFF（模型模拟法）
规划项目	500≤SO_2+NO_x<2000	$PM_{2.5}$	AERMOD/ADMS（系数法）或 CALPUFF（模型模拟法）
	SO_2+NO_x≥2000	$PM_{2.5}$	网格模型（模型模拟法）
	NO_x+VOCs≥2000	O_3	网格模型（模型模拟法）

采用 AERMOD、ADMS 等模型模拟 $PM_{2.5}$ 时，需将模型模拟的 $PM_{2.5}$ 一次污染物的质量浓度同步叠加按 SO_2、NO_2 等前体物转化比率估算的二次 $PM_{2.5}$ 质量浓度，得到 $PM_{2.5}$ 的贡献浓度。前体物转化比率可引用科研成果或有关文献，并注意地域的适用性。对于无法取得 SO_2、NO_2 等前体物转化比率的，可取 φ_{SO_2} 为 0.58、φ_{NO_2} 为 0.44，按公式 (5-4) 计算二次 $PM_{2.5}$ 贡献浓度。

$$C_{\text{二次PM}_{2.5}} = \varphi_{SO_2} \times C_{SO_2} + \varphi_{NO_2} \times C_{NO_2} \tag{5-4}$$

式中，$C_{\text{二次PM}_{2.5}}$ 为二次 $PM_{2.5}$ 质量浓度，$\mu g/m^3$；φ_{SO_2}、φ_{NO_2} 分别为 SO_2、NO_2 浓度换算为 $PM_{2.5}$ 浓度的系数；C_{SO_2}、C_{NO_2} 分别为 SO_2、NO_2 的预测质量浓度，$\mu g/m^3$。

采用 CALPUFF 或网格模型预测 $PM_{2.5}$ 时，模拟输出的贡献浓度应包括一次 $PM_{2.5}$ 和二次 $PM_{2.5}$ 质量浓度的叠加结果。

【例题】采用 AERMOD 模型对某建设项目的大气环境影响进行预测，按照导则要求，该建设项目二氧化硫与氮氧化物年排放量之和超过 500t，部分预测结果如下：

二氧化硫预测质量浓度（1h）为 $15\mu g/m^3$，二氧化氮预测质量浓度（1h）为 $8\mu g/m^3$，$PM_{2.5}$ 预测质量浓度（1h）为 $3\mu g/m^3$，请计算本项目 $PM_{2.5}$ 的贡献浓度（$\varphi_{SO_2}=0.58$，$\varphi_{NO_2}=0.44$）。

【解答】二次 $PM_{2.5}$ 质量浓度：$15 \times 0.58 + 8 \times 0.44 = 12.22(\mu g/m^3)$。

$PM_{2.5}$ 贡献浓度：$3 + 12.22 = 15.22(\mu g/m^3)$。

5.4.7 预测评价内容与方法

5.4.7.1 达标区的评价项目

项目正常排放条件下，预测环境空气保护目标和网格点主要污染物的短期浓度和长期浓度贡献值，评价其最大浓度占标率。

项目正常排放条件下，预测评价叠加环境空气质量现状浓度后，环境空气保护目标和网格点主要污染物保证率日平均质量浓度和年平均质量浓度的达标情况；对于项目排放的主要污染物仅有短期浓度限值的，评价其短期浓度叠加后的达标情况。如果是改建、扩建项目，还应同步减去"以新带老"污染源的环境影响。如果有区域削减项目，应同步减去削减源的环境影响。如果评价范围内还有其他排放同类污染物的在建、拟建项目，还应叠加在建、拟建项目的环境影响。

项目非正常排放条件下，预测环境空气保护目标和网格点主要污染物的 1h 最大浓度贡献值及占标率。

预测评价项目建成后各污染物对预测范围的环境影响，应用本项目的贡献浓度，叠加（减去）区域削减污染源以及其他在建、拟建项目污染源环境影响，并叠加环境质量现状浓度。计算方法见公式（5-5）。

$$C_{\text{叠加}(x,y,t)} = C_{\text{本项目}(x,y,t)} - C_{\text{区域削减}(x,y,t)} + C_{\text{拟在建}(x,y,t)} + C_{\text{现状}(x,y,t)} \tag{5-5}$$

式中，$C_{\text{叠加}(x,y,t)}$ 为在 t 时刻，预测点 (x,y) 叠加各污染源及现状浓度后的环境质量浓度，$\mu g/m^3$；$C_{\text{本项目}(x,y,t)}$ 为在 t 时刻，本项目对预测点 (x,y) 的贡献浓度，$\mu g/m^3$；$C_{\text{区域削减}(x,y,t)}$ 为在 t 时刻，区域削减污染源对预测点 (x,y) 的贡献浓度，$\mu g/m^3$；$C_{\text{拟在建}(x,y,t)}$ 为在 t 时刻，其他在建、拟建项目污染源对预测点 (x,y) 的贡献浓度，$\mu g/m^3$；$C_{\text{现状}(x,y,t)}$ 为在 t 时刻，预测点 (x,y) 的环境质量现状浓度，$\mu g/m^3$。

其中本项目预测的贡献浓度除新增污染源环境影响外，还应减去"以新带老"污染源的环境影响，计算方法见公式（5-6）。

$$C_{\text{本项目}(x,y,t)} = C_{\text{新增}(x,y,t)} - C_{\text{以新带老}(x,y,t)} \tag{5-6}$$

式中，$C_{\text{新增}(x,y,t)}$ 为在 t 时刻，本项目新增污染源对预测点 (x,y) 的贡献浓度，$\mu g/m^3$；

$C_{以新带老(x,y,t)}$为在t时刻,"以新带老"污染源对预测点(x,y)的贡献浓度,$\mu g/m^3$。

5.4.7.2 不达标区的评价项目

项目正常排放条件下,预测环境空气保护目标和网格点主要污染物的短期浓度和长期浓度贡献值,评价其最大浓度占标率。项目非正常排放条件下,预测环境空气保护目标和网格点主要污染物的1h最大浓度贡献值,评价其最大浓度占标率。

项目正常排放条件下,预测评价叠加大气环境质量限期达标规划(简称"达标规划")的目标浓度后,环境空气保护目标和网格点主要污染物保证率日平均质量浓度和年平均质量浓度的达标情况;对于项目排放的主要污染物仅有短期浓度限值的,评价其短期浓度叠加后的达标情况。如果是改建、扩建项目,还应同步减去"以新带老"污染源的环境影响。如果有区域达标规划之外的削减项目,应同步减去削减源的环境影响。如果评价范围内还有其他排放同类污染物的在建、拟建项目,还应叠加在建、拟建项目的环境影响。

对于不达标区的环境影响评价,应在各预测点上叠加达标规划中达标年的目标浓度,分析达标规划年的保证率日平均质量浓度和年平均质量浓度的达标情况。叠加方法可以用达标规划方案中的污染源清单参与影响预测,也可直接用达标规划模拟的浓度场进行叠加计算。计算方法见公式(5-7)。

$$C_{叠加(x,y,t)}=C_{本项目(x,y,t)}-C_{区域削减(x,y,t)}+C_{拟在建(x,y,t)}+C_{规划(x,y,t)} \quad (5-7)$$

式中,$C_{规划(x,y,t)}$为在t时刻,预测点(x,y)的达标规划年目标浓度,$\mu g/m^3$。

对于保证率日平均质量浓度,首先计算叠加后预测点上的日平均质量浓度,然后对该预测点所有日平均质量浓度从小到大进行排序,根据各污染物日平均质量浓度的保证率(p),计算排在p的第m个序数,序数m对应的日平均质量浓度即保证率日平均浓度C_m。其中序数m计算方法见公式(5-8)。

$$m=1+(n-1)p \quad (5-8)$$

式中,p为该污染物日平均质量浓度的保证率,按《环境空气质量评价技术规范》(HJ 663—2013)规定的对应污染物年评价中24h平均百分位数取值,%;n为1个日历年内单个预测点上的日平均质量浓度的所有数据个数,个;m为p对应的序数(第m个),向上取整数。

当无法获得不达标区规划达标年的区域污染源清单或预测浓度场时,也可评价区域环境质量的整体变化情况。按公式(5-9)计算实施区域削减方案后预测范围的年平均质量浓度变化率k。当$k \leqslant -20\%$时,可判定项目建设后区域环境质量得到整体改善。

$$k=[\overline{C}_{本项目(a)}-\overline{C}_{区域削减(a)}]/\overline{C}_{区域削减(a)} \times 100\% \quad (5-9)$$

式中,k为预测范围年平均质量浓度变化率,%;$\overline{C}_{本项目(a)}$为本项目对所有网格点的年平均质量浓度贡献值的算术平均值,$\mu g/m^3$;$\overline{C}_{区域削减(a)}$为区域削减污染源对所有网格点的年平均质量浓度贡献值的算术平均值,$\mu g/m^3$。

【例题】以2018年为评价基准年,本项目投入正常运行后,根据CALPUFF模型运行结果,评价区域为二类区,"本项目+区域在建、拟建+区域削减+现状背景"SO_2浓度值如表5-6(已按从小到大顺序进行排列)所示,请判断评价区域SO_2保证率日平均质量浓度是否达标,并给出分析计算过程。

表 5-6 大气环境影响预测结果

序号	日期	叠加浓度/(μg/m³)	序号	日期	叠加浓度/(μg/m³)
1	2018/11/30	66.12	356	2018/1/22	111.87
2	2018/12/1	66.25	357	2018/1/23	121.00
3	2018/12/2	66.37	358	2018/1/24	132.12
4	2018/12/3	66.50	359	2018/1/25	141.25
5	2018/12/4	66.62	360	2018/1/26	151.37
…	…	…	361	2018/1/27	153.50
353	2018/1/19	90.50	362	2018/1/28	161.62
354	2018/1/20	90.62	363	2018/1/29	171.75
355	2018/1/21	100.75	364	2018/1/30	181.87

【解答】 根据《环境空气质量评价技术规范》(HJ 663—2013),SO_2 年评价指标为年平均、24h 平均第 98 百分位数,因此,p 取 98%,n 取 364,则:

$m = 1 + (n-1)p = 1 + (364-1) \times 98\% = 356.74$,向上取值为 357。

根据《环境空气质量标准》(GB 3095—2012),SO_2 的 24h 平均二级浓度限值为 150μg/m³,第 357 位对应的 SO_2 浓度为 121.00μg/m³,小于 150μg/m³,因此,评价区域 SO_2 保证率日平均质量浓度达标。

5.4.7.3 污染控制措施

对于达标区的建设项目,要根据不同方案主要污染物对环境空气保护目标和网格点的环境影响及达标情况,比较分析不同污染治理设施、预防措施或排放方案的有效性。建设项目选择大气污染治理设施、预防措施或多方案比选时,应综合考虑成本和治理效果,选择最佳可行技术方案,保证大气污染物能够达标排放,并使环境影响可以接受。

对于不达标区的建设项目,要根据不同方案主要污染物对环境空气保护目标和网格点的环境影响,评价达标情况或评价区域环境质量的整体变化情况,比较分析不同污染治理设施、预防措施或排放方案的有效性。建设项目选择大气污染治理设施、预防措施或多方案比选时,应优先考虑治理效果,结合达标规划和替代源削减方案的实施情况,在只考虑环境因素的前提下选择最优技术方案,保证大气污染物达到最低排放强度和排放浓度,并使环境影响可以接受。

5.4.7.4 大气环境防护距离

对于项目厂界浓度满足大气污染物厂界浓度限值,但厂界外大气污染物短期贡献浓度超过环境质量浓度限值的,可以自厂界向外设置一定范围的大气环境防护区域,以确保大气环境防护区域外的污染物贡献浓度满足环境质量标准。

大气环境防护距离的确定应首先采用预测模型模拟评价基准年内本项目所有污染源(改建、扩建项目应包括全厂现有污染源)对厂界外主要污染物的短期贡献浓度分布(厂界外预测网格分辨率不应超过 50m);然后在底图上标注从厂界起所有超过环境质量短期浓度标准值的网格区域,以自厂界起至超标区域的最远垂直距离作为大气环境防护距离。

对于项目厂界浓度超过大气污染物厂界浓度限值的,应要求削减排放源强或调整工程布局,待满足厂界浓度限值后,再核算大气环境防护距离。

大气环境防护距离内不应有长期居住的人群。

5.4.7.5 污染物排放量核算

污染物排放量核算包括本项目的新增污染源及改建、扩建污染源（如有）。根据最终确定的污染治理设施、预防措施及排污方案，确定排污节点、排放污染物、污染治理设施与预防措施以及大气排放口基本情况。各污染源排放参数应为通过环境影响评价，并且环境影响评价结论为可接受时对应的各项排放参数。

大气污染物年排放量包括项目各有组织排放源和无组织排放源在正常排放条件下的预测排放量之和，按公式（5-10）计算：

$$E_{年排放} = \sum_{i=1}^{n}(M_{i有组织} H_{i有组织})/1000 + \sum_{j=1}^{m}(M_{j无组织} H_{j无组织})/1000 \qquad (5-10)$$

式中，$E_{年排放}$为项目年排放量，t/a；$M_{i有组织}$为第i个有组织排放源排放速率，kg/h；$H_{i有组织}$为第i个有组织排放源年有效排放时间，h/a；$M_{j无组织}$为第j个无组织排放源排放速率，kg/h；$H_{j无组织}$为第j个无组织排放源全年有效排放时间，h/a。

本项目各排放口非正常排放量核算，应结合非正常排放预测结果，优先提出相应的污染控制与减缓措施。当出现1h平均质量浓度贡献值超过环境质量标准时，应提出减少污染排放直至停止生产的相应措施。明确列出发生非正常排放的污染源、非正常排放原因、排放污染物、非正常排放浓度与排放速率、单次持续时间、年发生频次及应对措施等。

5.4.8 评价结果表达

一级评价应包括①～⑦的内容，二级评价一般应包括①、②、⑦的内容。

① 基本信息底图。包含项目所在区域相关地理信息的底图，至少应包括评价范围内的环境功能区划、环境空气保护目标、项目位置、监测点位，以及图例、比例尺、基准年风频玫瑰图等要素。

② 项目基本信息图。在基本信息底图上标示项目边界、总平面布置、大气排放口位置等信息。

③ 达标评价结果表。列表给出各环境空气保护目标及网格最大浓度点主要污染物现状浓度、贡献浓度、叠加现状浓度后保证率日平均质量浓度和年平均质量浓度、占标率、是否达标等评价结果。

④ 网格浓度分布。包括叠加现状浓度后主要污染物保证率日平均质量浓度分布图和年平均质量浓度分布图。网格浓度分布图的图例间距一般按相应标准值的5%～100%进行设置。如果某种污染物环境空气质量超标，还需在评价报告及浓度分布图上标示超标范围与超标面积，以及与环境空气保护目标的相对位置关系等。

⑤ 大气环境防护区域图。在项目基本信息图上沿出现超标的厂界外延大气环境防护距离所包括的范围，作为本项目的大气环境防护区域。大气环境防护区域应包含自厂界起连续的超标范围。

⑥ 污染治理设施、预防措施及方案比选结果表。列表对比不同污染控制措施及排放方案对环境的影响，评价不同方案的优劣。

⑦ 污染物排放量核算表。包括有组织及无组织排放量、大气污染物年排放量、非正常排放量等。

5.5 监测计划

5.5.1 一般要求

按《排污单位自行监测技术指南 总则》（HJ 819—2017）的要求，一级评价项目提出项目在生产运行阶段的污染源监测计划和环境质量监测计划，二级评价项目提出项目在生产运行阶段的污染源监测计划，三级评价项目可适当简化环境监测计划。

5.5.2 污染源监测计划

按照《排污单位自行监测技术指南 总则》、《排污许可证申请与核发技术规范 总则》、各行业排污单位自行监测技术指南及排污许可证申请与核发技术规范执行。

污染源监测计划应明确监测点位、监测指标、监测频次，执行排放标准。

5.5.3 环境质量监测计划

筛选项目排放污染物 $P_i \geqslant 1\%$ 的其他污染物作为环境质量监测因子。

环境质量监测点位一般在项目厂界或大气环境防护距离（如有）外侧设置 1~2 个监测点。

各监测因子的环境质量每年至少监测一次，监测时段根据监测因子的污染特征，选择污染较重的季节进行。

新建 10km 及以上的城市快速路、主干路等城市道路项目，应在道路沿线设置至少 1 个路边交通自动连续监测点，监测项目包括道路交通源排放的基本污染物。

5.6 大气环境影响评价结论与建议

5.6.1 大气环境影响评价结论

达标区域的建设项目环境影响评价，当同时满足以下条件时，则认为环境影响可以接受。

① 新增污染源正常排放下污染物短期浓度贡献值的最大浓度占标率≤100%；

② 新增污染源正常排放下污染物年均浓度贡献值的最大浓度占标率≤30%（其中一类区≤10%）；

③ 项目环境影响符合环境功能区划。叠加现状浓度、区域削减污染源以及在建、拟建项目的环境影响后，主要污染物的保证率日平均质量浓度和年平均质量浓度均符合环境质量标准；对于项目排放的主要污染物仅有短期浓度限值的，叠加后的短期浓度符合环境质量标准。

不达标区域的建设项目环境影响评价，当同时满足以下条件时，则认为环境影响可以接受。

① 达标规划未包含的新增污染源建设项目，需另有替代源的削减方案；

② 新增污染源正常排放下污染物短期浓度贡献值的最大浓度占标率≤100%；

③ 新增污染源正常排放下污染物年均浓度贡献值的最大浓度占标率≤30%（其中一类区≤10%）；

④ 项目环境影响符合环境功能区划或满足区域环境质量改善目标。现状浓度超标的污染物评价，叠加达标年目标浓度、区域削减污染源以及在建、拟建项目的环境影响后，污染物的保证率日平均质量浓度和年平均质量浓度均符合环境质量标准或满足达标规划确定的区域环境质量改善目标，或实施区域削减方案后预测范围的年平均质量浓度变化率 $k \leqslant -20\%$；对于现状达标的污染物评价，叠加后污染物浓度符合环境质量标准；对于项目排放的主要污染物仅有短期浓度限值的，叠加后的短期浓度符合环境质量标准。

区域规划的环境影响评价，当主要污染物的保证率日平均质量浓度和年平均质量浓度均符合环境质量标准，对于主要污染物仅有短期浓度限值的，叠加后的短期浓度符合环境质量标准时，则认为区域规划环境影响可以接受。

5.6.2 污染控制措施可行性及方案比选结果

大气污染治理设施与预防措施必须保证污染源排放以及控制措施均符合排放标准的有关规定，满足经济、技术可行性。

从项目选址选线、污染源的排放强度与排放方式、污染控制措施技术与经济可行性等方面，结合区域环境质量现状及区域削减方案、项目正常排放及非正常排放下大气环境影响预测结果，综合评价治理设施、预防措施及排放方案的优劣，并对存在的问题（如有）提出解决方案。经对解决方案进行进一步预测和评价比选后，给出大气污染控制措施可行性建议及最终的推荐方案。

5.6.3 大气环境防护距离

根据大气环境防护距离计算结果，并结合厂区平面布置图，确定项目大气环境防护区域。若大气环境防护区域内存在长期居住的人群，应给出相应优化调整项目选址、布局或搬迁的建议。

5.6.4 污染物排放量核算结果

环境影响评价结论是环境影响可接受的，根据环境影响评价审批内容和排污许可证申请与核发所需表格要求，明确给出污染物排放量核算结果表。

评价项目完成后污染物排放总量控制指标能否满足环境管理要求，并明确总量控制指标的来源和替代源的削减方案。

5.6.5 大气环境影响评价自查表

大气环境影响评价完成后，应对大气环境影响评价主要内容与结论进行自查，填写自查表，内容及格式见相关技术导则要求。

思考题

（1）大气环境影响评价的基本程序包括什么？

（2）大气环境影响评价应包括哪些基本内容？

 案例分析

HX 新能源有限公司 40 亿 m^3/a 煤制天然气项目的案例详情见二维码 5-1。

二维码 5-1

第六章

地表水环境影响评价

本章导航

地表水环境影响评价是我国环境影响评价实际工作中的重要部分和评价重点，同时也是环境影响评价教材中的重要章节。本章在介绍与地表水环境影响评价相关的污染物迁移转化的基础理论和基本知识基础上，重点阐述了地表水环境影响评价等级划分与评价范围确定的方法，以及地表水环境现状调查与评价、环境影响预测与评价的基本要求与方法；简单介绍了点源的主要预测模型、常用面源源强确定方法等；最后以案例进一步说明地表水环境影响评价的过程。

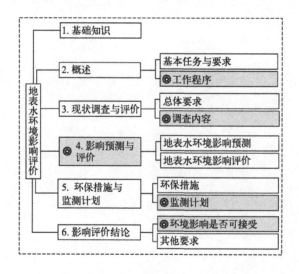

重难点内容

（1）地表水环境影响评价的主要任务、评价等级确定依据及评价范围。
（2）地表水环境现状评价的方法和调查内容以及单项水质因子评价方法。
（3）地表水环境影响预测范围、时段、评价因子的筛选。
（4）河流完全混合模式、点源一维水质模式及其适用条件。

6.1 基础知识

6.1.1 相关标准

《环境影响评价技术导则　地表水环境》(HJ 2.3—2018)。
《海水水质标准》(GB 3097—1997)。
《地表水环境质量标准》(GB 3838—2002)。
《农田灌溉水质标准》(GB 5084—2021)。
《渔业水质标准》(GB 11607—1989)。
《海洋监测规范》(GB 17378)。
《海洋生物质量》(GB 18421—2001)。
《污水海洋处置工程污染控制标准》(GB 18486—2001)。
《海洋沉积物质量》(GB 18668—2002)。
《海洋调查规范》(GB/T 12763)。
《海洋观测规范　第2部分：海滨观测》(GB/T 14914.2—2019)。
《海洋工程环境影响评价技术导则》(GB/T 19485—2014)。
《水域纳污能力计算规程》(GB/T 25173—2010)。
《近岸海域环境监测技术规范》(HJ 442)。
《地表水和污水监测技术规范》(HJ/T 91—2002)。
《水污染物排放总量监测技术规范》(HJ/T 92—2002)。

6.1.2 术语和定义

6.1.2.1 地表水

存在于陆地表面的河流（江河、运河及渠道）、湖泊、水库等地表水体以及入海河口和近岸海域。

6.1.2.2 水环境保护目标

饮用水水源保护区、饮用水取水口；涉水的自然保护区、风景名胜区；重要湿地，重点保护与珍稀水生生物的栖息地，重要水生生物的自然产卵场及索饵场、越冬场和洄游通道；天然渔场等渔业水体；水产种质资源保护区等。

6.1.2.3 水污染当量

根据污染物或者污染排放活动对地表水环境的有害程度以及处理的技术经济性，衡量不同污染物对地表水环境污染的综合性指标或者计量单位。

6.1.2.4 控制单元

综合考虑水体、汇水范围和控制断面三要素而划定的水环境空间管控单元。

6.1.2.5 生态流量

满足河流、湖库生态保护要求、维持生态系统结构和功能所需要的流量（水位）与过程。

6.1.2.6 安全余量

考虑污染负荷和受纳水体水环境质量之间关系的不确定因素，为保障受纳水体水环境质量改善目标安全而预留的负荷量。

"大气十条"落地一年半后,"水十条"重磅来袭。2015 年 4 月 16 日,国务院正式印发《水污染防治行动计划》,10 条 35 项具体措施,把政府、企业、公众攥成一个拳头,向水污染宣战。

2020 年是水污染防治攻坚战的收官之年,也是"十三五"规划收官之年。与 2015 年相比,地表水Ⅰ～Ⅲ类水质断面比例由 66% 上升到 83.4%,提高 17.4 个百分点,超过"十三五"规划目标 13.4 个百分点;劣Ⅴ类水质断面比例由 9.7% 下降到 0.6%,降低 9.1 个百分点,超过"十三五"规划目标 4.4 个百分点;化学需氧量、氨氮排放量较 2015 年分别下降了 13.8%、15.0%,均超过"十三五"规划目标。

6.1.3 地表水质预测模型

污染物从不同途径进入水体以后,随着水体介质的迁移运动、污染物的分散作用以及污染物的衰减转化作用,污染物在水体中会得到稀释和扩散,从而逐渐与水体混合稀释,降低污染物在水体中的浓度。

(1) 迁移运动

迁移运动是指污染物在水流作用下的转移运动,迁移运动只是改变污染物在水中的位置,并不改变水中污染物的浓度。污染物的迁移通量可由公式 (6-1) 计算:

$$f = uc \tag{6-1}$$

式中,f 为污染物的迁移通量,kg/($m^2 \cdot s$);u 为水体介质的运动速度,m/s;c 为污染物在水体介质中的浓度,kg/m^3。

(2) 分散运动

污染物在水体中的分散运动是由于浓度梯度引起的,包括分子扩散、湍流扩散和弥散扩散三种形式。研究分散运动时,通常设污染物质点足够小,使其运动特性与水质点的运动学特征一致,这一假设对于多数溶解性污染物或呈胶体状态污染物质是可以满足的。分子扩散是由于分子的随机运动引起的质点分散现象,分子扩散过程服从 Fick 第一扩散定律,即分子扩散的质量通量与扩散物质的浓度梯度成正比,即

$$I^1 = -E \frac{\partial c}{\partial x_i}, \quad i = 1, 2, 3 \tag{6-2}$$

式中,I^1 为 x_i 方向上的分子扩散通量,kg/($m^2 \cdot s$);E 为分子扩散系数,m^2/s,水中分子的扩散系数介于 $10^{-5} \sim 10^{-4}$ m^2/s 之间;c 为水中分子的浓度,kg/m^3;x_i 为空间坐标,m。

分子扩散是各向同性的,上式中的负号表示质点的迁移指向负梯度方向。

湍流扩散是在水体的湍流场中质点的各种状态(流速、压力、浓度等)的瞬时值相对于其平均值的随机脉动而引起的分散现象。当水中质点的紊流瞬时脉动速度为稳定的随机变量时,湍流扩散也可以用 Fick 第一定律描述,即

$$I^2 = -E_i \frac{\partial \bar{c}}{\partial x_i}, \quad i = 1, 2, 3 \tag{6-3}$$

式中，I^2 为 x_i 方向上的湍流扩散通量，kg/(m²·s)；E_i 为湍流扩散系数，m²/s，水中的湍流扩散系数介于 $10^{-2} \sim 10^0$ m²/s 之间；$\bar{c}$ 为污染物浓度的时间平均值，kg/m³。

由于湍流的特点，湍流扩散系数是各向异性的。湍流作用是由于计算中采用了时间平均值描述湍流的各种状态导致的，如果直接用瞬时值计算，就不会出现湍流扩散项。

弥散作用是由于断面上实际的流速及浓度分布的不均匀性引起的分散现象，弥散作用可定义为：由于空间各点湍流速度（或其他状态）的时平均值与流速时平均值的空间平均值的系统差别所产生的分散现象。弥散作用导致的质量通量可用下式计算：

$$I^3 = -E'_i \frac{\partial \bar{\bar{c}}}{\partial x_i}, \quad i=1,2,3 \tag{6-4}$$

式中，I^3 为 x_i 方向上的弥散扩散通量，kg/(m²·s)；E'_i 为弥散扩散系数，m²/s，水中的弥散扩散系数介于 $10^1 \sim 10^4$ m²/s 之间；$\bar{\bar{c}}$ 为污染物浓度时间平均值的空间平均值，kg/m³。

(3) 转化运动

进入环境的污染物可分为 2 大类：守衡污染物和非守衡污染物。守衡污染物进入环境后仅发生迁移和分散，从而改变其所处的位置和浓度，但总量保持不变。例如重金属离子就是典型的守衡污染物。由于环境对守衡污染物没有严格意义上的自净能力，因此，应严格控制其排放量。

非守衡污染物进入环境以后，除迁移、分散改变位置和浓度外，还因污染物本身的衰减而加速浓度的降低，因此其总量随时间不断减少。非守衡污染物的衰减方式有 2 种：一种是由于污染物自身的运动规律决定的；另一种是在水环境因素的作用下，由于化学的或生物的反应而不断衰减，如可以降解的有机物在水体环境中的微生物作用下的氧化分解过程。非守衡污染物在水体中的衰减过程通常用一级反应动力学规律加以描述，即

$$\frac{dc}{dt} = kc \tag{6-5}$$

式中，c 为污染物浓度，kg/m³；t 为反应时间，s；k 为反应常数，1/s。

污水排入水体后经混合、扩散、转化等过程后在同一断面上会逐渐趋向均一。通常来讲，当断面上任意一点的浓度与断面平均浓度之差小于平均浓度的 5% 时，可以认为达到均匀分布。排放口到下游达到充分混合以前的河段叫作混合过程段，通常采用公式 (6-6) 进行估算。

$$L = 0.11 + 0.7\left[0.5 - \frac{a}{B} - 1.1\left(0.5 - \frac{a}{B}\right)^2\right]^{1/2} \frac{uB^2}{E_y} \tag{6-6}$$

式中，L 为混合段长度，m；a 为排放口到岸边的距离，m；B 为水面宽度，m；u 为断面流速，m/s；E_y 为污染物横向扩散系数，m²/s。

6.1.3.1 零维数学模型

(1) 完全混合模型

废水排入一条河流时，如果满足下述条件：

① 河流是稳态的，即河床断面积、流速、流量不随时间变化，污染物稳定排放。
② 污染物在整个河段内混合均匀，即河段内各点的污染物浓度相等。
③ 排入河流中的污染物为守恒污染物，不降解也不沉淀。
④ 河流无支流和其他污水排入口。

此时，在排水口下游某点的污染物浓度可按完全混合模型计算。

$$c = \frac{c_h Q_h + c_w Q_w}{Q_h + Q_w} \tag{6-7}$$

式中，c 为污水与河水混合后的浓度，mg/L；c_w 为排入污水中污染物的浓度，mg/L；c_h 为排污口上游河水中的污染物浓度，mg/L；Q_h 为排污口上游的河水流量，m^3/s；Q_w 为排入河流的污水流量，m^3/s。

(2) 湖库均匀混合模型

如果污染物浓度在任何空间方向上不存在变化，即污染物完全均匀地混合到环境介质中去，可以考虑用零维模型计算污染物的浓度，如湖泊中污染物浓度的计算。对于河流常用零维模型解决的问题有：①不考虑混合距离的守恒污染物浓度的预测和环境容量的估算；②有机物降解物质的降解项可以忽略时，可以采用零维模型。零维模型的基本方程为：

$$v \frac{dc}{dt} = Qc_0 - Qc + s + rv \tag{6-8}$$

式中，v 为河流的流速，m/s；Q 为河流的流量，m^3/s；c_0 为进入河流的污水的污染物浓度，mg/L；c 为流出河段的污染物浓度，mg/L；s 为污染物的源和汇；r 为污染物的反应速度。

对于一个没有源和汇的河段，如果假设污染物的反应符合一级反应动力学规律，即 $r = -kc$，则上式可以简化为：

$$v \frac{dc}{dt} = Q(c_0 - c) - kcv \tag{6-9}$$

式中，k 为污染物的衰减常数，d^{-1}。

在稳态条件下，即 $\frac{dc}{dt} = 0$ 时，方程的解为：

$$c = \frac{c_0}{1 + k \frac{v}{Q}} = \frac{c_0 Q}{Q + kv} \tag{6-10}$$

在一般情况下，即 $\frac{dc}{dt} \neq 0$ 时，方程的解为：

$$c(t) = \frac{Qc_0}{Q + kv} + \frac{kvc_0}{Q + kv} \exp\left(-\frac{Q + kv}{v} \times t\right) \tag{6-11}$$

可见，零维模型的一般解由稳态解和一个随时间的衰减项所构成。

6.1.3.2 纵向一维数学模型

一维河流水质模型是目前应用最广泛的模型，它适用于污染物浓度仅在一个方向上有变化的场合，如宽度比较窄的河流。

如果河段横截面、流速、流量、污染物的排入量和弥散系数不随时间变化，且污染物的衰减符合一级反应，河段不考虑源和汇，一维模型的基本方程为：

$$\frac{\partial c}{\partial t} = D_x \frac{\partial^2 c}{\partial x^2} - v \frac{\partial c}{\partial x} - kc \tag{6-12}$$

式中，D_x 为纵向弥散系数，m^2/s；其他符号意义同前。

根据《环境影响评价技术导则 地表水环境》(HJ 2.3—2018)，连续稳定排放情况，污染物浓度沿水流方向变化明显大于纵向弥散时，适用对流降解模型：

$$c(x) = c_0 \exp\left(-\frac{kx}{86400v}\right) \tag{6-13}$$

6.1.3.3 河网模型

河网数学模型基于一维非恒定模型的基本方程,在汊口采用水量守恒连续条件、动量守恒连续条件和质量守恒连续条件,结合边界条件对基本方程进行求解。

汊口水量守恒连续条件:一般情况下认为进出各汊口流量的代数和为0,如果汊口体积较大,可以采用进出汊点水量与汊口水量增减率相平衡作为控制条件。

汊口动量守恒连续条件:当汊口连接的各河段断面距汊口很近、出入汊口各河段的水位平缓,在不考虑汊口阻力损失情况下,可近似地认为汊口处各河段断面水位相同。如果各河段的过水面积相差悬殊,流速有较明显的差别,当略去汊口的局部损耗时,可以采用伯努利方程。

汊口质量守恒连续条件:进出汊点的物质质量与汊口实际质量的增减率相平衡。

6.1.3.4 垂向一维数学模型

适用于模拟预测水温在面积较小、水深较大的水库或湖泊水体中,除太阳辐射外没有其他热源交换的状况。

水量平衡的基本方程为:

$$\frac{\partial(wA)}{\partial z}=(u_i-u_o)B \tag{6-14}$$

水温数学模型的基本方程为:

$$\frac{\partial T}{\partial t}+\frac{1}{A}\frac{\partial}{\partial z}(wAT)=\frac{1}{A}\frac{\partial}{\partial z}\left(AE_{tz}\frac{\partial T}{\partial z}\right)+\frac{B}{A}(u_iT_i-u_oT)+\frac{1}{\rho C_p A}\frac{\partial(\varphi A)}{\partial z} \tag{6-15}$$

式中,T 为 t 时刻、z 高度处的水温,℃;w 为垂向流速,m/s;A 为单位水深的水体横截面积,m²;E_{tz} 为水温垂向扩散系数,m²/s;u_i 为入流流速,m/s;u_o 为出流流速,m/s;T_i 为入流水温,℃;ρ 为水的密度,kg/m³;C_p 为水的定压比热容,J/(kg·K);φ 为太阳热辐射通量,J/(m²·s);z 为笛卡尔坐标系 z 向的坐标,m;其他符号说明同上。

6.1.3.5 平面二维数学模型

对于大型河流,污染物浓度不仅要考虑污染物浓度沿纵向的变化,还要考虑污染物浓度沿河宽方向的变化,这时需要用二维模型来预测计算。

二维模型的基本微分方程:

$$\frac{\partial c}{\partial t}=D_x\frac{\partial^2 c}{\partial x^2}+D_y\frac{\partial^2 c}{\partial y^2}-v_x\frac{\partial c}{\partial x}-v_y\frac{\partial c}{\partial y}-kc \tag{6-16}$$

式中,D_y 为横向弥散系数;y 为空间坐标,m;v_y 为横向流速,m/s;v_x 为断面平均流速,m/s;其他符号意义同前。

边界条件比较简单时,可以直接求出公式(6-16)的解。如在等宽等深的河流中,断面平均流速 v_x 不变,横向平均流速 $v_y=0$,横向弥散系数 D_y 为常数。一般情况下,纵向扩散系数远小于迁移项,这时公式(6-16)可简化为:

$$\frac{\partial c}{\partial t}=D_y\frac{\partial^2 c}{\partial y^2}-v_x\frac{\partial c}{\partial x}-kc \tag{6-17}$$

在岸边排放且无对岸边影响的条件下,公式(6-17)的稳态解为:

$$c(x,y)=\frac{2m}{v_x H\sqrt{4\pi D_y \frac{x}{v_x}}}\exp\left(-\frac{v_x y^2}{4xD_y}\right)\exp\left(-k\frac{x}{v_x}\right) \tag{6-18}$$

式中，m 为污染物的源强。

另外，还有关于立面二维数学模型、三维数学模型、潮汐河口水体交换数学模型、近岸海域拉格朗日余流模型等各类模型，其机理及应用场景也各不相同。

6.1.3.6 常用的水质数值模型软件

20世纪90年代以后，地表水质模型有了更进一步的发展，且不同的研究在不同的方向丰富与发展了水质模型，水质模型研究呈现"百花齐放"的景象。模型的水动力模块日趋复杂，大部分模型都增加了与常规水动力模型耦合的接口。很多水质模型增加有毒物质的模拟、硅元素的循环和有机碳的模拟。模型与各类生态模型的耦合也有了发展，包括与植物根区模型、水生食物链积累模型的耦合等等，这一阶段还增加了地表水与泥沙输移、地表水与底泥、地表水与地下水的交互作用的模拟研究，大气沉降、流域面源的模型也耦合到水质模型中。在这一阶段，变量的数目常常超过10个，参数的个数常常超过100个，出现了高维参数水质模型。水质模型与跨学科技术的联系也越来越紧密，各类技术包括在线监测系统、3S技术（RS技术、GPS技术、GIS技术）被广泛应用在水质模型上，模糊集理论、人工神经网络技术（ANN）和随机数学方法等一系列的方法也被引入水质模型研究。

(1) QUAL-2E 模型

QUAL-2E 模型是 QUAL 模型系列中的一个。该模型系列的最初模型是 F.D. Masch 及其同事和美国得克萨斯州水利发展部分别于1970年和1971年发展的河流综合水质模型 QUAL-I。QUAL-I 模型应用较成功。在该模型的基础上，1972年美国水资源工程公司（WRE）和美国环保局（EPA）合作开发完成了 QUAL 模型的第一个版本。1976年3月，SEMCOG 和美国水资源工程公司合作对此模型做了进一步的修改，并将现有各版本的所有优秀特性都合并到了 QUAL-II 模型的新版本中。自1987年以来，我国学者应用 QUAL-II 模型解决了大量河流水质规划、水环境容量计算等问题，并结合国内的实际情况，对该模型进行了改进。

QUAL-2K 模型是在 QUAL-2E 模型的基础上改进而成的，美国环保局自1987年开始对 QUAL-2E 模型进行修改。经过多次修订和增强，美国环保局于2003年推出了 QUAL-2K 模型的一个新版本。QUAL-2K 模型是一个综合性、多样化的河流水质模型，它的水质基本方程是一维平流-弥散物质输送和反应方程，该方程考虑了平流弥散、稀释、水质组分自身反应、水质组分间的相互作用以及组分的外部源和汇对组分浓度的影响。

(2) WASP 模型

WASP 模型是由美国环保局负责开发的一个综合型水质模拟模型，可模拟河流、水库及湖泊的水质变化，可研究点源和非点源问题。此外，它既可模拟定常状态，也可模拟非定常状态。

WASP6 模型版本是2001年发布的，完全基于 Windows 界面操作。WASP6 是一个动态的分段模拟程序，适用于水生生态系统，研究对象包括水体及其下的底栖生物，基本的过程包括：动态的平流、扩散、点源和面源输入以及界面交换等，WASP6 的富营养模块可以模拟溶解氧、CBOD(1)、CBOD(2)、CBOD(3)、氨氮、硝酸盐氮、有机氮、正磷酸盐磷、有机磷、藻类海底藻类、碎屑、沉积物岩化作用和盐度。

WASP7 是增强的 WASP Windows 版本。该模型可以模拟富营养化/常规污染物、有机化合物/金属、汞、水温、大肠杆菌、难降解污染物。

(3) 商业化水质模型软件

商业化水质模型软件包括 MIKE、SMS、EFDC-explorer、IWIND-LR、3ewater、Delft3D等，商业软件有公司运营维护，学习资料全面，操作界面比较友好，在环境影响评价工作中得到了比较广泛的应用。

6.2 地表水环境影响评价概述

6.2.1 地表水环境影响评价工作任务与工作程序

6.2.1.1 基本任务

在调查和分析评价范围地表水环境质量现状与水环境保护目标的基础上，预测和评价建设项目对地表水环境质量、水环境功能区或水功能区、水环境保护目标及水环境控制单元的影响范围与影响程度，提出相应的环境保护措施、环境管理要求与监测计划，明确给出地表水环境影响是否可接受的结论。

6.2.1.2 基本要求

建设项目的地表水环境影响主要包括水污染影响与水文要素影响。根据其主要影响，建设项目的地表水环境影响评价划分为水污染影响型、水文要素影响型以及两者兼有的复合影响型。

地表水环境影响评价应按本标准规定的评价等级开展相应的评价工作。建设项目评价等级分为三级。复合影响型建设项目的评价工作，应按类别分别确定评价等级并开展评价工作。

建设项目排放水污染物应符合国家或地方水污染物排放标准要求，同时应满足受纳水体环境质量管理要求，并与排污许可管理制度相关要求衔接。水文要素影响型建设项目，还应满足生态流量的相关要求。

6.2.1.3 工作程序

地表水环境影响评价的工作程序一般分为三个阶段：

第一阶段，研究有关文件，进行工程方案和环境影响的初步分析，开展区域环境状况的初步调查，明确水环境功能区或水功能区管理要求，识别主要环境影响，确定评价类别。根据不同评价类别，进一步筛选评价因子，确定评价等级与评价范围，明确评价标准、评价重点和水环境保护目标。

第二阶段，根据评价类别、评价等级及评价范围等，开展与地表水环境影响评价相关的污染源、水环境质量现状、水文水资源与水环境保护目标调查与评价，必要时开展补充监测；选择适合的预测模型，开展地表水环境影响预测评价，分析与评价建设项目对地表水环境质量、水文要素及水环境保护目标的影响范围与程度，在此基础上核算建设项目的污染源排放量、生态流量等。

第三阶段，根据建设项目地表水环境影响预测与评价的结果，制定地表水环境保护措施，开展地表水环境保护措施的有效性评价，编制地表水环境监测计划，给出建设项目污染物排放清单和地表水环境影响评价的结论，完成环境影响评价文件的编写。

6.2.2 评价因子

地表水环境影响因素识别应按照《建设项目环境影响评价技术导则 总纲》(HJ 2.1—2016) 的要求，分析建设项目建设阶段、生产运行阶段和服务期满后（可根据项目情况选择，下同）各阶段对地表水环境质量、水文要素的影响行为。

水污染影响型建设项目评价因子的筛选应符合以下要求：

① 按照污染源源强核算技术指南，开展建设项目污染源与水污染因子识别，结合建设项目所在水环境控制单元或区域水环境质量现状，筛选水环境现状调查评价与影响预测评价的因子；

② 行业污染物排放标准中涉及的水污染物应作为评价因子；
③ 在车间或车间处理设施排放口排放的第一类污染物应作为评价因子；
④ 水温应作为评价因子；
⑤ 面源污染所含的主要污染物应作为评价因子；
⑥ 建设项目排放的，且为建设项目所在控制单元的水质超标因子或潜在污染因子（指近3年来水质浓度值呈上升趋势的水质因子），应作为评价因子。

水文要素影响型建设项目评价因子，应根据建设项目对地表水体水文要素影响的特征确定。建设项目可能导致受纳水体富营养化的，评价因子还应包括与富营养化有关的因子（如总磷、总氮、叶绿素a、高锰酸盐指数和透明度等，其中，叶绿素a为必须评价的因子）。

6.2.3 评价等级

建设项目地表水环境影响评价等级按照影响类型、排放方式、排放量或影响情况、受纳水体环境质量现状、水环境保护目标等综合确定。

6.2.3.1 水污染影响型

水污染影响型建设项目主要根据废水排放方式和排放量划分评价等级，见表6-1。直接排放建设项目评价等级分为一级、二级和三级A，根据废水排放量、水污染物污染当量确定。间接排放建设项目评价等级为三级B。

表6-1 水污染影响型建设项目评价等级判定表

评价等级	判定依据	
	排放方式	废水排放量$Q/(\text{m}^3/\text{d})$和水污染物当量W（量纲为1）
一级	直接排放	$Q \geq 20000$ 或 $W \geq 600000$
二级	直接排放	其他
三级A	直接排放	$Q < 200$ 且 $W < 6000$
三级B	间接排放	—

注：1. 水污染物当量等于该污染物的年排放量除以该污染物的污染当量值（详见《环境影响评价技术导则 地表水环境》附录A），计算排放污染物的污染物当量，应区分第一类水污染物和其他类水污染物，统计第一类水污染物当量总和，然后与其他类水污染物按照污染物当量从大到小排序，取最大当量作为建设项目评价等级确定的依据。
2. 废水排放量按行业排放标准中规定的废水种类统计，没有相关行业排放标准要求的通过工程分析合理确定，应统计含热量大的冷却水的排放量，可不统计间接冷却水、循环水以及其他含污染物极少的清净下水的排放量。
3. 厂区存在堆积物（露天堆放的原料、燃料、废渣等以及垃圾堆放场）、降尘污染的，应将初期雨污水纳入废水排放量，相应的主要污染物纳入水污染当量计算。
4. 建设项目直接排放第一类污染物的，其评价等级为一级；建设项目直接排放的污染物为受纳水体超标因子的，评价等级不低于二级。
5. 影响范围涉及饮用水水源保护区、饮用水取水口、重点保护与珍稀水生生物的栖息地、重要水生生物的自然产卵场等保护目标时，评价等级不低于二级。
6. 水温变化超过水环境质量标准要求，评价范围有水温敏感目标时，评价等级为一级。
7. 利用海水作为调节温度介质，排水量$\geq 5 \times 10^6 \text{m}^3/\text{d}$，评价等级为一级；排水量$< 5 \times 10^6 \text{m}^3/\text{d}$，评价等级为二级。
8. 仅涉及清净下水排放的，如其排放水质满足受纳水体水环境质量标准要求的，评价等级为三级A。
9. 依托现有排放口，且对外环境未新增排放污染物的直接排放建设项目，评价等级参照间接排放，定为三级B。
10. 生产工艺中有废水产生，但作为回水利用，不排放到外环境的，按三级B评价。

【例题】某水污染影响型建设项目，污水连续稳定排放至某河，污水排放量为$1000 \text{m}^3/\text{d}$，水污染物排放情况如表6-2，①计算确定各污染物当量是多少；②根据已知条件判定确定该项目地表水环境影响评价等级,并说明原因。

表 6-2 水污染物排放情况

污染物	浓度/(mg/L)	污染物	浓度/(mg/L)
总汞	0.03	COD	50
总砷	0.2	氨氮	20
BOD_5	20		

【解答】

第一类污染物总汞年排放量污染物当量:$0.03 \times 365/0.0005 = 21900$

第一类污染物总砷年排放量污染物当量:$0.2 \times 365/0.02 = 3650$

第一类污染物年排放量污染物当量:$21900 + 3650 = 25550$

BOD_5 年排放量污染物当量:$20 \times 365/0.5 = 14600$

COD 年排放量污染物当量:$50 \times 365/1 = 18250$

氨氮年排放量污染物当量:$20 \times 365/0.8 = 9125$

根据《环境影响评价技术导则 地表水环境》评价等级的确定依据要求,该项目排放污染物质中含第一类污染物且污水直接排放,评价等级确定为一级。

6.2.3.2 水文要素影响型

水文要素影响型建设项目评价等级划分根据水温、径流与受影响地表水域等三类水文要素的影响程度进行判定,详见表 6-3。

表 6-3 水文要素影响型建设项目评价等级判定表

评价等级	水温	径流		受影响地表水域		
				工程垂直投影面积及外扩范围 A_1/km²;工程扰动水底面积 A_2/km²;过水断面宽度占用比例或占用水域面积比例 R/%		工程垂直投影面积及外扩范围 A_1/km²;工程扰动水底面积 A_2/km²
	年径流量与总库容之比 α	兴利库容占年径流量百分比 β/%	取水量占多年平均径流量百分比 γ/%	河流	湖库	入海河口、近岸海域
一级	α≤10 或稳定分层	β≥20 或完全年调节与多年调节	γ≥30	A_1≥0.3、A_2≥1.5 或 R≥10	A_1≥0.3、A_2≥1.5 或 R≥20	A_1≥0.5 或 A_2≥3
二级	20>α>10 或不稳定分层	20>β>2 或季调节与不完全年调节	30>γ>10	0.3>A_1>0.05、1.5>A_2>0.2 或 10>R>5	0.3>A_1>0.05、1.5>A_2>0.2 或 20>R>5	0.5>A_1>0.15 或 3>A_2>0.5
三级	α≥20 或混合型	β≤2 或无调节	γ≤10	A_1≤0.05、A_2≤0.2 或 R≤5	A_1≤0.05、A_2≤0.2 或 R≤5	A_1≤0.15 或 A_2≤0.5

注:1. 影响范围涉及饮用水水源保护区、重点保护与珍稀水生生物的栖息地、重要水生生物的自然产卵场、自然保护区等保护目标,评价等级应不低于二级。

2. 跨流域调水、引水式电站、可能受到大型河流感潮河段咸潮影响的建设项目,评价等级不低于二级。

3. 造成入海河口(湾口)宽度束窄(束窄尺度达到原宽度的 5%以上),评价等级应不低于二级。

4. 对不透水的单方向建筑尺度较长的水工建筑物(如防波堤、导流堤等),其与潮流或水流主流向切线垂直方向投影长度大于 2km 时,评价等级应不低于二级。

5. 允许在一类海域建设的项目,评价等级为一级。

6. 同时存在多个水文要素影响的建设项目,分别判定各水文要素影响评价等级,并取其中最高等级作为水文要素影响型建设项目评价等级。

6.2.4 评价范围

建设项目地表水环境影响评价范围指建设项目整体实施后可能对地表水环境造成的影响范围。

6.2.4.1 水污染影响型

水污染影响型建设项目评价范围，根据评价等级、工程特点、影响方式及程度、地表水环境质量管理要求等确定。一级、二级及三级 A 的评价范围应符合以下要求：

① 应根据主要污染物迁移转化状况确定，至少需覆盖建设项目污染影响所及水域。

② 受纳水体为河流时，应满足覆盖对照断面、控制断面与削减断面等关心断面的要求。

③ 受纳水体为湖泊、水库时，一级评价的评价范围宜不小于以入湖（库）排放口为中心、半径为 5km 的扇形区域；二级评价的评价范围宜不小于以入湖（库）排放口为中心、半径为 3km 的扇形区域；三级 A 评价的评价范围宜不小于以入湖（库）排放口为中心、半径为 1km 的扇形区域。

④ 受纳水体为入海河口和近岸海域时，评价范围按照《海洋工程环境影响评价技术导则》（GB/T 19485—2014）执行。

⑤ 影响范围涉及水环境保护目标的，评价范围至少应扩大到水环境保护目标内受到影响的水域。

⑥ 同一建设项目有两个及两个以上废水排放口或排入不同地表水体时，按各排放口及所排入地表水体分别确定评价范围；有叠加影响的，叠加影响水域应作为重点评价范围。

三级 B 的评价范围应符合以下要求：

① 应满足其依托污水处理设施环境可行性分析的要求；

② 涉及地表水环境风险的，应覆盖环境风险影响范围所及的水环境保护目标水域。

6.2.4.2 水文要素影响型

水文要素影响型建设项目评价范围，根据评价等级、水文要素影响类别、影响及恢复程度确定，评价范围应符合以下要求：

① 水温要素影响评价范围为建设项目形成水温分层水域，以及下游未恢复到天然（或建设项目建设前）水温的水域；

② 径流要素影响评价范围为水体天然性状发生变化的水域，以及下游增减水影响水域；

③ 地表水域影响评价范围为相对建设项目建设前日均或潮均流速及水深或高（累积频率5%）低（累积频率90%）水位（潮位）变化幅度超过 5% 的水域；

④ 建设项目影响范围涉及水环境保护目标的，评价范围至少应扩大到水环境保护目标内受影响的水域；

⑤ 存在多类水文要素影响的建设项目，应分别确定各水文要素影响评价范围，取各水文要素评价范围的外包线作为水文要素的评价范围。

6.2.5 评价时期

建设项目地表水环境影响评价时期根据受影响地表水体类型、评价等级等确定，三级 B 评价可不考虑评价时期，详见表 6-4。

表 6-4 评价时期确定表

受影响地表水体类型	评价等级		
	一级	二级	水污染影响型(三级 A)/水文要素影响型(三级)
河流、湖库	丰水期、平水期、枯水期;至少丰水期和枯水期	丰水期和枯水期;至少枯水期	至少枯水期
入海河口(感潮河段)	河流:丰水期、平水期和枯水期;河口:春季、夏季和秋季;至少丰水期和枯水期,春季和秋季	河流:丰水期和枯水期;河口:春季、秋季 2 个季节;至少枯水期或 1 个季节	至少枯水期或 1 个季节
近岸海域	春季、夏季和秋季;至少春季、秋季 2 个季节	春季或秋季;至少 1 个季节	至少 1 次调查

注:1. 感潮河段、入海河口、近岸海域在丰、枯水期(或春、夏、秋、冬四季)均应选择大潮期或小潮期中一个潮期开展评价(无特殊要求时,可不考虑一个潮期内高潮期、低潮期的差别)。选择原则为:依据调查监测海域的环境特征,以影响范围较大或影响程度较重为目标,定性判别和选择大潮期或小潮期作为调查潮期。
2. 冰封期较长且作为生活饮用水与食品加工用水的水源或有渔业用水需求的水域,应将冰封期纳入评价时期。
3. 具有季节性排水特点的建设项目,根据建设项目排水期对应的水期或季节确定评价时期。
4. 水文要素影响型建设项目对评价范围内的水生生物生长、繁殖与洄游有明显影响的时期,需将对应的时期作为评价时期。
5. 复合影响型建设项目分别确定评价时期,按照覆盖所有评价时期的原则综合确定。

6.2.6 水环境保护目标

依据环境影响因素识别结果,调查评价范围内水环境保护目标,确定主要水环境保护目标。应在地图中标注各水环境保护目标的地理位置、四至范围,并列表给出水环境保护目标内主要保护对象和保护要求,以及与建设项目占地区域的相对距离、坐标、高差,与排放口的相对距离、坐标等信息,同时说明与建设项目的水力联系。

6.2.7 评价标准

应根据评价范围内水环境质量管理要求和相关污染物排放标准的规定,确定各评价因子适用的水环境质量标准与相应的污染物排放标准。主要包括以下内容:
① 根据《海水水质标准》(GB 3097—1997)、《地表水环境质量标准》(GB 3838—2002)、《农田灌溉水质标准》(GB 5084—2021)、《渔业水质标准》(GB 11607—1989)、《海洋生物质量》(GB 18421—2001)、《海洋沉积物质量》(GB 18668—2002)及相应的地方标准,结合受纳水体水环境功能区或水功能区、近岸海域环境功能区、水环境保护目标、生态流量等水环境质量管理要求,确定地表水环境质量评价标准。
② 根据现行国家和地方排放标准的相关规定,结合项目所属行业、地理位置,确定建设项目污染物排放评价标准。对于间接排放建设项目,若建设项目与污水处理厂在满足排放标准允许范围内,签订了纳管协议和排放浓度限值,并报相关生态环境保护部门备案,可将此浓度限值作为污染物排放评价的依据。

未划定水环境功能区或水功能区、近岸海域环境功能区的水域,或未明确水环境质量标准的评价因子,由地方人民政府生态环境保护主管部门确认应执行的环境质量要求;在国家及地方污染物排放标准中未包括的评价因子,由地方人民政府生态环境保护主管部门确认应执行的污染物排放要求。

6.3 地表水环境现状调查与评价

6.3.1 总体要求

建设项目环境现状调查与评价应按照《建设项目环境影响评价技术导则 总纲》（HJ 2.1—2016）的要求，遵循问题导向与管理目标导向统筹、流域（区域）与评价水域兼顾、水质水量协调、常规监测数据利用与补充监测互补、水环境现状与变化分析结合的原则，应满足建立污染源与受纳水体水质响应关系的需求，符合地表水环境影响预测的要求。

工业园区规划环评的地表水环境现状调查与评价可依据相关标准执行，流域规划环评参照执行，其他规划环评根据规划特性与地表水环境评价要求，参考执行或选择相应的技术规范。

6.3.2 调查范围

地表水环境的现状调查范围应覆盖评价范围，应以平面图方式表示，并明确起、止断面的位置及涉及范围。

对于水污染影响型建设项目，除覆盖评价范围外，受纳水体为河流时，在不受回水影响的河流段，排放口上游调查范围宜不小于500m，受回水影响河段的上游调查范围原则上与下游调查的河段长度相等；受纳水体为湖库时，以排放口为圆心，调查半径在评价范围基础上外延20%~50%。

对于水文要素影响型建设项目，受影响水体为河流、湖库时，除覆盖评价范围外，一级、二级评价时，还应包括库区及支流回水影响区、坝下至下一个梯级或河口、受水区、退水影响区。

对于水污染影响型建设项目，建设项目排放污染物中包括氮、磷或有毒污染物且受纳水体为湖泊、水库时，一级评价的调查范围应包括整个湖泊、水库，二级、三级A评价时，调查范围应包括排放口所在水环境功能区、水功能区或湖（库）湾区。

受纳或受影响水体为入海河口及近岸海域时，调查范围依据《海洋工程环境影响评价技术导则》（GB/T 19485—2014）要求执行。需要注意的是，由生态环境部牵头编制的《环境影响评价技术导则 海洋环境》目前已经开始征求意见，如果批准通过，自其实施之日起，《海洋工程环境影响评价技术导则》（GB/T 19485—2014）将废止。

6.3.3 调查因子

地表水环境现状调查因子根据评价范围水环境质量管理要求、建设项目水污染物排放特点与水环境影响预测评价要求等综合分析确定，调查因子应不少于评价因子。

6.3.4 调查时期

调查时期和评价时期一致。

6.3.5 调查内容与方法

6.3.5.1 调查内容

地表水环境现状调查内容包括建设项目及区域水污染源调查、受纳或受影响水体水环境质量现状调查、区域水资源与开发利用状况、水文情势与相关水文特征值调查，以及水环境保护目标、水环境功能区或水功能区、近岸海域环境功能区及其相关的水环境质量管理要求等调查，涉及涉水工程的，还应调查涉水工程运行规则和调度情况。

6.3.5.2 调查方法

调查主要采用资料收集、现场监测、无人机或卫星遥感遥测等方法。

6.3.6 调查要求

建设项目污染源调查应在工程分析基础上，确定水污染物的排放量及进入受纳水体的污染负荷量。

6.3.6.1 区域水污染源调查

应详细调查与建设项目排放污染物同类的或有关联关系的已建项目、在建项目、拟建项目（已批复环境影响评价文件，下同）等污染源。

① 一级评价，以收集利用排污许可证登记数据、环评及环保验收数据及既有实测数据为主，并辅以现场调查及现场监测；

② 二级评价，主要收集利用排污许可证登记数据、环评及环保验收数据及既有实测数据，必要时补充现场监测；

③ 水污染影响型三级 A 评价与水文要素影响型三级评价，主要收集利用与建设项目排放口的空间位置和所排污染物的性质关系密切的污染源资料，可不进行现场调查及现场监测；

④ 水污染影响型三级 B 评价，可不开展区域污染源调查，主要调查依托污水处理设施的日处理能力、处理工艺、设计进水水质、处理后的废水稳定达标排放情况，同时应调查依托污水处理设施执行的排放标准是否涵盖建设项目排放的有毒有害的特征水污染物。

一级、二级评价，建设项目直接导致受纳水体内源污染变化，或存在与建设项目排放污染物同类的且内源污染影响受纳水体水环境质量的，应开展内源污染调查，必要时应开展底泥污染补充监测。具有已审批入河排放口的主要污染物种类及其排放浓度和总量数据，以及国家或地方发布的入河排放口数据的，可不对入河排放口汇水区域的污染源开展调查。面污染源调查主要采用收集利用既有数据资料的调查方法，可不进行实测。建设项目的污染物排放指标需要等量替代或减量替代时，还应对替代项目开展污染源调查。

6.3.6.2 水环境质量现状调查

应根据不同评价等级对应的评价时期要求开展水环境质量现状调查。应优先采用国务院生态环境主管部门统一发布的水环境状况信息。当现有资料不能满足要求时，应按照不同等级对应的评价时期要求开展现状监测。水污染影响型建设项目一级、二级评价时，应调查受纳水体近 3 年的水环境质量数据，分析其变化趋势。

6.3.6.3 水环境保护目标调查

水环境保护目标调查应主要采用国家及地方人民政府颁布的各相关名录中的统计资料。

6.3.6.4 水资源与开发利用状况调查

水文要素影响型建设项目一级、二级评价时，应开展建设项目所在流域、区域的水资源与开发利用状况调查。

6.3.6.5 水文情势调查

水文情势调查应尽量收集临近水文站既有水文年鉴资料和其他相关的有效水文观测资料。当上述资料不足时，应进行现场水文调查与水文测量，水文调查与水文测量宜与水质调查同步。水文调查与水文测量宜在枯水期进行。必要时，可根据水环境影响预测需要、生态环境保护要求，在其他时期（丰水期、平水期、冰封期等）进行。水文测量的内容应满足拟采用的水环境影响预测模型对水文参数的要求。在采用水环境数学模型时，应根据所选用的预测模型需输入的水文特征值及环境水力学参数确定水文测量内容；在采用物理模型法模拟水环境影响时，水文测量应提供模型制作及模型试验所需的水文特征值及环境水力学参数。

水污染影响型建设项目开展与水质调查同步进行的水文测量，原则上可只在一个时期（水期）内进行。在水文测量的时间、频次和断面与水质调查不完全相同时，应保证满足水环境影响预测所需的水文特征值及环境水力学参数的要求。

6.3.7 补充监测

首先应针对收集的资料进行复核整理，分析资料的可靠性、一致性和代表性，针对资料的不足，制订必要的补充监测方案，确定补充监测的时期、内容、范围。

6.3.7.1 基本要求

需要开展多个断面或点位补充监测的，应在大致相同的时段内开展同步监测。需要同时开展水质与水文补充监测的，应按照水质、水量协调统一的要求开展同步监测，测量的时间、频次和断面应保证满足水环境影响预测的要求。

应选择符合监测项目对应环境质量标准或参考标准所推荐的监测方法，并在监测报告中注明。水质采样与水质分析应遵循相关的环境监测技术规范。水文调查与水文测量的方法可参照《河流流量测验规范》（GB 50179—2015）、《海洋调查规范》（GB/T 12763）、《海洋观测规范》（GB/T 14914）的相关规定执行。入海河口、近岸海域沉积物调查参照《海洋监测规范》（GB 17378）、《近岸海域环境监测技术规范》（HJ 442）执行。

6.3.7.2 监测内容

应在常规监测断面的基础上，重点针对对照断面、控制断面以及环境保护目标所在水域的监测断面开展水质补充监测。建设项目需要确定生态流量时，应结合主要生态保护对象敏感用水时段进行调查分析，有针对性地开展必要的生态流量与径流过程监测等。当调查的水下地形数据不能满足水环境影响预测要求时，应开展水下地形补充测绘。

6.3.8 环境现状评价内容与要求

根据建设项目水环境影响特点与水环境质量管理要求，可以参考《地表水环境质量评价办法（试行）》选择以下全部或部分内容开展评价：

① 水环境功能区或水功能区、近岸海域环境功能区水质达标状况。评价建设项目评价范围内水环境功能区或水功能区、近岸海域环境功能区各评价时期的水质状况与变化特征，给出水环境功能区或水功能区、近岸海域环境功能区达标评价结论，明确水环境功能区或水功能区、近岸海域环境功能区水质超标因子、超标程度，分析超标原因。

② 水环境控制单元或断面水质达标状况。评价建设项目所在控制单元或断面各评价时期的水质现状与时空变化特征，评价控制单元或断面水质达标状况，明确控制单元或断面

的水质超标因子、超标程度，分析超标原因。

③ 水环境保护目标质量状况。评价涉及水环境保护目标水域各评价时期的水质状况与变化特征，明确水质超标因子、超标程度，分析超标原因。

④ 对照断面、控制断面等代表性断面的水质状况。评价对照断面水质状况，分析对照断面水质、水量变化特征，给出水环境影响预测的设计水文条件；评价控制断面水质现状、达标状况，分析控制断面来水水质、水量状况，识别上游来水不利组合状况，分析不利条件下的水质达标问题；评价其他监测断面的水质状况，根据断面所在水域的水环境保护目标水质要求，评价水质达标状况与超标因子。

⑤ 底泥污染评价。评价底泥污染项目及污染程度，识别超标因子，结合底泥处置排放去向，评价退水水质与超标情况。

⑥ 水资源与开发利用程度及其水文情势评价。根据建设项目水文要素影响特点，评价所在流域（区域）水资源与开发利用程度、生态流量满足程度、水域岸线空间占用状况等。

⑦ 水环境质量回顾评价。结合历史监测数据与国家及地方生态环境主管部门公开发布的环境状况信息，评价建设项目所在水环境控制单元或断面、水环境功能区或水功能区、近岸海域环境功能区的水质变化趋势，评价主要超标因子变化状况，分析建设项目所在区域或水域的水质问题，从水污染、水文要素等方面，综合分析水环境质量现状问题的原因，明确与建设项目排污影响的关系。

⑧ 流域（区域）水资源（包括水能资源）与开发利用总体状况、生态流量管理要求与现状满足程度、建设项目占用水域空间的水流状况与河湖演变状况。

⑨ 依托污水处理设施稳定达标排放评价。评价建设项目依托的污水处理设施稳定达标状况，分析建设项目依托污水处理设施的环境可行性。

6.3.9 评价方法

水环境功能区或水功能区、近岸海域环境功能区及水环境控制单元或断面水质达标状况评价方法，参考国家或地方政府相关部门制定的水环境质量评价技术规范、水体达标方案编制指南、水功能区水质达标评价技术规范等。

监测断面或点位水环境质量现状评价采用水质指数法评价方法，底泥污染状况评价采用单项污染指数法评价方法。

6.3.9.1 水质指数法

(1) 一般性水质因子

一般性水质因子（随着浓度增加而水质变差的水质因子）的指数计算见公式（6-19）：

$$S_{i,j} = c_{i,j}/c_{si} \tag{6-19}$$

式中，$S_{i,j}$ 为评价因子 i 的水质指数，大于 1 表明该水质因子超标；$c_{i,j}$ 为评价因子 i 在 j 点的实测统计代表值，mg/L；c_{si} 为评价因子 i 的水质评价标准限值，mg/L。

【例题】计划在河边建一座工厂，该厂将以 2.83m³/s 的流量排放废水，废水中总溶解固体浓度为 1300mg/L，该河流平均流速 u 为 0.457m/s，平均河宽 W 为 13.72m，平均水深 h 为 0.61m，总溶解固体浓度为 310mg/L，该工厂的废水排入河流后，请计算总溶解固体浓度的水质指数，并判断其是否超标。（设水质评价标准为 500mg/L）

【解答】

$c_h = 310 \text{mg/L}$；

$Q_h = uWh = 0.457 \times 13.72 \times 0.61 = 3.82 \text{m}^3/\text{s}$；

$c_p = 1300 \text{mg/L}$；

$Q_p = 2.83 \text{m}^3/\text{s}$；

$c_s = 500 \text{mg/L}$；

$c = (c_h Q_h + c_p Q_p)/(Q_h + Q_p) = (310 \times 3.82 + 1300 \times 2.83)/(3.82 + 2.83)(\text{mg/L})$
$= 731.3(\text{mg/L})$；

$P = c/c_s = 731.3/500 = 1.46$。

总溶解固体浓度的水质指数为 1.46，因此，水质超标。

（2）溶解氧（DO）

溶解氧的标准指数计算见公式（6-20）和公式（6-21）：

$$S_{DO,j} = DO_s/DO_j, DO_j \leqslant DO_f \qquad (6\text{-}20)$$

$$S_{DO,j} = |DO_f - DO_j|/(DO_f - DO_s), DO_j > DO_f \qquad (6\text{-}21)$$

式中，$S_{DO,j}$ 为溶解氧的标准指数，大于 1 表明该水质因子超标；DO_j 为溶解氧在 j 点的实测统计代表值，mg/L；DO_s 为溶解氧的水质评价标准限值，mg/L；DO_f 为饱和溶解氧浓度，mg/L，对于河流，$DO_f = 468/(31.6 + T)$，对于盐度比较高的湖泊、水库及入海河口、近岸海域，$DO_f = (491 - 2.65S)/(33.5 + T)$，$S$ 为实用盐度符号，量纲为 1，T 为水温，℃。

【例题】 某河流溶解氧标准限值为 5mg/L，饱和溶解氧为 10mg/L，河流的实测溶解氧为 8mg/L，则 DO 的标准指数是多少？

【解答】 0.625。

（3）pH 值

pH 值的指数计算见公式（6-22）和公式（6-23）：

$$S_{pH,j} = (7.0 - pH_j)/(7.0 - pH_{sd}), pH_j \leqslant 7.0 \qquad (6\text{-}22)$$

$$S_{pH,j} = (pH_j - 7.0)/(pH_{su} - 7.0), pH_j > 7.0 \qquad (6\text{-}23)$$

式中，$S_{pH,j}$ 为 pH 值的指数，大于 1 表明该水质因子超标；pH_j 为 pH 值实测统计代表值；pH_{sd} 为评价标准中 pH 值的下限值；pH_{su} 为评价标准中 pH 值的上限值。

【例题】 pH 标准限值范围为 6~9，pH 5 的标准指数与哪个碱性 pH 值的标准指数一样？

【解答】 11。

6.3.9.2 底泥污染指数法

底泥污染指数计算见公式（6-24）：

$$P_{i,j} = C_{i,j}/C_{si} \qquad (6\text{-}24)$$

式中，$P_{i,j}$ 为底泥污染因子 i 的单项污染指数，大于 1 表明该污染因子超标；$C_{i,j}$ 为调查点位污染因子 i 的实测值，mg/L；C_{si} 为污染因子 i 的评价标准值或参考值，mg/L。

底泥污染评价标准值或参考值可以根据土壤环境质量标准或所在水域底泥的背景值确定。

6.4 地表水环境影响预测与评价

6.4.1 总体要求

地表水环境影响预测应遵循《建设项目环境影响评价技术导则 总纲》(HJ 2.1—2016)中规定的原则。

一级、二级、水污染影响型三级 A 与水文要素影响型三级评价应定量预测建设项目水环境影响,水污染影响型三级 B 评价可不进行水环境影响预测。

影响预测应考虑评价范围内已建、在建和拟建项目中,与建设项目排放同类(种)污染物、对相同水文要素产生的叠加影响。

建设项目分期规划实施的,应估算规划水平年进入评价范围的污染负荷,预测分析规划水平年评价范围内地表水环境质量变化趋势。

6.4.2 预测情景

预测因子应根据评价因子确定,重点选择与建设项目水环境影响关系密切的因子。

预测范围应覆盖评价范围,并根据受影响地表水体水文要素与水质特点合理拓展。

预测时期应满足不同评价等级的评价时期要求。水污染影响型建设项目,水体自净能力最不利以及水质状况相对较差的不利时期、水环境现状补充监测时期应作为重点预测时期;水文要素影响型建设项目,以水质状况相对较差或对评价范围内水生生物影响最大的不利时期为重点预测时期。

根据建设项目特点分别选择建设期、生产运行期和服务期满后三个阶段进行预测。生产运行期应预测正常排放、非正常排放两种工况对水环境的影响,如建设项目具有充足的调节容量,可只预测正常排放对水环境的影响。

对建设项目污染控制和减缓措施方案也应进行水环境影响模拟预测。

对受纳水体环境质量不达标区域,应考虑区(流)域环境质量改善目标要求情景下的模拟预测。

6.4.3 预测内容

预测分析内容根据影响类型、预测因子、预测情景、预测范围地表水体类别、所选用的预测模型及评价要求确定。

水污染影响型建设项目,主要包括:

① 各关心断面(控制断面、取水口、污染源排放核算断面等)水质预测因子的浓度及变化;

② 到达水环境保护目标处的污染物浓度;

③ 各污染物最大影响范围;

④ 湖泊、水库及半封闭海湾等,还需关注富营养化状况与水华、赤潮等;

⑤ 排放口混合区范围。

水文要素影响型建设项目,主要包括:

① 河流、湖泊及水库的水文情势预测分析主要包括水域形态、径流条件、水力条件以及冲淤变化等内容,具体包括水面面积、水量、水温、径流过程、水位、水深、流速、水面

宽、冲淤变化等，湖泊和水库需要重点关注湖库水域面积、蓄水量及水力停留时间等因子；

②感潮河段、入海河口及近岸海域水动力条件预测分析主要包括流量、流向、潮区界、潮流界、纳潮量、水位、流速、水面宽、水深、冲淤变化等因子。

6.4.4 预测模型

地表水环境影响预测模型包括数学模型、物理模型。地表水环境影响预测宜选用数学模型。数学模型包括：面源污染负荷估算模型、水动力模型、水质（包括水温及富营养化）模型等，可根据地表水环境影响预测的需要选择。评价等级为一级且有特殊要求时选用物理模型，物理模型应遵循水工模型实验技术规程等要求。

6.4.4.1 基础数据

水文气象、水下地形等基础数据原则上应与工程设计保持一致，采用其他数据时，应说明数据来源、有效性及数据预处理情况。获取的基础数据应能够支持模型参数率定、模型验证的基本需求。建设项目所在水环境控制单元如有国家生态环境主管部门发布的标准化土壤及土地利用数据、地形数据、环境水力学特征参数的，影响预测模拟时应优先使用标准化数据。

水文数据。水文数据应采用水文站点实测数据或根据站点实测数据进行推算，数据精度应与模拟预测结果精度要求匹配。河流、湖库建设项目水文数据时间精度应根据建设项目调控影响的时空特征，分析典型时段的水文情势与过程变化影响，涉及日调度影响的，时间精度宜不小于1h。感潮河段、入海河口及近岸海域建设项目应考虑盐度对污染物运移扩散的影响，一级评价时间精度不得低于1h。

气象数据。气象数据应根据模拟范围内或附近的常规气象监测站点数据进行合理确定。气象数据应采用多年平均气象资料或典型年实测气象资料数据。气象数据指标应包括气温、相对湿度、日照时间、降雨量、云量、风向、风速等。

水下地形数据。采用数值解模型时，原则上应采用最新的现有或补充测绘成果，水下地形数据精度原则上应与工程设计保持一致。建设项目实施后可能导致河道地形改变的，如疏浚及堤防建设以及水底泥沙淤积造成的库底、河底高程发生的变化，应考虑地形变化的影响。

涉水工程资料。包括预测范围内的已建、在建及拟建涉水工程，其取水量或工程调度情况、运行规则应与国家或地方发布的统计数据、环评及环保验收数据保持一致。

一致性及可靠性分析。对评价范围调查收集的水文资料（流速、流量、水位、蓄水量等）、水质资料、排放口资料（污水排放量与水质浓度）、支流资料（支流水量与水质浓度）、取水口资料（取水量、取水方式、水质数据）、污染源资料（排污量、排污去向与排放方式、污染物种类及排放浓度）等进行数据一致性分析，应明确模型采用基础数据的来源，保证基础数据的可靠性。

6.4.4.2 模型选择

（1）面源污染负荷估算模型

根据污染源类型分别选择适用的污染源负荷估算或模拟方法，预测污染源排放量与入河量。面源污染负荷预测可根据评价要求与数据条件，采用源强系数法、水文分析法以及面源模型法等，有条件的地方可以综合采用多种方法进行比对分析确定，各方法适用条件如下：

① 源强系数法。当评价区域有可采用的源强产生、流失及入河系数等面源污染负荷估算参数时，可采用源强系数法。

② 水文分析法。当评价区域具备一定数量的同步水质水量监测资料时，可基于基流分割确定暴雨径流污染物浓度、基流污染物浓度，采用通量法估算面源的负荷量。

③ 面源模型法。面源模型选择应结合污染特点、模型适用条件、基础资料等综合确定。

（2）水动力模型及水质模型

水动力模型及水质模型按照时间分为稳态模型与非稳态模型，按照空间分为零维模型、一维模型（包括纵向一维及垂向一维模型，纵向一维模型包括河网模型）、二维模型（包括平面二维及立面二维）以及三维模型，按照是否需要采用数值离散方法分为解析解模型与数值解模型。水动力模型及水质模型的选取根据建设项目的污染源特性、受纳水体类型、水力学特征、水环境特点及评价等级等要求，选取适宜的预测模型。各地表水体适用的数学模型选择要求如下：

① 河流数学模型。河流数学模型适用条件见表 6-5。在模拟河流顺直、水流均匀且排污稳定时可以采用解析解模型。

表 6-5　河流数学模型适用条件

模型分类	模型按空间分类						模型按时间分类	
	零维模型	纵向一维模型	河网模型	平面二维模型	立面二维模型	三维模型	稳态模型	非稳态模型
适用条件	水域基本均匀混合	沿程横断面均匀混合	多条河道相互连通，使得水流运动和污染物交换相互影响的河网地区	垂向均匀混合	垂向分层特征明显	垂向及平面分布差异明显	水流恒定、排污稳定	水流不恒定或排污不稳定

② 湖库数学模型。湖库数学模型适用条件见表 6-6。在模拟湖库水域形态规则、水流均匀且排污稳定时可以采用解析解模型。

表 6-6　湖库数学模型适用条件

模型分类	模型按空间分类						模型按时间分类	
	零维模型	纵向一维模型	平面二维模型	垂向一维模型	立面二维模型	三维模型	稳态模型	非稳态模型
适用条件	水流交换作用较充分、污染物质分布基本均匀	污染物在断面上均匀混合的河道型水库	浅水湖库，垂向分层不明显	深水湖库，水平分布差异不明显，存在垂向分层	深水湖库，横向分布差异不明显，存在垂向分层	垂向及平面分布差异明显	流场恒定、源强稳定	流场不恒定或源强不稳定

③ 感潮河段、入海河口数学模型。污染物在断面上均匀混合的感潮河段、入海河口，可采用纵向一维非恒定数学模型，感潮河网区宜采用一维河网数学模型。浅水感潮河段和入海河口宜采用平面二维非恒定数学模型。如感潮河段、入海河口的下边界难以确定，宜采用一、二维连接数学模型。

④ 近岸海域数学模型。近岸海域宜采用平面二维非恒定模型。如果评价海域的水流和水质分布在垂向上存在较大的差异（如排放口附近水域），宜采用三维数学模型。

地表水环境影响预测模型，应优先选用国家生态环境主管部门发布的推荐模型。

6.4.4.3 模型概化

当选用解析解方法进行水环境影响预测时，可对预测水域进行合理的概化。

（1）河流水域概化要求

① 预测河段及代表性断面的宽深比大于等于20时，可视为矩形河段；

② 河段弯曲系数大于1.3时，可视为弯曲河段，其余可概化为平直河段；

③ 对于河流水文特征值、水质急剧变化的河段，应分段概化，并分别进行水环境影响预测；河网应分段概化，分别进行水环境影响预测。

（2）入海河口、近岸海域概化要求

① 可将潮区界作为感潮河段的边界；

② 采用解析解方法进行水环境影响预测时，可按潮周平均、高潮平均和低潮平均三种情况，概化为稳态进行预测；

③ 预测近岸海域可溶性物质水质分布时，可只考虑潮汐作用，预测密度小于海水的不可溶物质时应考虑潮汐、波浪及风的作用；

④ 注入近岸海域的小型河流可视为点源，可忽略其对近岸海域流场的影响。

（3）湖库水域概化要求

湖库水域概化根据湖库的入流条件、水力停留时间、水质及水温分布等情况，分别概化为稳定分层型、混合型和不稳定分层型。

（4）受人工控制的河流概化要求

受人工控制的河流，根据涉水工程（如水利水电工程）的运行调度方案及蓄水、泄流情况，分别视其为水库或河流进行水环境影响预测。

6.4.4.4 初始条件

初始条件（水文、水质、水温等）设定应满足所选用数学模型的基本要求，须合理确定初始条件，控制预测结果不受初始条件的影响。

当初始条件对计算结果的影响在短时间内无法有效消除时，应延长模拟计算的初始时间，必要时应开展初始条件敏感性分析。

6.4.4.5 边界条件

（1）设计水文条件确定要求

河流、湖库设计水文条件要求如下：

① 河流不利枯水条件宜采用90％保证率最枯月流量或近10年最枯月平均流量；流向不定的河网地区和潮汐河段，宜采用90％保证率流速为零时的低水位相应水量作为不利枯水水量；湖库不利枯水条件应采用近10年最低月平均水位或90％保证率最枯月平均水位相应的蓄水量，水库也可采用死库容相应的蓄水量。其他水期的设计水量则应根据水环境影响预测需求确定。

② 受人工调控的河段，可采用最小下泄流量或河道内生态流量作为设计流量。

③ 根据设计流量，采用水力学、水文学等方法确定水位、流速、河宽、水深等其他水力学数据。

入海河口、近岸海域设计水文条件要求如下：

① 感潮河段、入海河口的上游水文边界条件参照要求确定，下游水位边界的确定应选

择对应时段潮周期作为基本水文条件进行计算，可取用保证率为10%、50%和90%潮差，或上游计算流量条件下相应的实测潮位过程；

② 近岸海域的潮位边界条件界定，应选择一个潮周期作为基本水文条件，选用历史实测潮位过程或人工构造潮型作为设计水文条件。

（2）污染负荷的确定要求

根据预测情景，确定各情景下建设项目排放的污染负荷量，应包括建设项目所有排放口（涉及一类污染物的车间或车间处理设施排放口、企业总排口、雨水排放口、温排水排放口等）的污染物源强，应覆盖预测范围内的所有与建设项目排放污染物相关的污染源或污染源负荷占预测范围总污染负荷的比例超过95%的污染源。

规划水平年污染源负荷预测应符合以下要求：

① 点源及面源污染源负荷预测要求。点源及面源污染源负荷应包括已建、在建及拟建项目的污染物排放，综合考虑区域经济社会发展及水污染防治规划、区（流）域环境质量改善目标要求，按照点源、面源分别确定预测范围内的污染源的排放量与入河量。

② 内源负荷预测要求。内源负荷估算可采用释放系数法，必要时可采用释放动力学模型方法。内源释放系数可采用静水、动水试验进行测定或者参考类似工程资料确定；水环境影响敏感且资料缺乏区域需开展静水试验、动水试验确定释放系数；类比时须结合施工工艺、沉积物类型、水动力等因素进行修正。

6.4.4.6 参数确定与验证要求

水动力及水质模型参数包括水文及水力学参数、水质（包括水温及富营养化）参数等，其中水文及水力学参数包括流量、流速、坡度、糙率等；水质参数包括污染物综合衰减系数、扩散系数、耗氧系数、复氧系数、蒸发散热系数等。

模型参数确定可采用类比、经验公式、实验室测定、物理模型试验、现场实测及模型率定等，可以采用多类方法比对确定模型参数。当采用数值解模型时，宜采用模型率定法核定模型参数。

在模型参数确定的基础上，通过模型计算结果与实测数据进行比较分析，验证模型的适用性与误差及精度。

选择模型率定法确定模型参数的，模型验证应采用与模型参数率定不同组实测资料数据进行。

应对模型参数确定与模型验证的过程和结果进行分析说明，并以河宽、水深、流速、流量以及主要预测因子的模拟结果作为分析依据，当采用二维或三维模型时，应开展流场分析。模型验证应分析模拟结果与实测结果的拟合情况，阐明模型参数率定取值的合理性。

6.4.4.7 预测点位设置及结果合理性分析要求

（1）预测点位设置要求

应将常规监测点、补充监测点、水环境保护目标、水质水量突变处及控制断面等作为预测重点。当需要预测排放口所在水域形成的混合区范围时，应适当加密预测点位。

（2）模型结果合理性分析

模型计算成果的内容、精度和深度应满足环境影响评价要求。采用数值解模型进行影响预测时，应说明模型时间步长、空间步长设定的合理性，在必要的情况下应对模拟结果开展质量或热量守恒分析。应对模型计算的关键影响区域和重要影响时段的流场、流速分布、水质（水温）等模拟结果进行分析，并给出相关图件。区域水环境影响较大的建设项目，宜采用不同模型进行比对分析。

6.4.5 评价内容

一级、二级、水污染影响型三级 A 及水文要素影响型三级评价的主要评价内容包括：①水污染控制和水环境影响减缓措施有效性评价；②水环境影响评价。

水污染影响型三级 B 评价主要评价内容包括：①水污染控制和水环境影响减缓措施有效性评价；②依托污水处理设施的环境可行性评价。

6.4.6 评价要求

6.4.6.1 水污染控制和水环境影响减缓措施有效性评价

水污染控制和水环境影响减缓措施有效性评价应满足以下要求：

① 污染控制措施及各类排放口排放浓度限值等应满足国家和地方相关排放标准及符合有关标准规定的排水协议关于水污染物排放的条款要求；

② 水动力影响、生态流量、水温影响减缓措施应满足水环境保护目标的要求；

③ 涉及面源污染的，应满足国家和地方有关面源污染控制治理要求；

④ 受纳水体环境质量达标区的建设项目选择废水处理措施或多方案比选时，应满足行业污染防治可行技术指南要求，确保废水稳定达标排放且环境影响可以接受；

⑤ 受纳水体环境质量不达标区的建设项目选择废水处理措施或多方案比选时，应满足区（流）域水环境质量限期达标规划和替代源的削减方案要求、区（流）域环境质量改善目标要求及行业污染防治可行技术指南中最佳可行技术要求，确保废水污染物达到最低排放强度和排放浓度，且环境影响可以接受。

6.4.6.2 水环境影响评价

水环境影响评价应满足以下要求：

① 排放口所在水域形成的混合区，应限制在达标控制（考核）断面以外水域，不得与已有排放口形成的混合区叠加，混合区外水域应满足水环境功能区或水功能区的水质目标要求。

② 水环境功能区或水功能区、近岸海域环境功能区水质达标。说明建设项目对评价范围内的水环境功能区或水功能区、近岸海域环境功能区的水质影响特征，分析水环境功能区或水功能区、近岸海域环境功能区水质变化状况，在考虑叠加影响的情况下，评价建设项目建成以后各预测时期水环境功能区或水功能区、近岸海域环境功能区达标状况。涉及富营养化问题的，还应评价水温、水文要素、营养盐等变化特征与趋势，分析判断富营养化演变趋势。

③ 满足水环境保护目标水域水环境质量要求。评价水环境保护目标水域各预测时期的水质（包括水温）变化特征、影响程度与达标状况。

④ 水环境控制单元或断面水质达标。说明建设项目污染排放或水文要素变化对所在控制单元各预测时期的水质影响特征，在考虑叠加影响的情况下，分析水环境控制单元或断面的水质变化状况，评价建设项目建成以后水环境控制单元或断面在各预测时期下的水质达标状况。

⑤ 满足重点水污染物排放总量控制指标要求，对于重点行业建设项目，主要污染物排

放满足等量或减量替代要求。

⑥ 满足区（流）域水环境质量改善目标要求。

⑦ 水文要素影响型建设项目同时应包括水文情势变化评价、主要水文特征值影响评价、生态流量符合性评价。

⑧ 对于新设或调整入河（湖库、近岸海域）排放口的建设项目，应包括排放口设置的环境合理性评价。

⑨ 满足"三线一单"（生态保护红线、水环境质量底线、资源利用上线和环境准入清单）管理要求。

6.4.6.3 依托污水处理设施的环境可行性评价

依托污水处理设施的环境可行性评价主要从污水处理设施的日处理能力、处理工艺、设计进水水质、处理后的废水稳定达标排放情况及排放标准是否涵盖建设项目排放的有毒有害的特征水污染物等方面开展评价，满足依托的环境可行性要求。

6.4.7 污染源排放量核算

污染源排放量是新（改、扩）建项目申请污染物排放许可的依据。对改建、扩建项目，除应核算新增源的污染物排放量外，还应核算项目建成后全厂的污染物排放量，污染源排放量为污染物的年排放量。建设项目在批复的区域或水环境控制单元达标方案的许可排放量分配方案中有规定的，按规定执行。

规划环评污染源排放量核算与分配应遵循水陆统筹、河海兼顾、满足"三线一单"约束要求的原则，综合考虑水环境质量改善目标要求、水环境功能区或水功能区及近岸海域环境功能区管理要求、经济社会发展、行业排污绩效等因素，确保发展不超载，底线不突破。

间接排放建设项目污染源排放量核算根据依托污水处理设施的控制要求核算确定。

直接排放建设项目污染源排放量核算根据建设项目达标排放的地表水环境影响、污染源源强核算技术指南及排污许可申请与核发技术规范进行核算，从严要求，并遵循以下原则要求：

① 污染源排放量的核算水体为有水环境功能要求的水体。

② 建设项目排放的污染物属于现状水质不达标的，包括本项目在内的区（流）域污染源排放量应调减至满足区（流）域水环境质量改善目标要求。

③ 当受纳水体为河流时，对于不受回水影响的河段，建设项目污染源排放量核算断面位于排放口下游，与排放口的距离应小于2km；对于受回水影响的河段，应在排放口的上下游设置建设项目污染源排放量核算断面，与排放口的距离应小于1km。建设项目污染源排放量核算断面应根据区间水环境保护目标位置、水环境功能区或水功能区及控制单元断面等情况调整。当排放口污染物进入受纳水体在断面混合不均匀时，应以污染源排放量核算断面污染物最大浓度作为评价依据。

④ 当受纳水体为湖库时，建设项目污染源排放量核算点位应布置在以排放口为中心、半径不超过50m的扇形水域内，且扇形面积占湖库面积比例不超过5%，核算点位应不少于3个。建设项目污染源排放量核算点应根据区间水环境保护目标位置、水环境功能区或水功能区及控制单元断面等情况调整。

⑤ 遵循地表水环境质量底线要求，主要污染物（化学需氧量、氨氮、总磷、总氮）须预留必要的安全余量。安全余量可按地表水环境质量标准、受纳水体环境敏感性等确定：受纳水体为《地表水环境质量标准》（GB 3838—2002）Ⅲ类水域，以及涉及水环境保护目标

的水域，安全余量按照不低于建设项目污染源排放量核算断面（点位）处环境质量标准的10%确定（安全余量≥环境质量标准×10%）；受纳水体水环境质量标准为《地表水环境质量标准》（GB 3838—2002）Ⅳ、Ⅴ类水域，安全余量按照不低于建设项目污染源排放量核算断面（点位）环境质量标准的8%确定（安全余量≥环境质量标准×8%）；地方如有更严格的环境管理要求，按地方要求执行。

⑥ 当受纳水体为近岸海域时，参照《污水海洋处置工程污染控制标准》（GB 18486—2001）执行。

按照核算结果预测评价范围的水质状况，如预测的水质因子满足地表水环境质量管理及安全余量要求，污染源排放量即水污染控制措施有效性评价确定的排污量，如果不满足地表水环境质量管理及安全余量要求，则进一步根据水质目标核算污染源排放量。

6.4.8 生态流量确定

根据河流、湖库生态环境保护目标的流量（水位）及过程需求确定生态流量（水位）。河流应确定生态流量，湖库应确定生态水位。

根据河流和湖库的形态、水文特征及生物重要生境分布，选取代表性的控制断面综合分析评价河流和湖库的生态环境状况、主要生态环境问题等。生态流量控制断面或点位选择应结合重要生境和重要环境保护对象等保护目标的分布、水文站网分布以及重要水利工程位置等统筹考虑。应依据评价范围内各水环境保护目标的生态环境需水量确定生态流量。

> **金石之声**
>
> 山水林田湖草沙是一个生命共同体，人的命脉在田，田的命脉在水，水的命脉在山，山的命脉在土，土的命脉在树。用途管制和生态修复必须遵循自然规律，如果种树的只管种树、治水的只管治水、护田的单纯护田，很容易顾此失彼，最终造成生态的系统性破坏。

6.5 环境保护措施与监测计划

在建设项目污染控制治理措施与废水排放满足排放标准与环境管理要求的基础上，针对建设项目实施可能造成地表水环境不利影响的阶段、范围和程度，提出预防、治理、控制、补偿等环保措施或替代方案等内容，并制订监测计划。

水环境保护对策措施的论证应包括水环境保护措施的内容、规模及工艺、相应投资、实施计划，所采取措施的预期效果、达标可行性、经济技术可行性及可靠性分析等内容。对水文要素影响型建设项目，应提出减缓水文情势影响，保障生态需水的环保措施。

6.5.1 水环境保护措施

对建设项目可能产生的水污染物，需通过优化生产工艺和强化水资源的循环利用，提出减少污水产生量与排放量的环保措施，并对污水处理方案进行技术经济及环保论证比选，明确污水处理设施的位置、规模、处理工艺、主要构筑物或设备、处理效率；采取的污水处理方案实现达标排放，满足总量控制指标要求，并对排放口设置及排放方式进行环保论证。

达标区建设项目选择废水处理措施或多方案比选时，应综合考虑成本和治理效果，选择可行技术方案。

不达标区建设项目选择废水处理措施或多方案比选时，应优先考虑治理效果，结合区（流）域水环境质量改善目标、替代源的削减方案实施情况，确保废水污染物达到最低排放强度和排放浓度。

对水文要素影响型建设项目，应考虑保护水域生境及水生态系统的水文条件以及生态环境用水的基本需求，提出优化运行调度方案或下泄流量及过程，并明确相应的泄放保障措施与监控方案。

对于建设项目引起的水温变化可能对农业、渔业生产或鱼类繁殖与生长等产生不利影响，应提出水温影响减缓措施。对产生低温水影响的建设项目，对其取水与泄水建筑物的工程方案提出环保优化建议，可采取分层取水设施、合理利用水库洪水调度运行方式等。对产生温排水影响的建设项目，可采取优化冷却方式减少排放量，通过余热利用措施降低热污染强度，合理选择温排水口的布置和型式，控制高温区范围等。

6.5.2 监测计划

按建设项目建设期、生产运行期、服务期满后等不同阶段，针对不同工况、不同地表水环境影响的特点，根据《排污单位自行监测技术指南 总则》（HJ 819—2017）、《地表水和污水监测技术规范》（HJ/T 91—2002）、相应的污染源源强核算技术指南和自行监测技术指南，提出水污染源的监测计划，包括监测点位、监测因子、监测频次、监测数据采集与处理、分析方法等，明确自行监测计划内容，提出应向社会公开的信息内容。

地表水环境质量监测计划应包括监测断面或点位位置（经纬度）、监测因子、监测频次、监测数据采集与处理、分析方法等。监测因子需与评价因子相协调。地表水环境质量监测断面或点位设置需与水环境现状监测、水环境影响预测的断面或点位相协调，并应强化其代表性、合理性。建设项目排放口应根据污染物排放特点、相关规定设置监测系统，排放口附近有重要水环境功能区或水功能区及特殊用水需求时，应对排放口下游控制断面进行定期监测。

对下泄流量有泄放要求的建设项目，在闸坝下游应设置生态流量监测系统。

6.6 地表水环境影响评价结论

6.6.1 评价结论

根据水污染控制和水环境影响减缓措施有效性评价、地表水环境影响评价的结果，明确给出地表水环境影响是否可接受的结论：

① 达标区的建设项目环境影响评价同时满足水污染控制和水环境影响减缓措施有效性评价、水环境影响评价的情况下，认为地表水环境影响可以接受，否则认为地表水环境影响不可接受。

② 不达标区的建设项目环境影响评价在考虑区（流）域环境质量改善目标要求、削减替代源的基础上，同时满足水污染控制和水环境影响减缓措施有效性评价、水环境影响评价的情况下，认为地表水环境影响可以接受，否则认为地表水环境影响不可接受。

6.6.2 污染源排放量与生态流量

明确给出污染源排放量核算结果,填写建设项目污染物排放信息表。

新建项目的污染物排放指标需要等量替代或减量替代时,还应明确给出替代项目的基本信息,主要包括项目名称、排污许可证编号、污染物排放量等。

有生态流量控制要求的,根据水环境保护管理要求,明确给出生态流量控制节点及控制目标。

6.6.3 地表水环境影响评价自查表

地表水环境影响评价完成后,应对地表水环境影响评价主要内容与结论进行自查,填写建设项目地表水环境影响评价自查表。同时,应将影响预测中应用的输入、输出原始资料进行归档,随评价文件一并提交给审查部门。

思考题

(1) 地表水环境影响评价的基本程序包括什么?
(2) 地表水环境影响评价应包括哪些基本内容?
(3) 地下水环境影响评价应该怎样进行?

案例分析

化工园工业污水处理厂工程地表水环境影响评价案例详情见二维码6-1。

二维码 6-1

第七章

声环境影响评价

本章导航

声环境影响评价是对建设项目和规划进行环境影响评价的主要内容之一。通过声环境影响评价可以确定规划与建设项目实施引起的声环境质量的变化及影响程度，为项目优化选址、合理布局以及城市规划提供科学依据。本章介绍了声环境的基础知识和声环境影响评价的基本内容，论述了声环境现状评价和影响预测评价的主要内容。本章重点是掌握声环境现状评价和影响预测评价的主要内容，熟悉噪声计算常用的模式及典型工业企业噪声和交通噪声预测的一般模式。

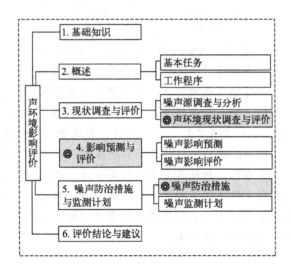

重难点内容

（1）声环境影响评价的主要任务、评价等级确定依据及评价范围。
（2）声环境现状评价的方法和调查内容。
（3）声环境影响预测方法及应用。

7.1 基础知识

7.1.1 相关标准

《环境影响评价技术导则　声环境》(HJ 2.4—2021)。
《声环境质量标准》(GB 3096—2008)。
《机场周围飞机噪声环境标准》(GB 9660—1988)。
《机场周围飞机噪声测量方法》(GB 9661—1988)。
《工业企业厂界环境噪声排放标准》(GB 12348—2008)。
《建筑施工场界环境噪声排放标准》(GB 12523—2011)。
《铁路边界噪声限值及其测量方法》(GB 12525—1990)。
《社会生活环境噪声排放标准》(GB 22337—2008)。
《声学　户外声传播衰减　第1部分：大气声吸收的计算》(GB/T 17247.1—2000)。
《声学　户外声传播的衰减　第2部分：一般计算方法》(GB/T 17247.2—1998)。
《声屏障声学设计和测量规范》(HJ/T 90—2004)。
《污染源源强核算技术指南　准则》(HJ 884—2018)。
《公路工程技术标准》(JTG B01—2014)。

金石之声

> 2021年12月24日，第十三届全国人大常委会第三十二次会议通过了《中华人民共和国噪声污染防治法》。这部法律自2022年6月5日起施行。《中华人民共和国环境噪声污染防治法》将同时废止。与《中华人民共和国环境噪声污染防治法》相比，新法确立新时期噪声污染防治工作的总要求，在立法目的中体现维护社会和谐、推进生态文明建设、可持续发展的理念。法律扩大适用范围，着眼于维护最广大人民群众的根本利益，将工业噪声扩展到生产活动中产生的噪声；增加对城市轨道交通、机动车"炸街"、乘坐公共交通工具、饲养宠物、餐饮等噪声扰民行为的管控；将一些仅适用城市的规定扩展至农村地区；明确环境振动控制标准和措施要求。法律完善了政府责任，强化源头防控，加强各类噪声污染防治，强化社会共治，并加大惩处力度。法律明确了超过噪声排放标准排放工业噪声等违法行为的具体罚款数额，增加建设单位建设噪声敏感建筑物不符合民用建筑隔声设计相关标准要求等违法行为的法律责任，增加责令停产整治等处罚种类。

7.1.2 术语与定义

7.1.2.1 噪声

在工业生产、建筑施工、交通运输和社会生活中产生的干扰周围生活环境的声音（频率在20Hz~20kHz的可听声范围内）。

7.1.2.2 声环境保护目标

依据法律、法规、标准政策等确定的需要保持安静的建筑物及建筑物集中区。

7.1.2.3 等效连续 A 声级

在规定测量时间 T 内 A 声级的能量平均值，用 $L_{\text{Aeq},T}$ 表示，单位为 dB。

根据定义，等效连续 A 声级表示为：

$$L_{\text{Aeq},T} = 10\lg\left(\frac{1}{T}\int_0^T 10^{0.1L_\text{A}}\,\text{d}t\right) \tag{7-1}$$

式中，$L_{\text{Aeq},T}$ 为等效连续 A 声级，dB；L_A 为 t 时刻的瞬时 A 声级，dB；T 为规定的测量时间段，s。

7.1.2.4 背景噪声值

评价范围内不含建设项目自身声源影响的声级。

7.1.2.5 噪声贡献值

由建设项目自身声源在预测点产生的声级。

噪声贡献值（L_{eqg}）计算公式为：

$$L_{\text{eqg}} = 10\lg\left(\frac{1}{T}\sum_i t_i 10^{0.1L_{\text{A}i}}\right) \tag{7-2}$$

式中，L_{eqg} 为噪声贡献值，dB；T 为预测计算的时间段，s；t_i 为 i 声源在 T 时段内的运行时间，s；$L_{\text{A}i}$ 为 i 声源在预测点产生的等效连续 A 声级，dB。

7.1.2.6 噪声预测值

预测点的贡献值和背景值按能量叠加方法计算得到的声级。

噪声预测值（L_{eq}）计算公式为：

$$L_{\text{eq}} = 10\lg(10^{0.1L_{\text{eqg}}} + 10^{0.1L_{\text{eqb}}}) \tag{7-3}$$

式中，L_{eq} 为预测点的噪声预测值，dB；L_{eqg} 为建设项目声源在预测点产生的噪声贡献值，dB；L_{eqb} 为预测点的背景噪声值，dB。

机场航空器噪声评价时，不叠加其他噪声源产生的噪声影响。

7.1.2.7 列车通过时段内等效连续 A 声级

预测点的列车通过时段内等效连续 A 声级（$L_{\text{Aeq},T_\text{p}}$）计算公式为：

$$L_{\text{Aeq},T_\text{p}} = 10\lg\left[\frac{1}{t_2-t_1}\int_{t_1}^{t_2}\frac{p_\text{A}^2(t)}{p_0^2}\text{d}t\right] \tag{7-4}$$

式中，$L_{\text{Aeq},T_\text{p}}$ 为列车通过时段内的等效连续 A 声级，dB；T_p 为测量经过的时间段，$T_\text{p}=t_2-t_1$，表示始于 t_1 终于 t_2，s；$p_\text{A}(t)$ 为瞬时 A 计权声压，Pa；p_0 为基准声压，$p_0=20\mu\text{Pa}$。

7.1.2.8 机场航空器噪声事件的有效感觉噪声级

对某一飞行事件的有效感觉噪声级按公式（7-5）近似计算：

$$L_{\text{EPN}} = L_{\text{Amax}} + 10\lg(T_\text{d}/20) + 13 \tag{7-5}$$

式中，L_{EPN} 为有效感觉噪声级，dB；L_{Amax} 为一次噪声事件中测量时段内单架航空器通过时的最大 A 声级，dB；T_d 为在 L_{Amax} 下 10dB 的延续时间，s。

7.2 声环境影响评价概述

7.2.1 工作任务与工作程序

7.2.1.1 基本任务

评价建设项目实施引起的声环境质量的变化情况;提出合理可行的防治对策措施,降低噪声影响;从声环境影响角度评价建设项目实施的可行性;为建设项目优化选址、选线、合理布局以及国土空间规划提供科学依据。具体来说包括:

① 声环境质量变化及影响程度:评价建设项目实施所引起的声环境质量变化以及外界噪声对需要保持安静的建设项目的影响程度;

② 防治措施有效性:提出合理可行的防治措施,把噪声污染降低到允许水平;

③ 项目建设可行性:从声环境影响角度评价建设项目实施的可行性;

④ 选线选址合理性:为建设项目的优化选址、选线、合理布局以及城市规划提供科学依据。

7.2.1.2 评价类别

按声源种类划分,可分为固定声源和流动声源的环境影响评价。

① 固定声源的环境影响评价:主要指工业(工矿企业和事业单位)和交通运输(包括航空、铁路、城市轨道交通、公路、水运等)固定声源的环境影响评价。

② 流动声源的环境影响评价:主要指在城市道路、公路、铁路、城市轨道交通上行驶的车辆以及航空和水运等运输工具在行驶过程中产生的噪声环境影响评价。

停车场、调车场、施工期施工设备、运行期物料运输、装卸设备等,可分别划分为固定声源或流动声源。建设项目同时包含固定声源和移动声源,应分别进行声环境影响评价;同一声环境保护目标既受到固定声源影响,又受到移动声源(机场航空器噪声除外)影响时,应叠加环境影响后进行评价。

需要注意的是,机场建设项目环境影响评价与其他行业有较大不同,应参照相关行业标准《环境影响评价技术导则 民用机场建设工程》(HJ 87—2023)执行。

7.2.1.3 工作程序

声环境影响评价的工作程序见图 7-1。

7.2.2 评价等级

声环境影响评价工作等级一般分为三级,一级为详细评价,二级为一般性评价,三级为简要评价。

声环境影响评价工作等级划分依据包括:①建设项目所在区域的声环境功能区类别;②建设项目建设前后所在区域的声环境质量变化程度;③受建设项目影响人口的数量。具体划分依据如表 7-1:

评价范围内有适用于《声环境质量标准》(GB 3096—2008)规定的 0 类声环境功能区域,或建设项目建设前后评价范围内声环境保护目标噪声级增量达 5dB(A)以上[不含 5dB(A)],或受影响人口数量显著增加时,按一级评价。

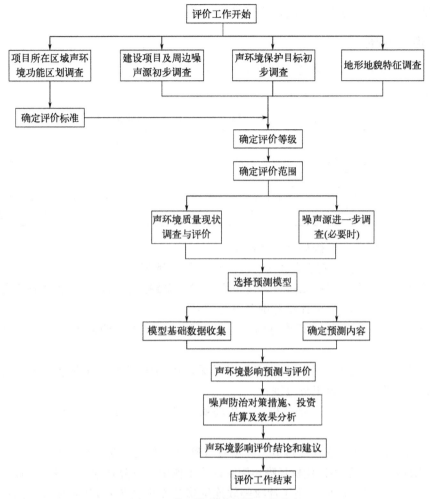

图 7-1 声环境影响评价工作程序

表 7-1 声环境影响评价工作等级划分依据

评价等级	划分依据		
	声环境功能区域	敏感目标噪声级增高量	受影响人口数量
一级	0 类	>5dB(A)	显著增多
二级	1 类、2 类	3～5dB(A)	增加较多
三级	3 类、4 类	<3dB(A)	变化不大

建设项目所处的声环境功能区为《声环境质量标准》(GB 3096—2008)规定的 1 类、2 类地区，或建设项目建设前后评价范围内声环境保护目标噪声级增量达 3～5dB(A)，或受噪声影响人口数量增加较多时，按二级评价。

建设项目所处的声环境功能区为《声环境质量标准》(GB 3096—2008)规定的 3 类、4 类地区，或建设项目建设前后评价范围内声环境保护目标噪声级增量在 3dB(A) 以下 [不含 3dB(A)]，且受影响人口数量变化不大时，按三级评价。

在确定评价工作等级时，如建设项目符合两个以上级别的划分原则，按较高级别的评价等级评价。

机场建设项目航空器噪声影响评价等级为一级。

7.2.3 评价范围

以固定声源和移动声源为主的建设项目，其声环境影响评价范围依据评价工作等级确定。固定声源和移动声源声环境影响评价范围见表7-2。

表7-2 固定声源和移动声源声环境影响评价范围

类别	一级评价	二级、三级评价	备注
固定声源(如工厂、码头、站场等)	建设项目边界向外200m	根据声环境功能区类别及环境保护目标等适当缩小	如依据项目声源计算的贡献值在200m处不达标，评价范围应扩大至达标的距离
移动声源(如公路、城市道路、铁路、城市轨道交通等地面交通)	线路中心线外两侧200m以内		

机场项目噪声评价范围按如下方法确定：

① 机场项目按照每条跑道承担飞行量进行评价范围划分：对于单跑道项目，以机场整体的吞吐量及起降架次判定机场噪声评价范围，对于多跑道机场，根据各条跑道分别承担的飞行量情况各自划定机场噪声评价范围并取合集：

a. 单跑道机场，机场噪声评价范围应是以机场跑道两端、两侧外扩一定距离形成的矩形范围；

b. 对于全部跑道均为平行构型的多跑道机场，机场噪声评价范围应是各条跑道外扩一定距离后的最远范围形成的矩形范围；

c. 对于存在交叉构型的多跑道机场，机场噪声评价范围应为平行跑道（组）与交叉跑道的合集范围。

② 对于增加跑道项目或变更跑道位置项目（例如现有跑道变为滑行道或新建一条跑道），在现状机场噪声影响评价和扩建机场噪声影响评价工作中，可分别划定机场噪声评价范围；

③ 机场噪声评价范围应不小于计权等效连续感觉噪声级70dB等声级线范围；

④ 不同飞行量机场项目噪声评价范围见表7-3。

表7-3 不同飞行量机场项目噪声评价范围

机场类别	起降架次N(单条跑道承担量)	跑道两端推荐评价范围	跑道两侧推荐评价范围
运输机场	N≥15万架次/a	两端各12km以上	两侧各3km
	10万架次/a≤N<15万架次/a	两端各10～12km	两侧各2km
	5万架次/a≤N<10万架次/a	两端各8～10km	两侧各1.5km
	3万架次/a≤N<5万架次/a	两端各6～8km	两侧各1km
	1万架次/a≤N<3万架次/a	两端各3～6km	两侧各1km
	N<1万架次/a	两端各3km	两侧各0.5km
通用机场	无直升机	两端各3km	两侧各0.5km
	有直升机	两端各3km	两侧各1km

7.2.4 评价量

7.2.4.1 声源源强

声源源强的评价量为：A计权声功率级（L_{Aw}）或倍频带声功率级（L_w），必要时应包含声源指向性描述；距离声源 r 处的 A 计权声压级 $[L_A(r)]$ 或倍频带声压级 $[L_p(r)]$，必要时应包含声源指向性描述；有效感觉噪声级（L_{EPN}）。

7.2.4.2 声环境质量

根据 GB 3096—2008，声环境质量评价量为昼间等效 A 声级（L_d）、夜间等效 A 声级（L_n），夜间突发噪声的评价量为最大 A 声级（L_{Amax}）。

根据 GB 9660—1988 和 GB 9661—1988，机场周围区域受飞机通过（起飞、降落、低空飞越）噪声影响的评价量为计权等效连续感觉噪声级（L_{WECPN}）。

7.2.4.3 厂界、场界、边界噪声

根据 GB 12348—2008，工业企业厂界噪声评价量为昼间等效 A 声级（L_d）、夜间等效 A 声级（L_n），夜间频发、偶发噪声的评价量为最大 A 声级（L_{Amax}）。

根据 GB 12523—2011，建筑施工场界噪声评价量为昼间等效 A 声级（L_d）、夜间等效 A 声级（L_n）、夜间最大 A 声级（L_{Amax}）。根据 GB 12525—1990，铁路边界噪声评价量为昼间等效 A 声级（L_d）、夜间等效 A 声级（L_n）。

根据 GB 22337—2008，社会生活噪声排放源边界噪声评价量为昼间等效 A 声级（L_d）、夜间等效 A 声级（L_n），非稳态噪声的评价量为最大 A 声级（L_{Amax}）。

7.2.4.4 列车通过噪声、飞机航空器通过噪声

铁路、城市轨道交通单列车通过时噪声影响评价量为通过时段内等效连续 A 声级（L_{Aeq,T_p}），单架航空器通过时噪声影响评价量为最大 A 声级（L_{Amax}）。

7.3 声环境现状调查与评价

7.3.1 噪声源调查与分析

7.3.1.1 调查与分析对象

噪声源调查包括拟建项目的主要固定声源和移动声源，给出主要声源的数量、位置和强度，并在标准规范的图中标识固定声源的具体位置或移动声源的路线、跑道等位置。噪声源调查内容和工作深度应符合环境影响预测模型对噪声源参数的要求。一、二、三级评价均应调查分析拟建项目的主要噪声源。

7.3.1.2 源强获取方法

噪声源源强核算应按照 HJ 884—2018 的要求进行，有行业污染源源强核算技术指南的应优先按照指南中规定的方法进行；无行业污染源源强核算技术指南，但行业导则中对源强核算方法有规定的，优先按照行业导则中规定的方法进行。

对于拟建项目噪声源源强，当缺少所需数据时，可通过声源类比测量或引用有效资料、研究成果来确定。采用声源类比测量时应给出类比条件。

噪声源需获取的参数、数据格式和精度应符合环境影响预测模型输入要求。

7.3.2 声环境现状调查与评价

7.3.2.1 调查内容

（1）一、二级评价

调查评价范围内声环境保护目标的名称、地理位置、行政区划、所在声环境功能区、不

同声环境功能区内人口分布情况、与建设项目的空间位置关系、建筑情况等。

评价范围内具有代表性的声环境保护目标的声环境质量现状需要现场监测，其余声环境保护目标的声环境质量现状可通过类比或现场监测结合模型计算给出。

调查评价范围内有明显影响的现状声源的名称、类型、数量、位置、源强等。评价范围内现状声源源强调查应采用现场监测法或收集资料法确定。分析现状声源的构成及其影响，对现状调查结果进行评价。

（2）三级评价

调查评价范围内声环境保护目标的名称、地理位置、行政区划、所在声环境功能区、不同声环境功能区内人口分布情况、与建设项目的空间位置关系、建筑情况等。

对评价范围内具有代表性的声环境保护目标的声环境质量现状进行调查，可利用已有的监测资料，无监测资料时可选择有代表性的声环境保护目标进行现场监测，并分析现状声源的构成。

7.3.2.2 声环境质量现状调查方法

现状调查方法包括：现场监测法、现场监测结合模型计算法、收集资料法。调查时，应根据评价等级的要求和现状噪声源情况，确定需采用的具体方法。

（1）现场监测法

1）监测布点原则

① 布点应覆盖整个评价范围，包括厂界（场界、边界）和声环境保护目标。当声环境保护目标高于（含）三层建筑时，还应按照噪声垂直分布规律、建设项目与声环境保护目标高差等因素选取有代表性的声环境保护目标的代表性楼层设置测点。

② 评价范围内没有明显的声源时（如工业噪声、交通运输噪声、建设施工噪声、社会生活噪声等），可选择有代表性的区域布设测点。

③ 评价范围内有明显声源，并对声环境保护目标的声环境质量有影响时，或建设项目为改、扩建工程，应根据声源种类采取不同的监测布点原则：

a. 当声源为固定声源时，现状测点应重点布设在可能同时受到既有声源和建设项目声源影响的声环境保护目标处，以及其他有代表性的声环境保护目标处；为满足预测需要，也可在距离既有声源不同距离处布设衰减测点。

b. 当声源为移动声源，且呈现线声源特点时，现状测点位置选取应兼顾声环境保护目标的分布状况、工程特点及线声源噪声影响随距离衰减的特点，布设在具有代表性的声环境保护目标处。为满足预测需要，可在垂直于线声源不同水平距离处布设衰减测点。

c. 对于改、扩建机场工程，测点一般布设在主要声环境保护目标处，重点关注航迹下方的声环境保护目标及跑道侧向较近处的声环境保护目标，测点数量可根据机场飞行量及周围声环境保护目标情况确定，现有单条跑道、两条跑道或三条跑道的机场可分别布设3～9、9～14或12～18个噪声测点，跑道增加或保护目标较多时可进一步增加测点。对于评价范围内少于3个声环境保护目标的情况，原则上布点数量不少于3个，结合声保护目标位置布点的，应优先选取跑道两端航迹3km以内范围的保护目标位置布点；无法结合保护目标位置布点的，可适当结合航迹下方的导航台站位置进行布点。

2）监测依据

根据监测目不同应选取不同的标准作为监测依据：

① 声环境质量现状监测执行 GB 3096—2008；
② 机场周围飞机噪声测量执行 GB 9661—1988；
③ 工业企业厂界环境噪声测量执行 GB 12348—2008；
④ 社会生活环境噪声测量执行 GB 22337—2008；
⑤ 建筑施工场界环境噪声测量执行 GB 12523—2011；
⑥ 铁路边界噪声测量执行 GB 12525—1990。

(2) 现场监测结合模型计算法

当现状噪声声源复杂且声环境保护目标密集，在调查声环境质量现状时，可考虑采用现场监测结合模型计算法。如多种交通并存且周边声环境保护目标分布密集、机场改扩建等情形。

利用监测或调查得到的噪声源强及影响声传播的参数，采用各类噪声预测模型进行噪声影响计算，将计算结果和监测结果进行比较验证，计算结果和监测结果在允许误差范围内（≤3dB）时，可利用模型计算其他声环境保护目标的现状噪声值。

7.3.2.3 现状评价

(1) 现状评价内容

分析评价范围内既有主要声源种类、数量及相应的噪声级、噪声特性等，明确主要声源分布。分别评价厂界（场界、边界）和各声环境保护目标的超标和达标情况，分析其受到既有主要声源的影响状况。

(2) 现状评价图、表要求

1) 现状评价图

一般应包括评价范围内的声环境功能区划图，声环境保护目标分布图，工矿企业厂区（声源位置）平面布置图，城市道路、公路、铁路、城市轨道交通等的线路走向图，机场总平面图及飞行程序图，现状监测布点图，声环境保护目标与项目关系图等。图中应标明图例、比例尺、方向标等，制图比例尺一般不应小于工程设计文件对其相关图件要求的比例尺；线性工程声环境保护目标与项目关系图比例尺应不小于 1：5000，机场项目声环境保护目标与项目关系图底图应采用近 3 年内空间分辨率不低于 5m 的卫星影像或航拍图，声环境保护目标与项目关系图不应小于 1：10000。

2) 声环境保护目标调查表

列表给出评价范围内声环境保护目标的名称、户数、建筑物层数和建筑物数量，并明确声环境保护目标与建设项目的空间位置关系等。

3) 声环境现状评价结果表

列表给出厂界（场界、边界）、各声环境保护目标现状值及超标和达标情况分析，给出不同声环境功能区或声级范围（机场航空器噪声）内的超标户数。

7.4 声环境影响预测与评价

7.4.1 预测范围

声环境影响预测范围应与评价范围相同。

7.4.2 预测点和评价点确定原则

建设项目评价范围内声环境保护目标和建设项目厂界（场界、边界）应作为预测点和评价点。

7.4.3 预测基础数据规范与要求

7.4.3.1 声源数据

建设项目的声源资料主要包括：声源种类、数量、空间位置、声级、发声持续时间和对声环境保护目标的作用时间等，环境影响评价文件中应标明噪声源数据的来源。工业企业等建设项目声源置于室内时，应给出建筑物门、窗、墙等围护结构的隔声量和室内平均吸声系数等参数。

7.4.3.2 环境数据

影响声波传播的各类参数应通过资料收集和现场调查取得，各类数据如下：

① 建设项目所处区域的年平均风速和主导风向、年平均气温、年平均相对湿度、大气压强；

② 声源和预测点间的地形、高差；

③ 声源和预测点间障碍物（如建筑物、围墙等）的几何参数；

④ 声源和预测点间树林、灌木等的分布情况以及地面覆盖情况（如草地、水面、水泥地面、土质地面等）。

7.4.4 预测方法

声环境影响可采用参数模型、经验模型、半经验模型、比例预测法、类比预测法等进行预测。

《环境影响评价技术导则 声环境》（HJ 2.4—2021）附录A给出了计算户外声传播衰减的工程法，用于预测各种类型声源在远处产生的噪声。该方法可预测已知噪声源在有利于声传播的气象条件下的等效连续A声级。算法中考虑了几何发散、大气吸收、地面效应、表面反射、障碍物等物理效应引起的屏蔽。

7.4.4.1 基本公式

户外声传播衰减包括几何发散（A_{div}）、大气吸收（A_{atm}）、地面效应（A_{gr}）、障碍物屏蔽（A_{bar}）、其他多方面效应（A_{misc}）引起的衰减。

① 在环境影响评价中，应根据声源声功率级或参考位置处的声压级、户外声传播衰减，计算预测点的声级，分别按公式（7-6）或公式（7-7）计算。

$$L_p(r) = L_w + DC - (A_{div} + A_{atm} + A_{gr} + A_{bar} + A_{misc}) \tag{7-6}$$

式中，$L_p(r)$ 为预测点处声压级，dB；L_w 为由点声源产生的声功率级（A计权或倍频带），dB；DC 为指向性校正，它描述点声源的等效连续声压级与产生声功率级 L_w 的全向点声源在规定方向的声级的偏差程度，dB；A_{div} 为几何发散引起的衰减，dB；A_{atm} 为大气吸收引起的衰减，dB；A_{gr} 为地面效应引起的衰减，dB；A_{bar} 为障碍物屏蔽引起的衰减，dB；A_{misc} 为其他多方面效应引起的衰减，dB。

$$L_p(r) = L_p(r_0) + DC - (A_{div} + A_{atm} + A_{gr} + A_{bar} + A_{misc}) \tag{7-7}$$

式中，$L_p(r)$ 为预测点处声压级，dB；$L_p(r_0)$ 为参考位置 r_0 处的声压级，dB。

② 预测点的 A 声级 $L_A(r)$ 可按公式（7-8）计算，即将 8 个倍频带声压级合成，计算出预测点的 A 声级 $L_A(r)$。

$$L_A(r) = 10\lg\left\{\sum_{i=1}^{8} 10^{0.1[L_{pi}(r)-\Delta L_i]}\right\} \tag{7-8}$$

式中，$L_A(r)$ 为距声源 r 处的 A 声级，dB（A）；$L_{pi}(r)$ 为预测点 r 处 i 倍频带声压级，dB；ΔL_i 为第 i 倍频带的 A 计权网络修正值，dB。

③ 在只考虑几何发散衰减时，可按公式（7-9）计算。

$$L_A(r) = L_A(r_0) - A_{\text{div}} \tag{7-9}$$

式中，$L_A(r)$ 为距声源 r 处的 A 声级，dB（A）；$L_A(r_0)$ 为参考位置 r_0 处的 A 声级，dB（A）；A_{div} 为几何发散引起的衰减，dB。

7.4.4.2 衰减项

本章主要介绍点声源的几何发散衰减。线声源、面声源的几何发散衰减及其他衰减项的计算参见《环境影响评价技术导则　声环境》（HJ 2.4—2021）附录 A。

（1）无指向性点声源几何发散衰减

无指向性点声源几何发散衰减的基本公式为：

$$L_p(r) = L_p(r_0) - 20\lg(r/r_0) \tag{7-10}$$

式中，$L_p(r)$ 为预测点处声压级，dB；$L_p(r_0)$ 为参考位置 r_0 处的声压级，dB；r 为预测点距声源的距离；r_0 为参考位置距声源的距离。

公式（7-10）中第二项表示了点声源的几何发散衰减：

$$A_{\text{div}} = 20\lg(r/r_0) \tag{7-11}$$

式中，A_{div} 为几何发散引起的衰减，dB。

如果已知点声源的倍频带声功率级或 A 计权声功率级（L_{Aw}），且声源处于自由声场，则公式（7-10）等效为公式（7-12）或公式（7-13）：

$$L_p(r) = L_w - 20\lg r - 11 \tag{7-12}$$

式中，L_w 为由点声源产生的倍频带声功率级，dB。

$$L_A(r) = L_{Aw} - 20\lg r - 11 \tag{7-13}$$

式中，$L_A(r)$ 为距声源 r 处的 A 声级，dB（A）；L_{Aw} 为点声源 A 计权声功率级，dB。

如果声源处于半自由声场，则公式（7-10）等效为公式（7-14）或公式（7-15）：

$$L_p(r) = L_w - 20\lg r - 8 \tag{7-14}$$

$$L_A(r) = L_{Aw} - 20\lg r - 8 \tag{7-15}$$

（2）指向性点声源几何发散衰减

具有指向性点声源几何发散衰减按公式（7-16）计算。声源在自由空间中辐射声波时，其强度分布的一个主要特性是指向性。例如，喇叭发声，其喇叭正前方声音大，而侧面或背面就小。对于自由空间的点声源，其在某一 θ 方向上距离 r 处的声压级 $L_p(r)_\theta$ 为：

$$L_p(r)_\theta = L_w - 20\lg r + D_{I\theta} - 11 \tag{7-16}$$

式中，$L_p(r)_\theta$ 为自由空间的点声源在某一 θ 方向上距离 r 处的声压级，dB；L_w 为点声源声功率级（A 计权或倍频带），dB；$D_{I\theta}$ 为 θ 方向上的指向性指数，$D_{I\theta}=10\lg R_\theta$，其中，$R_\theta$ 为指向性因数，$R_\theta = I_\theta/I$，其中，I 为所有方向上的平均声强，W/m^2，I_θ 为某一 θ 方

向上的声强,W/m²。

注意按公式（7-16）计算具有指向性点声源几何发散衰减时,式中的 $L_p(r)$ 与 $L_p(r_0)$ 必须是在同一方向上的倍频带声压级。

【例题】 某印染企业位于声环境 2 类功能区,厂界东噪声现状值和噪声源及其与厂界东的距离分别见表 7-4、表 7-5。假设噪声源为点源,若只考虑其随距离引起的几何发散衰减和建筑墙体的隔声量,可采用公式: $L_A(r) = L_{Aw} - 20\lg r - 8 - TL$。式中,$L_A(r)$ 为距离声源 r 处的声压级,dB;L_{Aw} 为声源源强,dB;r 为距声源的距离,m;TL 为墙壁隔声量,取 10dB。

表 7-4 厂界东噪声现状值

昼间/dB(A)	夜间/dB(A)
59.8	41.3

表 7-5 噪声源及其与厂界东的距离

声源设备		数量	噪声级/dB(A)	距离/m
车间 A	印花机	1 套	85	160
锅炉房	风机	3 台	90	250

问：①3 台风机的总噪声级（不考虑距离）为多少？②不考虑背景值,厂界东的噪声预测值为多少？③叠加背景值后,厂界东的噪声预测值是否超标？（GB 3096—2008 规定,2 类声环境功能区标准昼间 60dB,夜间 50dB。）

【解答】（1）利用求和公式

$10\lg(10^{0.1 \times 90} \times 3) = 94.77[dB(A)]$。

（2）不考虑背景值

车间 A 在厂界东的噪声预测值为：$85 - 20\lg 160 - 8 - 10 = 22.92[dB(A)]$。

锅炉房在厂界东的噪声预测值为：$94.77 - 20\lg 250 - 8 - 10 = 28.81[dB(A)]$。

则车间 A 和锅炉房在厂界东的总预测值为：$10\lg(10^{0.1 \times 28.81} + 10^{0.1 \times 22.92}) = 29.81[dB(A)]$。

（3）叠加背景值

昼间厂界东的总噪声预测值：$10\lg(10^{0.1 \times 29.81} + 10^{0.1 \times 59.8}) = 59.80[dB(A)]$。

夜间厂界东的总噪声预测值：$10\lg(10^{0.1 \times 29.81} + 10^{0.1 \times 41.3}) = 41.60[dB(A)]$。

因此,厂界东昼间和夜间均不超标。

7.4.4.3 典型行业噪声预测模型

典型行业噪声预测模型参见 HJ 2.4—2021 附录 B。

一般应按照 HJ 2.4—2021 附录 A 和附录 B 给出的预测方法进行预测,如采用其他预测模型,须注明来源并对所用的预测模型进行验证,并说明验证结果。

7.4.5 预测和评价内容

建设项目声环境影响预测与评价内容应包括：

① 预测建设项目在施工期和运营期所有声环境保护目标处的噪声贡献值和预测值,评价其超标和达标情况。

② 预测和评价建设项目在施工期和运营期厂界（场界、边界）噪声贡献值,评价其超

标和达标情况。

③ 铁路、城市轨道交通、机场等建设项目，还需预测列车通过时段内声环境保护目标处的等效连续 A 声级（L_{Aeq,T_p}）、单架航空器通过时在声环境保护目标处的最大 A 声级（L_{Amax}）。

一级评价应绘制运行期代表性评价水平年噪声贡献值等声级线图，二级评价根据需要绘制等声级线图。

对工程设计文件给出的代表性评价水平年噪声级可能发生变化的建设项目，应分别选取不同的代表性评价水平年开展预测。

典型建设项目噪声影响预测要求参照 HJ 2.4—2021 附录 C。

7.4.6　预测评价结果图表要求

列表给出建设项目厂界（场界、边界）噪声贡献值和各声环境保护目标处的背景噪声值、噪声贡献值、噪声预测值、超标和达标情况等，分析超标原因，明确引起超标的主要声源。机场项目还应给出评价范围内不同声级范围覆盖下的面积。

判定为一级评价的工业企业建设项目应给出等声级线图；判定为一级评价的地面交通建设项目应结合现有或规划保护目标给出典型路段的噪声贡献值等声级线图。

图件要求：工业企业和地面交通建设项目预测评价结果图制图比例尺一般不应小于工程设计文件对其相关图件要求的比例尺；机场项目应给出飞机噪声等声级线图及超标声环境保护目标与等声级线关系局部放大图，飞机噪声等声级线图比例尺应和环境现状评价图一致，局部放大图底图应采用近 3 年内空间分辨率一般不低于 1.5m 的卫星影像或航拍图，比例尺不应小于 1∶5000。

7.5　噪声防治措施与监测计划

7.5.1　噪声防治措施的一般要求

坚持统筹规划、源头防控、分类管理、社会共治、损害担责的原则，加强源头控制，合理规划噪声源与声环境保护目标布局；从噪声源、传播途径、声环境保护目标等方面采取措施；在技术经济可行条件下，优先考虑对噪声源和传播途径采取工程技术措施，实施噪声主动控制。

评价范围内存在声环境保护目标时，工业企业建设项目噪声防治措施应根据建设项目投产后厂界噪声影响最大噪声贡献值以及声环境保护目标超标情况制订。

交通运输类建设项目（如公路、城市道路、铁路、城市轨道交通、机场项目等）的噪声防治措施应针对建设项目代表性评价水平年的噪声影响预测值进行制订。铁路建设项目噪声防治措施还应同时满足铁路边界噪声限值要求。结合工程特点和环境特点，在交通流量较大的情况下，铁路、城市轨道交通、机场等项目，还需考虑单列车通过（L_{Aeq,T_p}）、单架航空器通过（L_{Amax}）时噪声对声环境保护目标的影响，进一步强化控制要求和防治措施。

当声环境质量现状超标时，属于与本工程有关的噪声问题应一并解决；属于本工程和工程外其他因素综合引起的，应优先采取措施降低本工程自身噪声贡献值，并推动相关部门采取区域综合整治等措施逐步解决相关噪声问题。

当工程评价范围内涉及主要保护对象为野生动物及其栖息地的生态敏感区时，应从优化工程设计和施工方案、采取降噪措施等方面强化控制要求。

7.5.2 噪声防治途径

7.5.2.1 规划防治对策

主要指从建设项目的选址（选线）、规划布局、总图布置（跑道方位布设）和设备布局等方面进行调整，提出降低噪声影响的建议。如根据"以人为本""闹静分开"和"合理布局"的原则，提出高噪声设备尽可能远离声环境保护目标、优化建设项目选址（选线）、调整规划用地布局等建议。

7.5.2.2 噪声源控制措施

主要包括：①选用低噪声设备、低噪声工艺；②采取声学控制措施，如对声源采用吸声、消声、隔声、减振等措施；③改进工艺、设施结构和操作方法等；④将声源设置于地下、半地下室内；⑤优先选用低噪声车辆、低噪声基础设施、低噪声路面等。

7.5.2.3 噪声传播途径控制措施

主要包括：①设置声屏障等措施，包括直立式、折板式、半封闭、全封闭等类型声屏障。声屏障的具体型式根据声环境保护目标处超标程度、噪声源与声环境保护目标的距离、敏感建筑物高度等因素综合考虑来确定；②利用自然地形物（如利用位于声源和声环境保护目标之间的山丘、土坡、地堑、围墙等）降低噪声。

7.5.2.4 声环境保护目标自身防护措施

主要包括：①声环境保护目标自身增设吸声、隔声等措施；②优化调整建筑物平面布局、建筑物功能布局；③声环境保护目标功能置换或拆迁。

7.5.2.5 管理措施

主要包括：提出噪声管理方案（如合理制定施工方案、优化调度方案、优化飞行程序等），制订噪声监测方案，提出工程设施、降噪设施的运行使用、维护保养等方面的要求，必要时提出跟踪评价要求等。

7.5.3 噪声防治措施图表要求

给出噪声防治措施位置、类型（型式）和规模、关键声学技术指标（包括实施效果）、责任主体、实施保障，并估算噪声防治投资。

结合声环境保护目标与项目关系，给出噪声防治措施的布置平面图、设计图以及型式、位置、范围等。

7.5.4 噪声监测计划

一级、二级项目评价应根据项目噪声影响特点和声环境保护目标特点，提出项目在生产运行阶段的厂界（场界、边界）噪声监测计划和代表性声环境保护目标监测计划。

监测计划可根据噪声源特点、相关环境保护管理要求制定，可以选择自动监测或者人工监测。

监测计划中应明确监测点位置、监测因子、执行标准及其限值、监测频次、监测分析方法、质量保证与质量控制、经费估算及来源等。

7.6 声环境影响评价结论与建议

根据噪声预测结果、噪声防治对策和措施可行性及有效性评价，从声环境影响角度给出拟建项目是否可行的明确结论。

思考题

（1）声环境影响评价的基本程序包括什么？
（2）声环境影响评价应包括哪些基本内容？

案例分析

S市地铁6号线一期工程声环境影响评价案例详情见二维码7-1。

二维码7-1

第八章

固体废物环境影响评价

> **本章导航**
>
> 固体废物环境影响评价是确定拟开发行动或建设项目建设和运行阶段固体废物的种类、产生量和形态、对人群和生态环境影响的范围和程度，提出处理处置方法，避免、消除和减少其影响的措施。本章介绍了固体废物的来源、分类，固体废物环境影响评价类型、特点，重点介绍了建设项目危险废物环境影响评价的基本流程和要求。

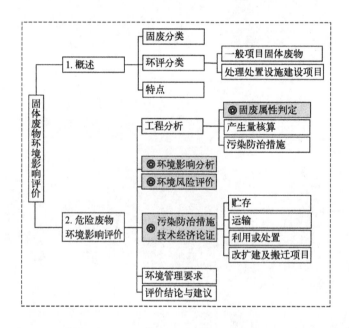

重难点内容

(1) 固体废物环境影响评价的主要任务、类别和特点。
(2) 危险废物环境影响评价的程序和内容。

8.1 固体废物环境影响评价概述

8.1.1 固体废物的定义与分类

8.1.1.1 固体废物的定义

《中华人民共和国固体废物污染环境防治法》第一百二十四条第一款规定："固体废物，是指在生产、生活和其他活动中产生的丧失原有利用价值或者虽未丧失利用价值但被抛弃或者放弃的固态、半固态和置于容器中的气态的物品、物质以及法律、行政法规规定纳入固体废物管理的物品、物质。"第一百二十五条规定："液态废物的污染防治，适用本法；但是，排入水体的废水的污染防治适用有关法律，不适用本法。"

8.1.1.2 固体废物的分类

固体废物来自人类活动的许多环节，主要包括生产过程和生活过程的一些环节，种类繁多，性质各异。按其来源，可分为工业固体废物、农业固体废物和生活垃圾。按其特性，可分为危险废物和一般废物。

① 工业固体废物。在工业生产活动中产生的固体废物，主要包括冶金工业、能源工业、石油化学工业、矿业、轻工业和其他工业的固体废物。

② 农业固体废物。来自农业生产、畜禽养殖、农副产品加工所产生的废物，如农作物秸秆、农用薄膜、畜禽排泄物等。

③ 生活垃圾。指在日常生活中或者为日常生活提供服务的活动中产生的固体废物以及法律、行政法规规定视为生活垃圾的固体废物，包括城市生活垃圾、建筑垃圾和农村生活垃圾。

④ 危险废物。2020年修订的《中华人民共和国固体废物污染环境防治法》中规定：危险废物是指列入国家危险废物名录或者根据国家规定的危险废物鉴别标准和鉴别方法认定的具有危险特性的固体废物。

2025年1月1日起施行的《国家危险废物名录》是由生态环境部联合国家发展和改革委员会、公安部等在《国家危险废物名录》（2021年版）的基础上修订发布的。此名录中列出了50类危险废物的废物类别、行业来源、废物代码、危险废物来源和危险特性。

现行的危险废物鉴别执行《危险废物鉴别标准》（GB 5085），其包括7项鉴别标准，分别为《危险废物鉴别标准 腐蚀性鉴别》（GB 5085.1—2007）、《危险废物鉴别标准 急性毒性初筛》（GB 5085.2—2007）、《危险废物鉴别标准 浸出毒性鉴别》（GB 5085.3—2007）、《危险废物鉴别标准 易燃性鉴别》（GB 5085.4—2007）、《危险废物鉴别标准 反应性鉴别》（GB 5085.5—2007）、《危险废物鉴别标准 毒性物质含量鉴别》（GB 5085.6—2007）和《危险废物鉴别标准 通则》（GB 5085.7—2019）。

危险废物的危险特性包括腐蚀性、毒性、易燃性、反应性和感染性。毒性分为急性毒性和浸出毒性。

① 腐蚀性。采用指定的标准方法或根据规定程序批准的等效方法测定其溶液、固体或半固体浸出液的 $pH \geqslant 12.5$，或者 $pH \leqslant 2.0$，或者在55℃时对 GB/T 699 中规定的20号钢材的腐蚀速率 $\geqslant 6.35mm/a$，则该废物是具有腐蚀性的危险废物。

② 急性毒性。根据《危险废物鉴别标准 急性毒性初筛》(GB 5085.2—2007)，符合下列条件之一的固体废物，属于危险废物。

　　a. 经口摄取：固体 $LD_{50} \leqslant 200mg/kg$，液体 $LD_{50} \leqslant 500mg/kg$。

　　b. 经皮肤接触：$LD_{50} \leqslant 1000mg/kg$。

　　c. 蒸气、烟雾或粉尘吸入：$LC_{50} \leqslant 10mg/L$。

③ 浸出毒性。固态的危险废物遇水浸沥，其中有害的物质迁移转化，污染环境，浸出的有害物质的毒性。按固体废物浸出毒性测定方法 (GB/T 15555) 规定的浸出或萃取方法得到的浸出液中，任何一种危害成分的浓度超过《危险废物鉴别标准 浸出毒性鉴别》(GB 5085.3—2007) 中表1所列浓度值，则该废物是具有浸出毒性的危险废物。

④ 易燃性。根据《危险废物鉴别标准 易燃性鉴别》(GB 5085.4—2007)，符合下列任何条件之一的固体废物，属于易燃性危险废物。

　　a. 液态易燃性危险废物。闪点温度低于60℃（闭杯试验）的液体、液体混合物或含有固体物质的液体。

　　b. 固态易燃性危险废物。在标准温度和压力（25℃、101.3kPa）下因摩擦或自发性燃烧而起火，经点燃后能剧烈而持续地燃烧并产生危害的固态废物。

　　c. 气态易燃性危险废物。在20℃、101.3kPa 状态下，在与空气的混合物中体积分数 $\leqslant 13\%$ 时可点燃的气体，或者在该状态下，不论易燃下限如何，与空气混合，易燃范围的易燃上限与易燃下限之差 $\geqslant 12\%$ 的气体。

⑤ 反应性。根据《危险废物鉴别标准 反应性鉴别》(GB 5085.5—2007)，符合下列任何条件之一的固体废物，属于反应性危险废物：a. 具有爆炸性质；b. 与水或酸接触产生易燃气体或有毒气体；c. 废弃的氧化剂或有机过氧化物。

⑥ 感染性。含有已知或怀疑能引起人类或动物疾病的活微生物或毒素的物质。

8.1.2 固体废物环境影响评价的类型与特点

固体废物环境影响评价主要分为两大类：第一类是对一般工程项目产生的固体废物，由产生、收集、运输、处理到最终处置的环境影响评价；第二类是对处理、处置固体废物设施建设项目的环境影响评价。

固体废物环境影响评价具有如下特点：

① 固体废物环境影响评价必须重视贮存和运输过程。一方面，由于国家要求对固体废物污染实行由产生、收集、贮存、运输、预处理直至处置全过程控制，在环境影响评价过程中必须包括所建项目涉及的各个过程。另一方面，为了保证固体废物处理、处置设施的安全稳定运行，必须建立一个完整的收集、贮存、运输体系，即在环境影响评价过程中收集、贮存、运输是与处理、处置设施构成一个整体的，且贮存可能对地表径流和地下水产生影响，运输可能对运输路线周围环境敏感目标造成影响，因此，固体废物环境影响评价必须重视贮存和运输过程。

② 固体废物环境影响评价没有固定的评价模式。对于废水、废气、噪声等的环境影响评价都有固定的数学模式或物理模型，而固体废物的环境影响评价则不同，它没有固定的评价模式，由于固体废物对环境的危害是通过水体、大气、土壤等介质体现出来的，这就决定了固体废物环境影响评价对水体、大气、土壤等环境影响评价的依赖性。

8.2 建设项目危险废物环境影响评价

8.2.1 基本原则

（1）重点评价，科学估算

对于所有产生危险废物的建设项目，应科学估算产生危险废物的种类和数量等相关信息，并将危险废物作为重点进行环境影响评价，并在环境影响报告书的相关章节中细化完善，环境影响报告表中的相关内容可适当简化。

（2）科学评价，降低风险

对建设项目产生的危险废物种类、数量、利用或处置方式、环境影响以及环境风险等进行科学评价，并提出切实可行的污染防治对策措施。坚持无害化、减量化、资源化原则，妥善利用或处置产生的危险废物，保障环境安全。

（3）全程评价，规范管理

对建设项目危险废物的产生、收集、贮存、运输、利用、处置全过程进行分析评价，严格落实危险废物各项法律制度，提高建设项目危险废物环境影响评价的规范化水平，促进危险废物的规范化监督管理。

8.2.2 工程分析

8.2.2.1 基本要求

工程分析应结合建设项目主辅工程的原辅材料使用情况及生产工艺，全面分析各类固体废物的产生环节、主要成分、有害成分、理化性质及其产生、利用和处置量。

8.2.2.2 固体废物属性判定

根据《中华人民共和国固体废物污染环境防治法》、《固体废物鉴别标准　通则》（GB 34330—2017），对建设项目产生的物质（除目标产物，即产品、副产品外），依据产生来源、利用和处置过程鉴别属于固体废物并且作为固体废物管理的物质，应按照《国家危险废物名录》、《危险废物鉴别标准　通则》（GB 5085.7）等进行属性判定。

① 列入《国家危险废物名录》的直接判定为危险废物。环境影响报告书（表）中应对照名录明确危险废物的类别、行业来源、代码、名称、危险特性。

② 未列入《国家危险废物名录》，但从工艺流程及产生环节、主要成分、有害成分等角度分析可能具有危险特性的固体废物，环评阶段可类比相同或相似的固体废物危险特性判定结果，也可选取具有相同或相似性的样品，按照《危险废物鉴别技术规范》（HJ/T 298—2019）、《危险废物鉴别标准》（GB 5085）等国家规定的危险废物鉴别标准和鉴别方法予以认定。该类固体废物产生后，应按国家规定的标准和方法对所产生的固体废物再次开展危险特性鉴别，并根据其主要有害成分和危险特性确定所属废物类别，按照《国家危险废物名录》要求进行归类管理。

③ 环评阶段不具备开展危险特性鉴别条件的可能含有危险特性的固体废物，环境影响报告书（表）中应明确疑似危险废物的名称、种类、可能的有害成分，并明确暂按危险废物从严管理，并要求在该类固体废物产生后开展危险特性鉴别，环境影响报告书（表）中应按《危险废物鉴别技术规范》（HJ/T 298—2019）、《危险废物鉴别标准　通则》（GB 5085.7—

2019）等要求给出详细的危险废物特性鉴别方案建议。

8.2.2.3 产生量核算方法

采用物料衡算法、类比法、实测法、产排污系数法等相结合的方法核算建设项目危险废物的产生量。对于生产工艺成熟的项目，应通过物料衡算法分析估算危险废物产生量，必要时采用类比法、产排污系数法校正，并明确类比条件、提供类比资料；若无法按物料衡算法估算，可采用类比法估算，但应给出所类比项目的工程特征和产排污特征等类比条件；对于改、扩建项目可采用实测法统计核算危险废物产生量。

8.2.2.4 污染防治措施

工程分析应给出危险废物收集、贮存、运输、利用、处置环节采取的污染防治措施，并以表格的形式列明危险废物的名称、数量、类别、形态、危险特性和污染防治措施等内容，样表见表8-1。

表 8-1 工程分析中危险废物汇总样表

序号	危险废物名称	危险废物类别	危险废物代码	产生量/(t/a)	产生工序及装置	形态	主要成分	有害成分	产废周期	危险特性	污染防治措施[①]
1											
……											

① 污染防治措施一栏中应列明各类危险废物的贮存、利用或处置的具体方式。对同一贮存区同时存放多种危险废物的，应明确分类、分区、包装存放的具体要求。在项目生产工艺流程图中应标明危险废物的产生环节，在厂区布置图中应标明危险废物贮存场所（设施）、自建危险废物处置设施的位置。

8.2.3 环境影响分析

8.2.3.1 基本要求

在工程分析的基础上，环境影响报告书（表）应从危险废物的产生、收集、贮存、运输、利用和处置等全过程以及建设期、运营期、服务期满后等全时段角度考虑，分析预测建设项目产生的危险废物可能造成的环境影响，进而指导危险废物污染防治措施的补充完善。同时，应特别关注与项目有关的特征污染因子，按《环境影响评价技术导则 地下水环境》《环境影响评价技术导则 大气环境》等的要求，开展必要的土壤、地下水、大气等环境背景监测，分析环境背景变化情况。

8.2.3.2 危险废物贮存场所（设施）环境影响分析

危险废物贮存场所（设施）环境影响分析内容应包括：

① 按照《危险废物贮存污染控制标准》（GB 18597—2023），结合区域环境条件，分析危险废物贮存场选址的可行性。

② 根据危险废物产生量、贮存期限等分析、判断危险废物贮存场所（设施）的能力是否满足要求。

③ 按环境影响评价相关技术导则的要求，分析预测危险废物贮存过程中对环境空气、地表水、地下水、土壤以及环境敏感保护目标可能造成的影响。

8.2.3.3 运输过程的环境影响分析

分析危险废物从厂区内产生工艺环节运输到贮存场所或处置设施可能产生散落、泄漏所引起的环境影响。对运输路线沿线有环境敏感点的，应考虑其对环境敏感点的环境影响。

8.2.3.4 利用或者处置的环境影响分析

利用或者处置危险废物的建设项目环境影响分析应包括：

① 按照《危险废物焚烧污染控制标准》（GB 18484—2020）、《危险废物填埋污染控制标准》（GB 18598—2019）等，分析论证建设项目危险废物处置方案选址的可行性。

② 应按建设项目建设和运营的不同阶段开展自建危险废物处置设施（含协同处置危险废物设施）的环境影响分析预测，分析对环境敏感保护目标的影响，并提出合理的防护距离要求。必要时，应开展服务期满后的环境影响评价。

③ 对综合利用危险废物的，应论证综合利用的可行性，并分析可能产生的环境影响。

8.2.3.5 委托利用或者处置的环境影响分析

环评阶段已签订利用或者委托处置意向的，应分析危险废物利用或者处置途径的可行性。暂未委托利用或者处置单位的，应根据建设项目周边有资质的危险废物处置单位的分布情况、处置能力、资质类别等，给出建设项目产生危险废物的委托利用或处置途径建议。

8.2.4 污染防治措施技术经济论证

8.2.4.1 基本要求

环境影响报告书（表）应对建设项目可研报告、设计等技术文件中的污染防治措施的技术先进性、经济可行性及运行可靠性进行评价，根据需要补充完善危险废物污染防治措施。明确危险废物贮存、利用或处置相关环境保护设施投资并纳入环境保护设施投资、"三同时"验收表。

8.2.4.2 贮存场所（设施）污染防治措施

分析项目可研、设计等技术文件中危险废物贮存场所（设施）所采取的污染防治措施、运行与管理、安全防护与监测、关闭等要求是否符合有关要求，并提出环保优化建议。

危险废物贮存应关注"四防"（防风、防雨、防晒、防渗漏），明确防渗措施和渗漏收集措施，以及危险废物堆放方式、警示标识等方面内容。

对同一贮存场所（设施）贮存多种危险废物的，应根据项目所产生危险废物的类别和性质，分析论证贮存方案与《危险废物贮存污染控制标准》（GB 18597—2023）中的贮存容器要求、相容性要求等的符合性，必要时，提出可行的贮存方案。

环境影响报告书（表）应列表明确危险废物贮存场所（设施）的名称、位置、占地面积、贮存方式、贮存容积、贮存周期等，样表见表 8-2。

表 8-2 建设项目危险废物贮存场所（设施）基本情况样表

序号	贮存场所（设施）名称	危险废物名称	危险废物类别	危险废物代码	位置	占地面积	贮存方式	贮存能力	贮存周期
1									
……									

8.2.4.3 运输过程的污染防治措施

按照《危险废物收集 贮存 运输技术规范》(HJ 2025—2012),分析危险废物的收集和转运过程中采取的污染防治措施的可行性,并论证运输方式、运输线路的合理性。

8.2.4.4 利用或者处置方式的污染防治措施

按照《危险废物焚烧污染控制标准》(GB 18484—2020)、《危险废物填埋污染控制标准》(GB 18598—2019)和《水泥窑协同处置固体废物污染控制标准》(GB 30485—2013)等,分析论证建设项目自建危险废物处置设施的技术、经济可行性,包括处置工艺、处理能力是否满足要求,装备(装置)水平的成熟、可靠性及运行的稳定性和经济合理性,污染物稳定达标的可靠性。

8.2.4.5 其他要求

① 积极推行危险废物的无害化、减量化、资源化,提出合理、可行的措施,避免产生二次污染。

② 改扩建及易地搬迁项目需说明现有工程危险废物的产生、收集、贮存、运输、利用和处置情况及处置能力,存在的环境问题及拟采取的"以新带老"措施等内容,改扩建项目产生的危险废物与现有贮存或处置的危险废物的相容性等。涉及原有设施拆除及造成环境影响的分析,明确应采取的措施。

8.2.5 环境管理要求

按照危险废物相关导则、标准、技术规范等要求,严格落实危险废物环境管理与监测制度,对项目危险废物收集、贮存、运输、利用、处置各环节提出全过程环境监管要求。列入《国家危险废物名录》附录《危险废物豁免管理清单》中的危险废物,在所列的豁免环节,且满足相应豁免条件时,可以按照豁免内容的规定实行豁免管理。对冶金、石化和化工行业中有重大环境风险,建设地点敏感,且持续排放重金属或者持久性有机污染物的建设项目,提出开展环境影响后评价要求,并将后评价作为其改扩建、技改环评管理的依据。

8.2.6 危险废物环境影响评价结论与建议

归纳建设项目产生危险废物的名称、类别、数量和危险特性,分析预测危险废物产生、收集、贮存、运输、利用、处置等环节可能造成的环境影响,提出预防和减缓环境影响的污染防治、环境风险防范措施以及环境管理等方面的改进建议。

危险废物环境影响评价相关附件可包括:

① 开展危险废物属性实测的,提供危险废物特性鉴别检测报告;

② 改扩建项目附已建危险废物贮存、处理及处置设施照片等。

> **思考题**
>
> (1) 固体废物环境影响评价的基本程序包括什么?
>
> (2) 固体废物环境影响评价应包括哪些基本内容?

（3）涉及危险废物的建设项目环境影响评价应有哪些注意事项？

7×10^5 t/a 煤制烯烃新材料示范项目的背景见二维码 4-1，项目相关的固体废物环境影响评价见二维码 8-1。

二维码 8-1

第九章

土壤环境影响评价

本章导航

土壤环境影响评价是对建设项目和规划进行环境影响评价的主要内容之一。通过土壤环境影响评价可以分析、预测及评估项目对土壤环境理化特性可能造成的影响，提出预防或者减轻不良影响的措施和对策，为建设项目土壤环境保护提供科学依据。本章介绍了土壤环境影响评价的基本内容，论述了土壤环境影响评价和影响预测的主要内容。本章重点是掌握土壤环境现状评价和影响预测的主要内容，熟悉土壤环境影响预测的常用方法。

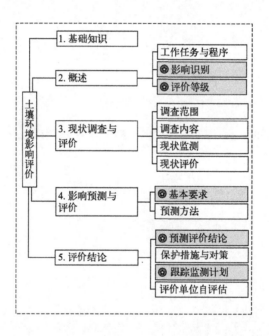

重难点内容

（1）土壤环境影响评价的主要任务、评价等级确定依据及评价范围、评价因子的筛选。

（2）土壤环境现状调查内容、监测及评价方法。

（3）土壤环境影响预测评价方法。

9.1 基础知识

9.1.1 相关标准

《环境影响评价技术导则 土壤环境（试行）》（HJ 964—2018）。
《土壤环境质量农用地土壤污染风险管控标准（试行）》（GB 15618—2018）。
《土壤环境质量建设用地土壤污染风险管控标准（试行）》（GB 36600—2018）。
《土地利用现状分类》（GB/T 21010—2017）。
《建设用地土壤污染风险管控和修复监测技术导则》（HJ 25.2—2019）。
《土壤环境监测技术规范》（HJ/T 166—2004）。

9.1.2 术语与定义

9.1.2.1 土壤环境

土壤环境是指受自然或人为因素作用的，由矿物质、有机质、水、空气、生物有机体等组成的陆地表面疏松综合体，包括陆地表层能够生长植物的土壤层和污染物能够影响的松散层等。

9.1.2.2 土壤环境生态影响

土壤环境生态影响是指由于人为因素引起土壤环境特征变化导致其生态功能变化的过程或状态。

9.1.2.3 土壤环境污染影响

土壤环境污染影响是指因人为因素导致某种物质进入土壤环境，引起土壤物理、化学、生物等方面特性的改变，导致土壤质量恶化的过程或状态。

9.1.2.4 土壤环境敏感目标

土壤环境敏感目标是指可能受人为活动影响的、与土壤环境相关的敏感区或对象。

9.2 土壤环境影响评价概述

9.2.1 工作任务与工作程序

土壤环境影响评价应对建设项目建设期、运营期和服务期满后（可根据项目情况选择）对土壤环境理化特性可能造成的影响进行分析、预测和评估，提出预防或者减轻不良影响的措施和对策，为建设项目土壤环境保护提供科学依据。

9.2.1.1 评价基本任务

按照《建设项目环境影响评价技术导则 总纲》（HJ 2.1—2016）中建设项目污染影响和生态影响的相关要求，根据建设项目对土壤环境可能产生的影响，将土壤环境影响类型划分为生态影响型与污染影响型，其中土壤环境生态影响重点目前指土壤环境的盐化、酸化、碱化等。

根据行业特征、工艺特点或规模大小等将建设项目类别分为Ⅰ类、Ⅱ类、Ⅲ类、Ⅳ类，土壤环境影响评价项目类别见表9-1，其中Ⅳ类建设项目可不开展土壤环境影响评价；自身为敏感目标的建设项目，可根据需要仅对土壤环境现状进行调查。土壤环境影响评价应识别建设项目土壤环境影响类型、影响途径、影响源及影响因子，确定土壤环境影响评价工作等级；按划分的评价工作等级开展工作，进行土壤环境现状调查，完成土壤环境现状监测与评价；预测与评价建设项目对土壤环境可能造成的影响，提出相应的防控措施与对策。

表9-1 土壤环境影响评价项目类别

行业类别		Ⅰ类	Ⅱ类	Ⅲ类	Ⅳ类
农林牧渔业		灌溉面积大于50万亩❶的灌区工程	新建5万亩至50万亩的、改造30万亩及以上的灌区工程；年出栏生猪10万头（其他畜禽种类折合猪的养殖规模）及以上的畜禽养殖场或养殖小区	年出栏生猪5000头（其他畜禽种类折合猪的养殖规模）及以上的畜禽养殖场或养殖小区	其他
水利		库容$1\times10^8 m^3$及以上水库，长度大于1000km的引水工程	库容$1\times10^7 m^3$至$1\times10^8 m^3$的水库；跨流域调水的引水工程	其他	—
采矿业		金属矿、石油、页岩油开采	化学矿采选；石棉矿采选；煤矿采选、天然气开采、页岩气开采、砂岩气开采、煤层气开采（含净化、液化）	其他	—
制造业	纺织、化纤皮革等及服装、鞋制造	制革、毛皮鞣制	化学纤维制造；有洗毛、染整、脱胶工段及产生缫丝废水、精炼废水的纺织品；有湿法印花、染色、水洗工艺的服装制造；使用有机溶剂的制鞋业	其他	—
	造纸和纸制	—	纸浆、溶解浆、纤维浆等制造，造纸（含制浆工艺）	其他	—
	设备制造、金属制品、汽车制造及其他用品制造①	有电镀工艺的；金属制品表面处理及热处理加工的；使用有机涂层的（喷粉、喷塑和电泳除外）；有钝化工艺的热镀锌	有化学处理工艺的	其他	—
	石油、化工	石油加工、炼焦；化学原料和化学制品制造；农药制造；涂料、染料、颜料、油墨及其类似产品制造；合成材料制造；炸药、火工及焰火产品制造；水处理剂等制造；化学药品制造；生物、生化制品制造	半导体材料、日用化学品制造；化学肥料制造	其他	—
	金属冶炼和压延加工及非金属矿物制品	有色金属冶炼（含再生有色金属冶炼）	有色金属铸造及合金制造；炼铁；球团；烧结炼钢；冷轧压延加工；铬铁合金制造；水泥制造；平板玻璃制造；石棉制品；含焙烧的石墨、碳素制品	其他	—

❶ 1亩=666.67m^2。

续表

行业类别	Ⅰ类	Ⅱ类	Ⅲ类	Ⅳ类
电力热力燃气及水生产和供应业	生活垃圾及污泥发电	水力发电；火力发电（燃气发电除外）；矸石、油页岩、石油焦等综合利用发电；工业废水处理；燃气生产	生活污水处理；燃煤锅炉总容量65t/h（不含）以上的热力生产工程；油锅炉总容量65t/h（不含）以上的热力生产工程	其他
交通运输仓储邮政业	—	油库（不含加油站的油库）；机场的供油工程及油库；涉及危险品、化学品、石油、成品油储罐区的码头及仓储；石油及成品油的输送管线	公路的加油站；铁路的维修场所	其他
环境和公共设施管理业	危险废物利用及处置	采取填埋和焚烧方式的一般工业固体废物处置及综合利用；城镇生活垃圾（不含餐厨废弃物）集中处置	一般工业固体废物处置及综合利用（除采取填埋和焚烧方式以外的）；废旧资源加工、再生利用	其他
社会事业与服务业	—	—	高尔夫球场；加油站；赛车场	其他
其他行业	—	—	—	全部

注：1. 仅切割组装的、单纯混合和分装的、编织物及其制品制造的，列入Ⅳ类。
2. 建设项目土壤环境影响评价项目类别不在本表的，可根据土壤环境影响源、影响途径、影响因子的识别结果，参照相近或相似项目类别确定。
① 其他用品制造包括：木材加工和木、竹、藤、棕、草制品业；家具制造业；文教、工美、体育和娱乐用品制造业；仪器仪表制造业等制造业。

9.2.1.2 工作程序

土壤环境影响评价工作可划分为准备阶段、现状调查与评价阶段、预测分析与评价阶段和结论阶段。

准备阶段。收集分析国家和地方土壤环境相关的法律、法规、政策、标准及规划等资料；了解建设项目工程概况，结合工程分析，识别建设项目对土壤环境可能造成的影响类型，分析可能造成土壤环境影响的主要途径；开展现场踏勘工作，识别土壤环境敏感目标；确定评价等级、范围与内容。

现状调查与评价阶段。采用相应标准与方法，开展现场调查、取样、监测和数据分析与处理等工作，进行土壤环境现状评价。

预测分析与评价阶段。采用科学有效的方法，预测分析与评价建设项目对土壤环境可能造成的影响。

结论阶段。综合分析各阶段成果，提出土壤环境保护措施与对策，对土壤环境影响评价结论进行总结。

9.2.2 影响识别

在工程分析结果的基础上，结合土壤环境敏感目标，根据建设项目建设期、运营期和服务期满后（可根据项目情况选择）三个阶段的具体特征，识别土壤环境影响类型与影响途径；对于运营期内土壤环境影响源可能发生变化的建设项目，还应按其变化特征分阶段进行环境影响识别。识别内容主要包括：

① 识别建设项目所属行业的土壤环境影响评价项目类别。

② 识别建设项目土壤环境影响类型与影响途径、影响源与影响因子，初步分析可能影响的范围。

③ 根据《土地利用现状分类》（GB/T 21010—2017）识别建设项目及周边的土地利用类型，分析建设项目可能影响的土壤环境敏感目标。

9.2.3 评价等级

土壤环境影响评价工作等级划分为一级、二级、三级。

9.2.3.1 生态影响型

建设项目所在地土壤环境敏感程度分为敏感、较敏感、不敏感，生态影响型建设项目敏感程度分级表见表9-2。同一建设项目涉及两个或两个以上场地或地区，应分别判定其敏感程度；产生两种或两种以上生态影响后果的，敏感程度按相对最高级别判定。

表9-2　生态影响型建设项目敏感程度分级表

敏感程度	判别依据		
	盐化	酸化	碱化
敏感	建设项目所在地干燥度①≥2.5且常年地下水位平均埋深<1.5m的地势平坦区域，或土壤含盐量>4g/kg的区域	pH≤4.5	pH≥9.0
较敏感	建设项目所在地干燥度≥2.5且常年地下水位平均埋深≥1.5m的，或1.8<干燥度≤2.5且常年地下水位平均埋深<1.8m的地势平坦区域；建设项目所在地干燥度≥2.5或常年地下水位平均埋深<1.5m的平原区，或2g/kg<土壤含盐量≤4g/kg的区域	4.5<pH≤5.5	8.5≤pH<9.0
不敏感	其他	5.5<pH<8.5	—

① 指采用E601观测的多年平均水面蒸发量与降水量的比值，即蒸降比值。

根据土壤环境影响评价项目类别与敏感程度分级结果划分评价工作等级，生态影响型建设项目评价工作等级划分表见表9-3。

表9-3　生态影响型建设项目评价工作等级划分表

敏感程度	Ⅰ类	Ⅱ类	Ⅲ类
敏感	一级	二级	三级
较敏感	二级	二级	三级
不敏感	二级	三级	—

注："—"表示可不开展土壤环境影响评价工作。

9.2.3.2 污染影响型

将建设项目占地规模分为大型（≥$5×10^5 m^2$）、中型（$5×10^4 \sim 5×10^5 m^2$）、小型（≤$5×10^4 m^2$），建设项目占地主要为永久占地。建设项目所在地周边的土壤环境敏感程度分为敏感、较敏感、不敏感，判别依据见表9-4。

表 9-4 污染影响型建设项目敏感程度分级表

敏感程度	判别依据
敏感	建设项目周边存在耕地、园地、牧草地、饮用水水源地或居民区、学校、医院、疗养院、养老院等土壤环境敏感目标的
较敏感	建设项目周边存在其他土壤环境敏感目标的
不敏感	其他情况

根据土壤环境影响评价项目类别、占地规模与敏感程度划分评价工作等级，详见表 9-5。

表 9-5 污染影响型建设项目评价工作等级划分表

敏感程度	Ⅰ类			Ⅱ类			Ⅲ类		
	大	中	小	大	中	小	大	中	小
敏感	一级	一级	一级	二级	二级	二级	三级	三级	三级
较敏感	一级	一级	二级	二级	二级	三级	三级	三级	—
不敏感	一级	二级	二级	二级	三级	三级	三级	—	—

注："—"表示可不开展土壤环境影响评价工作。

建设项目同时涉及土壤环境生态影响型与污染影响型时，应分别判定评价工作等级，并按相应等级分别开展评价工作。当同一建设项目涉及两个或两个以上场地时，各场地应分别判定评价工作等级，并按相应等级分别开展评价工作。

线性工程重点针对主要站场位置（如输油站、泵站、阀室、加油站、维修场所等）参照污染影响型项目要求分段判定评价等级，并按相应等级分别开展评价工作。

9.3 土壤环境现状调查与评价

土壤环境现状调查与评价工作应遵循资料收集与现场调查相结合、资料分析与现状监测相结合的原则。

土壤环境现状调查与评价工作的深度应满足相应的工作级别要求，当现有资料不能满足要求时，应通过组织现场调查、监测等方法获取。

建设项目同时涉及土壤环境生态影响型与污染影响型时，应分别按相应评价工作等级要求开展土壤环境现状调查，可根据建设项目特征适当调整、优化调查内容。

9.3.1 调查范围

调查评价范围应包括建设项目可能影响的范围，能满足土壤环境影响预测和评价要求；改、扩建类建设项目的现状调查评价范围还应兼顾现有工程可能影响的范围。

建设项目（除线性工程外）土壤环境影响现状调查评价范围可根据建设项目影响类型、污染途径、气象条件、地形地貌、水文地质条件等确定并说明，或参考表 9-6 确定。

建设项目同时涉及土壤环境生态影响与污染影响时，应各自确定调查评价范围。危险品、化学品或石油等输送管线应以工程边界两侧向外延伸 0.2km 作为调查评价范围。工业园区内的建设项目，应重点在建设项目占地范围内开展现状调查工作，并兼顾其可能影响的园区外围土壤环境敏感目标。

表 9-6 现状调查范围

评价工作等级	影响类型	调查范围①	
		占地范围内②	占地范围外
一级	生态影响型	全部	5km 范围内
	污染影响型		1km 范围内
二级	生态影响型		2km 范围内
	污染影响型		0.2km 范围内
三级	生态影响型		1km 范围内
	污染影响型		0.05km 范围内

① 涉及大气沉降途径影响的，可根据主导风向下风向的最大落地浓度点适当调整。
② 矿山类项目指开采区与各场地的占地，改、扩建类的指现有工程与拟建工程的占地。

9.3.2 调查内容

9.3.2.1 资料收集

根据建设项目特点、可能产生的环境影响和当地环境特征，有针对性收集调查评价范围内的相关资料，主要包括：①土地利用现状图、土地利用规划图、土壤类型分布图；②气象资料、地形地貌特征资料、水文及水文地质资料等；③土地利用历史情况；④与建设项目土壤环境影响评价相关的其他资料。

9.3.2.2 理化特性调查内容

在充分收集资料的基础上，根据土壤环境影响类型、建设项目特征与评价需要，有针对性地选择土壤理化特性调查内容，主要包括土体构型、土壤结构、土壤质地、阳离子交换量、氧化还原电位、饱和导水率、土壤容重、孔隙度等。

9.3.2.3 影响源调查

应调查与建设项目产生同种特征因子或造成相同土壤环境影响后果的影响源。

改、扩建的污染影响型建设项目，其评价工作等级为一级、二级的，应对现有工程的土壤环境保护措施情况进行调查，并重点调查主要装置或设施附近的土壤污染现状。

9.3.3 现状监测

建设项目土壤环境现状监测应根据建设项目的影响类型、影响途径，有针对性地开展监测工作，了解或掌握调查评价范围内土壤环境现状。

9.3.3.1 布点原则

土壤环境现状监测点布设应根据建设项目土壤环境影响类型、评价工作等级、土地利用类型确定，采用均布性与代表性相结合的原则，充分反映建设项目调查评价范围内的土壤环境现状，可根据实际情况优化调整。

调查评价范围内的每种土壤类型应至少设置1个表层样监测点，应尽量设置在未受人为污染或相对未受污染的区域。评价工作等级为一级、二级的改、扩建项目，应在现有工程厂界外可能产生影响的土壤环境敏感目标处设置监测点。建设项目占地范围及其可能影响区域的土壤环境已存在污染风险的，应结合用地历史资料和现状调查情况，在可能受影响最重的区域布设监测点，取样深度根据其可能影响的情况确定。

涉及垂直入渗途径影响的，主要产污装置区应设置柱状样监测点，采样深度需至装置底部与土壤接触面以下，根据可能影响的深度适当调整。涉及地面漫流途径影响的，应结合地形地貌，在占地范围外的上、下游各设置1个表层样监测点。涉及大气沉降途径影响的，应在占地范围外主导风向的上、下风向各设置1个表层样监测点，可在最大落地浓度点增设表层样监测点。涉及大气沉降影响的改、扩建项目，可在主导风向下风向适当增加监测点位，以反映降尘对土壤环境的影响。

线性工程应重点在站场位置（如输油站、泵站、阀室、加油站及维修场所等）设置监测点，涉及危险品、化学品或石油等输送管线的应根据评价范围内土壤环境敏感目标或厂区内的平面布局情况确定监测点布设位置。

9.3.3.2 现状监测点数量要求

建设项目各评价工作等级的监测点数不少于现状监测布点类型与数量（表9-7）的要求。生态影响型建设项目可优化调整占地范围内、外监测点数量，保持总数不变；占地范围超过 $5\times10^7 m^2$ 的，每增加 $1\times10^7 m^2$ 增加1个监测点。污染影响型建设项目占地范围超过 $1\times10^6 m^2$ 的，每增加 $2\times10^5 m^2$ 增加1个监测点。

表 9-7 现状监测布点类型与数量

评价工作等级		占地范围内	占地范围外
一级	生态影响型	5个表层样点①	6个表层样点
	污染影响型	5个柱状样点②,2个表层样点	4个表层样点
二级	生态影响型	3个表层样点	4个表层样点
	污染影响型	3个柱状样点,1个表层样点	2个表层样点
三级	生态影响型	1个表层样点	2个表层样点
	污染影响型	3个表层样点	—

注："—"表示无现状监测布点类型与数量的要求。
① 表层样应在 0～0.2m 取样。
② 柱状样通常在 0～0.5m、0.5～1.5m、1.5～3m 分别取样，3m 以下每 3m 取 1 个样，可根据基础埋深、土体构型适当调整。

9.3.3.3 现状监测取样方法

表层样监测点及土壤剖面的土壤监测取样方法一般参照《土壤环境监测技术规范》（HJ/T 166—2004）执行，柱状样监测点和污染影响型改、扩建项目的土壤监测取样方法还可参照《建设用地土壤污染状况调查 技术导则》（HJ 25.1—2019）、《建设用地土壤污染风险管控和修复监测技术导则》（HJ 25.2—2019）执行。

9.3.3.4 现状监测因子

土壤环境现状监测因子分为基本因子和建设项目的特征因子。

① 基本因子为 GB 15618—2018、GB 36600—2018 中规定的基本项目，分别根据调查评价范围内的土地利用类型选取；

② 特征因子为建设项目产生的特有因子，既是特征因子又是基本因子的，按特征因子对待；

③ 调查评价范围内的每种土壤类型中应至少设置 1 个点位监测基本因子与特征因子；建设项目占地范围及其可能影响区域的土壤环境已存在污染风险的应监测基本因子与特征因子；其他监测点位可仅监测特征因子。

9.3.3.5 现状监测频次要求

① 基本因子：评价工作等级为一级的建设项目，应至少开展 1 次现状监测；评价工作等级为二级、三级的建设项目，若掌握近 3 年至少 1 次的监测数据，可不再进行现状监测；引用监测数据应满足相关标准的要求，并说明数据有效性；

② 特征因子：应至少开展 1 次现状监测。

9.3.4 现状评价

生态影响型建设项目应给出土壤盐化、酸化、碱化的现状，对照各监测点位土壤盐化、酸化、碱化的级别，统计样本数量、最大值、最小值和均值，并评价均值对应的级别。土壤盐化分级标准见表 9-8，土壤酸化、碱化分级标准见表 9-9。

表 9-8 土壤盐化分级标准

分级	土壤含盐量(SSC)/(g/kg)	
	滨海、半湿润和半干旱地区	干旱、半荒漠和荒漠地区
未盐化	SSC<1	SSC<2
轻度盐化	1≤SSC<2	2≤SSC<3
重度盐化	4≤SSC<6	5≤SSC<10
极重度盐化	SSC≥6	SSC≥10

注：根据区域自然背景状况适当调整。

表 9-9 土壤酸化、碱化分级标准

土壤 pH 值	土壤酸化、碱化强度
pH<3.5	极重度酸化
3.5≤pH<4.0	重度酸化
4.0≤pH<5.5	轻度酸化
5.5≤pH<8.5	无酸化或碱化
8.5≤pH<9.0	轻度碱化
9.0≤pH<9.5	中度碱化
9.5≤pH<10.0	重度碱化

注：土壤酸化、碱化强度指受人为影响后呈现的土壤 pH 值，可根据区域自然背景状况适当调整。

土壤环境质量现状评价应采用标准指数法，并进行统计分析，给出样本数量、最大值、最小值、均值、标准差、检出率和超标率、最大超标倍数等。

污染影响型建设项目应根据调查评价范围内的土地利用类型，给出评价因子是否满足 GB 15618—2018、GB 36600—2018 以及行业、地方或国外相关标准要求的结论；当评价因子存在超标时，应分析超标原因。土地利用类型无相应标准的可只给出现状监测值。

9.4 土壤环境影响预测与评价

9.4.1 预测评价基本要求

土壤环境影响预测与评价范围一般与现状调查评价范围一致。预测评价时段应根据建设项目土壤环境影响识别结果确定。预测情景应在影响识别的基础上，根据项目特征设定。应重点预测评价建设项目对占地范围外土壤环境敏感目标的累积影响，并根据建设项目特征兼顾对占地范围内的影响预测。污染影响型建设项目应根据环境影响识别出的特征因子选取关键预测因子。对于可能造成土壤盐化、酸化、碱化影响的建设项目，分别选取土壤盐分含量、pH 值等作为预测因子。建设项目导致土壤潜育化、沼泽化、潴育化和土地沙漠化等影响的，可根据土壤环境特征，结合建设项目特点，分析土壤环境可能受到影响的范围和程度。

9.4.2 预测评价方法

土壤环境影响预测与评价方法应根据建设项目土壤环境影响类型与评价工作等级确定。

可能引起土壤盐化、酸化、碱化等影响的建设项目，其评价工作等级为一级、二级的，预测方法可采用《环境影响评价技术导则　土壤环境（试行）》（HJ 964—2018）所推荐的土壤环境影响预测方法、土壤盐化综合评分预测方法或进行类比分析。

污染影响型建设项目，其评价工作等级为一级、二级的，预测方法可采用《环境影响评价技术导则　土壤环境（试行）》（HJ 964—2018）所推荐的土壤环境影响预测方法或进行类比分析；占地范围内还应根据土体构型、土壤质地、饱和导水率等分析其可能影响的深度。

评价工作等级为三级的建设项目，可采用定性描述或类比分析法进行预测。

9.4.2.1 土壤环境影响预测方法

土壤环境影响预测方法分为两类，一类适用于某种物质可概化为以面源形式进入土壤环境的影响预测，另一类适用于某种污染物以点源形式垂直进入土壤环境的影响预测。

（1）面源影响预测方法

面源影响预测方法适用于某种物质可概化为以面源形式进入土壤环境的影响预测，包括大气沉降、地面漫流以及盐、酸、碱类等物质进入土壤环境引起的土壤盐化、酸化、碱化等。面源影响预测方法的步骤主要包括：

① 通过工程分析计算土壤中某种物质的输入量；

② 土壤中某种物质的输出量主要包括淋溶或径流排出、土壤缓冲消耗等两部分；植物吸收量通常较小，不予考虑；涉及大气沉降影响的，可不考虑输出量；

③ 分析比较输入量和输出量，计算土壤中某种物质的增量；

④ 将土壤中某种物质的增量与土壤现状值进行叠加后，进行土壤环境影响预测。

单位质量土壤中某种物质的增量可用公式（9-1）计算：

$$\Delta S = n(I_s - L_s - R_s)/(\rho_b \times A \times D) \tag{9-1}$$

式中，ΔS 为单位质量表层土壤中某种物质的增量或表层土壤中游离酸或游离碱浓度增量，g/kg 或 mmol/kg；I_s 为预测评价范围内单位年份表层土壤中某种物质的输入量或预测评价范围内单位年份表层土壤中游离酸、游离碱输入量，g 或 mmol；L_s 为预测评价范围内单位年份表层土壤中某种物质经淋溶排出的量或预测评价范围内单位年份表层土壤中经淋溶排出的游离酸、游离碱的量，g 或 mmol；R_s 为预测评价范围内单位年份表层土壤中某种物质经径流排出的量或预测评价范围内单位年份表层土壤中经径流排出的游离酸、游离碱的量，g 或 mmol；ρ_b 为表层土壤容重，kg/m^3；A 为预测评价范围，m^2；D 为表层土壤深度，一般取 0.2m，可根据实际情况适当调整；n 为持续年份，a。

单位质量土壤中某种物质的预测值可根据其增量叠加现状值进行计算，如公式（9-2）：

$$S = S_b + \Delta S \tag{9-2}$$

式中，S_b 为单位质量土壤中某种物质的现状值，g/kg 或 mmol/kg；S 为单位质量土壤中某种物质的预测值，g/kg 或 mmol/kg。

酸性物质或碱性物质排放后表层土壤 pH 预测值，可根据表层土壤游离酸或游离碱浓度的增量进行计算，如公式（9-3）：

$$\mathrm{pH} = \mathrm{pH}_b \pm \Delta S / BC_{\mathrm{pH}} \tag{9-3}$$

式中，pH_b 为土壤 pH 现状值；BC_{pH} 为缓冲容量，mmol/(kg·pH)；pH 为土壤 pH 预测值。

缓冲容量（BC_{pH}）测定方法：采集项目区土壤样品，样品加入不同量游离酸或游离碱后分别进行 pH 值测定，绘制不同浓度游离酸或游离碱和 pH 值之间的曲线，曲线斜率即为缓冲容量。

(2) 点源影响预测方法

点源影响预测方法适用于某种污染物以点源形式垂直进入土壤环境的影响预测，重点预测污染物可能影响到的深度。

一维非饱和溶质垂向运移控制方程：

$$\frac{\partial(\theta c)}{\partial t} = \frac{\partial}{\partial z}\left(\theta D \frac{\partial c}{\partial z}\right) - \frac{\partial}{\partial z}(qc) \tag{9-4}$$

式中，c 为污染物介质中的浓度，mg/L；D 为弥散系数，m^2/d；q 为渗流速率，m/d；z 为沿 z 轴的距离，m；t 为时间变量，d；θ 为土壤含水率，%。

初始条件：

$$c(z,t) = 0, t = 0, L \leqslant z < 0 \tag{9-5}$$

边界条件：

第一类 Dirichlet 边界条件，其中公式（9-6）适用于连续点源情景，公式（9-7）适用于非连续点源情景。

$$c(z,t) = c_0, t > 0, z = 0 \tag{9-6}$$

$$c(z,t) = \begin{cases} c_0, & 0 < t \leqslant t_0 \\ 0, & t > t_0 \end{cases} \tag{9-7}$$

式中，t_0 为排放结束的时刻。

第二类 Neumann 零梯度边界。

$$-\theta D \frac{\partial c}{\partial z} = 0, t > 0, z = L \tag{9-8}$$

式中，L 为污染物浓度达到定值的深度。

9.4.2.2 土壤盐化综合评分预测方法

土壤盐化综合评分法首先根据土壤盐化影响因素赋值表（表 9-10）选取各项影响因素

的分值与权重，采用公式（9-9）计算土壤盐化综合评分值（S_a），对照土壤盐化预测表（表 9-11）得出土壤盐化综合评分预测结果。

$$S_a = \sum_{i=1}^{n} W_{xi} I_{xi} \tag{9-9}$$

式中，n 为影响因素指标数目；I_{xi} 为影响因素 i 指标评分；W_{xi} 为影响因素 i 指标权重。

表 9-10 土壤盐化影响因素赋值表

影响因素	分值				权重
	0分	2分	4分	6分	
地下水位埋深(GWD)/m	GWD≥2.5	1.5≤GWD<2.5	1.0≤GWD<1.5	GWD<1.0	0.35
干燥度(蒸降比值)(EPR)	EPR<1.2	1.2≤EPR<2.5	2.5≤EPR<6	EPR≥6	0.25
土壤本底含盐量(SSC)/(g/kg)	SSC<1	1≤SSC<2	2≤SSC<4	SSC≥4	0.15
地下水溶解性总固体(TDS)/(g/L)	TDS<1	1≤TDS<2	2≤TDS<5	TDS≥5	0.15
土壤质地	黏土	砂土	壤土	砂壤、粉土、砂粉土	0.10

表 9-11 土壤盐化预测表

土壤盐化综合评分值(S_a)	S_a<1	1≤S_a<2	2≤S_a<3	3≤S_a<4.5	S_a≥4.5
土壤盐化综合评分预测结果	未盐化	轻度盐化	中度盐化	重度盐化	极重度盐化

9.5 土壤环境影响评价结论

9.5.1 预测评价结论

以下情况可得出建设项目土壤环境影响可接受的结论：

① 建设项目各不同阶段，土壤环境敏感目标处且占地范围内各评价因子均满足相关标准要求的；

② 生态影响型建设项目各不同阶段，出现或加重土壤盐化、酸化、碱化等问题，但采取防控措施后，可满足相关标准要求的；

③ 污染影响型建设项目各不同阶段，土壤环境敏感目标处或占地范围内有个别点位、层位或评价因子出现超标，但采取必要措施后，可满足相关标准及其他土壤污染防治相关管理规定的。

以下情况不能得出建设项目土壤环境影响可接受的结论：

① 生态影响型建设项目：土壤盐化、酸化、碱化等对预测评价范围内土壤原有生态功能造成重大不可逆影响的；

② 污染影响型建设项目各不同阶段，土壤环境敏感目标处或占地范围内多个点位、层位或评价因子出现超标，采取必要措施后，仍无法满足相关标准及其他土壤污染防治相关管理规定的。

9.5.2 土壤环境保护措施与对策

在建设项目可行性研究提出的影响防控对策基础上,结合建设项目特点、调查评价范围内的土壤环境质量现状,根据环境影响预测与评价结果,提出合理、可行、操作性强的土壤环境影响防控措施。

改、扩建项目应针对现有工程引起的土壤环境影响问题,提出"以新带老"措施,有效减轻影响程度或控制影响范围,防止土壤环境影响加剧。

涉及取土的建设项目,所取土壤应满足占地范围对应的土壤环境相关标准要求,并说明其来源;弃土应按照固体废物相关规定进行处理处置,确保不产生二次污染。

土壤环境保护措施与对策应包括:保护的对象、目标,措施的内容、设施的规模及工艺、实施部位和时间、实施的保证措施、预期效果的分析等,在此基础上估算(概算)环境保护投资,并编制环境保护措施布置图。从保护途径上来看,可以把土壤环境保护措施分为3类,分别是土壤环境质量现状保障措施、源头控制措施以及过程防控措施。

(1) 土壤环境质量现状保障措施

对于建设项目占地范围内的土壤环境质量存在点位超标的,应依据土壤污染防治相关管理办法、规定和标准,采取有关土壤污染防治措施。

(2) 源头控制措施

生态影响型建设项目应结合项目的生态影响特征、按照生态系统功能优化的理念、坚持高效适用的原则提出源头防控措施。

污染影响型建设项目应针对关键污染源、污染物的迁移途径提出源头控制措施,并与其他环境要素的保护要求相协调。

(3) 过程防控措施

建设项目根据行业特点与占地范围内的土壤特性,按照相关技术要求采取过程阻断、污染物削减和分区防控措施。

生态影响型:①涉及酸化、碱化影响的可采取相应措施调节土壤 pH 值,以减轻土壤酸化、碱化的程度;②涉及盐化影响的,可采取排水排盐或降低地下水位等措施,以减轻土壤盐化的程度。

污染影响型:①涉及大气沉降影响的,占地范围内应采取绿化措施,以种植具有较强吸附能力的植物为主;②涉及地面漫流影响的,应根据建设项目所在地的地形特点优化地面布局,必要时设置地面硬化、围堰或围墙,以防止土壤环境污染;③涉及入渗途径影响的,应根据相关标准规范要求,对设备设施采取相应的防渗措施,以防止土壤环境污染。

9.5.3 跟踪监测计划

土壤环境跟踪监测措施包括制订跟踪监测计划、建立跟踪监测制度,以便及时发现问题,采取措施。土壤环境跟踪监测计划应明确监测点位、监测指标、监测频次以及执行标准等。

① 监测点位应布设在重点影响区和土壤环境敏感目标附近;

② 监测指标应选择建设项目特征因子;

③ 评价工作等级为一级的建设项目一般每 3 年内开展 1 次监测工作,二级的每 5 年内开展 1 次,三级的必要时可开展跟踪监测;

④ 生态影响型建设项目跟踪监测应尽量在农作物收割后开展。

  万物土中生,"吃"和"住"都与土壤环境息息相关。2016年5月28日,国务院印发《土壤污染防治行动计划》,又称"土十条",成为当时全国土壤污染防治工作的行动纲领。
  "土十条"提出工作目标,我国到2020年土壤污染加重趋势得到初步遏制,土壤环境质量总体保持稳定;到2030年土壤环境风险得到全面管控;到21世纪中叶,土壤环境质量全面改善,生态系统实现良性循环。

9.5.4 土壤环境影响评价单位自评估

  根据环境影响预测与评价结果,填写土壤环境影响评价自查表,概括建设项目的土壤环境现状、预测评价结果、防控措施及跟踪监测计划等内容,从土壤环境影响的角度,总结项目建设的可行性。自查表填写说明详见《环境影响评价技术导则 土壤环境(试行)》(HJ 964—2018)。

 思考题

(1) 土壤环境影响评价的基本程序包括什么?
(2) 土壤环境影响评价应包括哪些基本内容?

案例分析

AHS畜禽养殖场建设项目土壤环境影响评价具体内容见二维码9-1。

二维码9-1

第十章

生态影响评价

本章导航

由于生态影响类型的建设项目与污染类型的建设项目对环境造成不良影响的特征不同，使生态影响评价成为环境影响评价独具特色的重要组成部分。本章首先介绍了生态影响的基本特点，生态影响评价的基本原则、评价等级划分、评价范围确定、影响识别与评价因子筛选等基本内容，然后按照实际评价工作思路，讲述了生态现状调查的基本要求、内容与方法、评价要求与主要内容，生态影响预测与评价的基本内容与方法、评价成果表达，生态影响防护与恢复的主要措施及其有效性评估等内容。生态影响评价具有地域性强、综合性强、涉及方面广等特点，因此，在学习本章时需要运用系统性、整体性、区域性等基本观点来掌握主要内容。

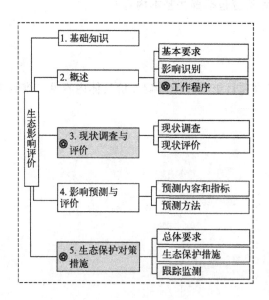

重难点内容

（1）重要物种、生态敏感区和生态保护目标的定义。
（2）生态影响评价等级的划分及评价范围的确定。

(3) 一级评价生态现状调查的要求和评价方法。
(4) 生态保护原则和重要生态保护措施。

10.1 基础知识

10.1.1 相关标准

《环境影响评价技术导则　生态影响》（HJ 19—2022）。
《海洋工程环境影响评价技术导则》（GB/T 19485—2014）。
《国家基本比例尺地图图式》（GB/T 20257）。
《土地利用现状分类》《GB/T 21010—2017》。
《外来物种环境风险评估技术导则》（HJ 624—2011）。
《生物多样性观测技术导则》（HJ 710）。
《全国生态状况调查评估技术规范——生态系统遥感解译与野外核查》（HJ 1166—2021）。
《全国生态状况调查评估技术规范——生态系统服务功能评估》（HJ 1173—2021）。
《淡水浮游生物调查技术规范》（SC/T 9402—2010）。
《淡水渔业资源调查规范　河流》（SC/T 9429—2019）。

10.1.2 术语和定义

10.1.2.1 生态影响

生态影响是指工程占用、施工活动干扰、环境条件改变、时间或空间累积作用等，直接或间接导致物种、种群、生物群落、生境、生态系统以及自然景观、自然遗迹等发生的变化。生态影响包括直接、间接和累积的影响。

10.1.2.2 重要物种

重要物种是指在生态影响评价中需要重点关注、具有较高保护价值或保护要求的物种，包括国家及地方重点保护野生动植物名录所列的物种，《中国生物多样性红色名录》中列为极危、濒危和易危的物种，国家和地方政府列入拯救保护的极小种群物种、特有种以及古树名木等。

10.1.2.3 生态敏感区

生态敏感区包括法定生态保护区域、重要生境以及其他具有重要生态功能、对保护生物多样性具有重要意义的区域。其中，法定生态保护区域包括依据法律法规、政策等规范性文件划定或确认的国家公园、自然保护区、自然公园等自然保护地、世界自然遗产、生态保护红线等区域；重要生境包括重要物种的天然集中分布区、栖息地，重要水生生物的产卵场、索饵场、越冬场和洄游通道，迁徙鸟类的重要繁殖地、停歇地、越冬地以及野生动物迁徙通道等。

10.1.2.4 生态保护目标

生态保护目标是指受影响的重要物种、生态敏感区以及其他需要保护的物种、种群、生物群落及生态空间等。

> 1978年，党中央、国务院从中华民族生存与发展的战略高度，作出了建设西北、华北、东北防护林体系（以下称"三北"工程）的重大决策，开创了我国生态工程建设的先河。三北防护林工程建设以来，防沙治沙实现历史性突破，遏制了荒漠化扩展趋势。
>
> 至2017年，"三北"防护林工程已累计完成造林$2.9 \times 10^{11} m^2$，工程区森林覆盖率由建设初期的5.05%提高至13.02%，森林蓄积量由起初$7.2 \times 10^8 m^3$增加到$2.1 \times 10^9 m^3$；营造防风固沙林$8.1 \times 10^{10} m^2$，治理沙化土地$3.4 \times 10^5 km^2$，从根本上扭转了荒漠化扩展的局面；在水土流失区，累计营造水土保持林和水源涵养林近$9.7 \times 10^{10} m^2$，治理水土流失面积近$4.5 \times 10^5 km^2$；重点治理的黄土高原，植被覆盖度从1999年的31.6%增加到59.6%，60%的水土流失面积得到不同程度的控制，年入黄河泥沙减少$4 \times 10^8 t$左右。

10.2 生态影响评价概述

10.2.1 基本任务

在工程分析和生态现状调查的基础上，识别、预测和评价建设项目在施工期、运行期以及服务期满后（可根据项目情况选择）等不同阶段的生态影响，提出预防或者减缓不利影响的对策和措施，制订相应的环境管理和生态监测计划，从生态影响角度明确建设项目是否可行。

10.2.2 基本要求

建设项目选址选线应尽量避让各类生态敏感区，符合自然保护地、世界自然遗产、生态保护红线等管理要求以及国土空间规划、生态环境分区管控要求。

建设项目生态影响评价应结合行业特点、工程规模以及对生态保护目标的影响方式，合理确定评价范围，按相应评价等级的技术要求开展现状调查、影响分析及预测工作。

应按照避让、减缓、修复和补偿的次序提出生态保护对策措施，所采取的对策措施应有利于保护生物多样性，维持或修复生态系统功能。

10.2.3 工作程序

生态影响评价工作一般分为三个阶段：

第一阶段，收集、分析建设项目工程技术文件以及所在区域国土空间规划、生态环境分区管控方案、生态敏感区以及生态环境状况等相关数据资料，开展现场踏勘，通过工程分析、筛选评价因子进行生态影响识别，确定生态保护目标，有必要地补充提出比选方案，确定评价等级、评价范围。

第二阶段，在充分的资料收集、现状调查、专家咨询基础上，根据不同评价等级的技术要求开展生态现状评价和影响预测分析，涉及有比选方案的，应对不同方案开展同等深度的生态环境比选论证。

第三阶段，根据生态影响预测和评价结果，确定科学合理、可行的工程方案，提出预防或减缓不利影响的对策和措施，制订相应的环境管理和生态监测计划，明确生态影响评价结论。

10.2.4 生态影响识别

10.2.4.1 工程分析

按照 HJ 2.1—2016 的要求开展工程分析，主要采用工程设计文件的数据和资料以及类比工程的资料，明确建设项目地理位置、建设规模、总平面及施工布置、施工方式、施工时序、建设周期和运行方式，各种工程行为及其发生的地点、时间、方式和持续时间，以及设计方案中的生态保护措施等。

结合建设项目特点和区域生态环境状况，分析项目在施工期、运行期以及服务期满后（可根据项目情况选择）可能产生生态影响的工程行为及其影响方式，判断生态影响性质和影响程度。重点关注影响强度大、范围广、历时长或涉及重要物种、生态敏感区的工程行为。

工程设计文件中包括工程位置、工程规模、平面布局、工程施工及工程运行等不同比选方案的内容，应对不同方案进行工程分析。现有方案均占用生态敏感区，或明显可能对生态保护目标产生显著不利影响，还应补充提出基于减缓生态影响考虑的比选方案。

10.2.4.2 评价因子筛选

在工程分析基础上筛选评价因子。生态影响评价因子筛选表参见表 10-1。

表 10-1 生态影响评价因子筛选表

受影响对象	评价因子	工程内容及影响方式	影响性质	影响程度
物种	分布范围、种群数量、种群结构、行为等			
生境	生境面积、质量、连通性等			
生物群落	物种组成、群落结构等			
生态系统	植被覆盖度、生产力、生物量、生态系统功能等			
生物多样性	物种丰富度、均匀度、优势度等			
生态敏感区	主要保护对象、生态功能等			
自然景观	景观多样性、完整性等			
自然遗迹	遗迹多样性、完整性等			
……				

注 1. 应按施工期、运行期以及服务期满后（可根据项目情况选择）等不同阶段进行工程分析和评价因子筛选。
2. 影响性质主要包括长期与短期、可逆与不可逆生态影响。

评价标准可参照国家、行业、地方或国外相关标准，无参照标准的可采用所在地区及相似区域生态背景值或本底值、生态阈值或引用具有时效性的相关权威文献数据等。

10.2.5 评价等级判定

依据建设项目影响区域的生态敏感性和影响程度，评价等级划分为一级、二级和三级。

按以下原则确定评价等级：

① 涉及国家公园、自然保护区、世界自然遗产、重要生境时，评价等级为一级；

② 涉及自然公园时，评价等级为二级；

③ 涉及生态保护红线时，评价等级不低于二级；

④ 根据 HJ 2.3—2018 判断属于水文要素影响型且地表水评价等级不低于二级的建设项目，生态影响评价等级不低于二级；

⑤ 根据 HJ 610—2011、HJ 964—2018 判断地下水水位或土壤影响范围内分布有天然林、公益林、湿地等生态保护目标的建设项目，生态影响评价等级不低于二级；

⑥ 当工程占地规模大于 $20km^2$ 时（包括永久和临时占用陆域和水域），评价等级不低于二级；改扩建项目的占地范围以新增占地（包括陆域和水域）确定；

⑦ 除以上 6 种情况外，评价等级为三级；

⑧ 当评价等级判定同时符合上述多种情况时，应采用其中最高的评价等级。

建设项目涉及经论证对保护生物多样性具有重要意义的区域时，可适当上调评价等级。

建设项目同时涉及陆生、水生生态影响时，可针对陆生生态、水生生态分别判定评价等级。

在矿山开采可能导致矿区土地利用类型明显改变，或拦河闸坝建设可能明显改变水文情势等情况下，评价等级应上调一级。

线性工程可分段确定评价等级。线性工程地下穿越或地表跨越生态敏感区，在生态敏感区范围内无永久、临时占地时，评价等级可下调一级。

符合生态环境分区管控要求且位于原厂界（或永久用地）范围内的污染影响类改扩建项目，位于已批准规划环评的产业园区内且符合规划环评要求、不涉及生态敏感区的污染影响类建设项目，可不确定评价等级，直接进行生态影响简单分析。

10.2.6 评价范围确定

生态影响评价应能够充分体现生态完整性和生物多样性保护要求，涵盖评价项目全部活动的直接影响区域和间接影响区域。评价范围应依据评价项目对生态因子的影响方式、影响程度和生态因子之间的相互影响和相互依存关系确定。可综合考虑评价项目与项目区的气候过程、水文过程、生物过程等生物地球化学循环过程的相互作用关系，以评价项目影响区域所涉及的完整气候单元、水文单元、生态单元、地理单元界限为参照边界。

涉及占用或穿（跨）越生态敏感区时，应考虑生态敏感区的结构、功能及主要保护对象合理确定评价范围。

矿山开采项目评价范围应涵盖开采区及其影响范围、各类场地及运输系统占地以及施工临时占地范围等。

水利水电项目评价范围应涵盖枢纽工程建筑物，水库淹没、移民安置等永久占地，施工临时占地，库区及坝上、坝下的地表与地下水、水文水质影响河段及区域，受水区，退水影响区，输水沿线影响区等。

线性工程穿越生态敏感区时，以线路穿越段向两端外延 1km、线路中心线向两侧外延 1km 为参考评价范围，实际确定时应结合生态敏感区主要保护对象的分布、生态学特征、项目的穿越方式、周边地形地貌等适当调整，主要保护对象为野生动物及其栖息地时，应进一步扩大评价范围，涉及迁徙、洄游物种的，其评价范围应涵盖工程影响的迁徙洄游通道范围；穿越非生态敏感区时，以线路中心线向两侧外延300m为参考评价范围。

陆上机场项目以占地边界外延3～5km为参考评价范围，实际确定时应结合机场类型、规模、占地类型、周边地形地貌等适当调整。涉及有净空处理的，应涵盖净空处理区域。航空器爬升或进近航线下方区域内有以鸟类为重点保护对象的自然保护地和鸟类重要生境的，评价范围应涵盖受影响的自然保护地和重要生境范围。

污染影响类建设项目评价范围应涵盖直接占用区域以及污染物排放产生的间接生态影响区域。

10.3 生态现状调查与评价

10.3.1 生态现状调查内容

陆生生态现状调查内容主要包括：评价范围内的植物区系、植被类型，植物群落结构及演替规律，群落中的关键种、建群种、优势种，动物区系、物种组成及分布特征，生态系统的类型、面积及空间分布，重要物种的分布、生态学特征、种群现状，迁徙物种的主要迁徙路线、迁徙时间，重要生境的分布及现状。

水生生态现状调查内容主要包括：评价范围内的水生生物、水生生境和渔业现状，重要物种的分布、生态学特征、种群现状以及生境状况，鱼类等重要水生动物调查包括种类组成、种群结构、资源时空分布，产卵场、索饵场、越冬场等重要生境的分布、环境条件以及洄游路线、洄游时间等行为习性。

收集生态敏感区的相关规划资料、图件、数据，调查评价范围内生态敏感区主要保护对象、功能区划、保护要求等。

调查区域存在的主要生态问题，如水土流失、沙漠化、石漠化、盐渍化、生物入侵和污染危害等。调查已经存在的对生态保护目标产生不利影响的干扰因素。

对于改扩建、分期实施的建设项目，调查既有工程、前期已实施工程的实际生态影响以及采取的生态保护措施。

10.3.2 生态现状调查要求

引用的生态现状资料其调查时间宜在5年以内，用于回顾性评价或变化趋势分析的资料可不受调查时间限制。当已有调查资料不能满足评价要求时，应通过现场调查获取现状资料，现场调查遵循全面性、代表性和典型性原则。项目涉及生态敏感区时，应开展专题调查。

工程永久占用或施工临时占用区域应在收集资料基础上开展详细调查，查明占用区域是否分布有重要物种及重要生境。

陆生生态一级、二级评价应结合调查范围、调查对象、地形地貌和实际情况选择合适的调查方法。开展样线、样方调查的，应合理确定样线、样方的数量、长度或面积，涵盖评价范围内不同的植被类型及生境类型，山地区域还应结合海拔段、坡位、坡向进行布设。根据植物群落类型（宜以群系及以下分类单位为调查单元）设置调查样地，一级评价每种群落类型设置的样方数量不少于5个,二级评价不少于3个,调查时间宜选择植物生长旺盛季节;一级评价每种生境类型设置的野生动物调查样线数量不少于5条,二级评价不少于3条,除了收集历史资料外,一级评价还应获得近1~2个完整年度不同季节的现状资料,二级评价尽量获得野生动物繁殖期、越冬期、迁徙期等关键活动期的现状资料。

水生生态一级、二级评价的调查点位、断面等应涵盖评价范围内的干流、支流、河口、湖库等不同水域类型。一级评价应至少开展丰水期、枯水期(河流、湖库)或春季、秋季(入海河口、海域)两期(季)调查,二级评价至少获得一期(季)调查资料,涉及显著改变水文情势的项目应增加调查强度。鱼类调查时间应包括主要繁殖期,水生生境调查内容应包括水域形态结构、水文情势、水体理化性状和底质等。

三级评价现状调查以收集有效资料为主,可开展必要的遥感调查或现场校核。

10.3.3 生态现状调查方法

生态现状调查应充分利用资料收集、专家咨询、遥感、实地调查等方法,反映影响区域内的生态背景特征和主要生态问题。生态现状调查应在充分收集资料的基础上开展现场工作,生态现状调查范围应不小于评价范围。

10.3.3.1 资料收集法

收集现有的可以反映生态现状或生态背景的资料,分为现状资料和历史资料,包括相关文字、图件和影像等。引用资料应进行必要的现场校核。

10.3.3.2 现场调查法

现场调查应遵循整体与重点相结合的原则,整体上兼顾项目所涉及的各个生态保护目标,突出重点区域和关键时段的调查,并通过实地踏勘,核实收集资料的准确性,以获取实际资料和数据。

10.3.3.3 专家和公众咨询法

通过咨询有关专家,收集公众、社会团体和相关管理部门对项目的意见,发现现场踏勘中遗漏的相关信息。专家和公众咨询应与资料收集和现场调查同步开展。

10.3.3.4 生态监测法

当资料收集、现场调查、专家和公众咨询获取的数据无法满足评价工作需要,或项目可能产生潜在的或长期累积影响时,可选用生态监测法。生态监测应根据监测因子的生态学特点和干扰活动的特点确定监测位置和频次,有代表性地布点。生态监测方法与技术要求须符合国家现行的有关生态监测规范和监测标准分析方法;对于生态系统生产力的调查,必要时需现场采样、实验室测定。

10.3.3.5 遥感调查法

包括卫星遥感、航空遥感等方法。遥感调查应辅以必要的实地调查工作。

10.3.3.6 生态调查统计表格

生态调查结果应以统计表格的形式呈现,主要包括植物群落调查结果、重要野生动植物调查结果和古树名木调查结果。统计内容及格式见表10-2~表10-5。

表 10-2　植物群落调查结果统计表

植被型组	植被型	植被亚型	群系	分布区域	工程占用情况	占用面积 /$10^4 m^2$	占用比例/%
Ⅰ.××	一、××	(一)××	1.××群系				
			……				
		(二)××	1.××群系				
			……				
		……	……				
	二、××	(一)××	1.××群系				
			……				
		……	……				
Ⅱ.××	一、××	(一)××	1.××群系				
		……	……				
	二、××	(一)××	1.××群系				
		……	……				
	……	……	……				
……	……	……	……				

表 10-3　重要野生植物调查结果统计表

序号	物种名称（中文名/拉丁名）	保护级别	濒危等级	特有种（是/否）	极小种群野生植物（是/否）	分布区域	资料来源	工程占用情况（是/否）
1								
……								

注：1. 保护级别根据国家及地方正式发布的重点保护野生植物名录确定。
2. 濒危等级、特有种根据《中国生物多样性红色名录》确定。
3. 资料来源包括环评现场调查、文献记录、历史调查资料及科考报告等。
4. 涉及占用的应说明具体工程内容和占用情况（如株数等），不直接占用的应说明与工程的位置关系。

表 10-4　重要野生动物调查结果统计表

序号	物种名称（中文名/拉丁名）	保护级别	濒危等级	特有种（是/否）	分布区域	资料来源	工程占用情况（是/否）
1							
……							

注：1. 保护级别根据国家及地方正式发布的重点保护野生动物名录确定。
2. 濒危等级、特有种根据《中国生物多样性红色名录》确定。
3. 分布区域应说明物种分布情况以及生境类型。
4. 资料来源包括环评现场调查、文献记录、历史调查资料及科考报告等。
5. 说明工程占用生境情况。涉及占用的应说明具体工程内容和占用面积，不直接占用的应说明生境分布与工程的位置关系。

表 10-5 古树名木调查结果统计表

序号	树种名称（中文名/拉丁名）	生长状况	树龄	经纬度和海拔	工程占用情况（是/否）
1					
……					

注：涉及占用的应说明具体工程内容和占用情况，不直接占用的应说明与工程的位置关系。

10.3.4 生态现状评价内容及要求

一级、二级评价应根据现状调查结果选择以下全部或部分内容开展评价：

① 根据植被和植物群落调查结果，编制植被类型图，统计评价范围内的植被类型及面积，可采用植被覆盖度等指标分析植被现状，图示植被覆盖度空间分布特点；

② 根据土地利用调查结果，编制土地利用现状图，统计评价范围内的土地利用类型及面积；

③ 根据物种及生境调查结果，分析评价范围内的物种分布特点、重要物种的种群现状以及生境的质量、连通性、破碎化程度等，编制重要物种、重要生境分布图，迁徙、洄游物种的迁徙、洄游路线图；涉及国家重点保护野生动植物、极危、濒危物种的，可通过模型模拟物种适宜生境分布，图示工程与物种生境分布的空间关系；

④ 根据生态系统调查结果，编制生态系统类型分布图，统计评价范围内的生态系统类型及面积；结合区域生态问题调查结果，分析评价范围内的生态系统结构与功能状况以及总体变化趋势；涉及陆地生态系统的，可采用生物量、生产力、生态系统服务功能等指标开展评价；涉及河流、湖泊、湿地生态系统的，可采用生物完整性指数等指标开展评价；

⑤ 涉及生态敏感区的，分析其生态现状、保护现状和存在的问题；明确并图示生态敏感区及其主要保护对象、功能分区与工程的位置关系；

⑥ 可采用物种多样性常用的评价指标对评价范围内的物种多样性进行评价。

三级评价可采用定性描述或面积、比例等定量指标，重点对评价范围内的土地利用现状、植被现状、野生动植物现状等进行分析，编制土地利用现状图、植被类型图、生态保护目标分布图等图件。

对于改扩建、分期实施的建设项目，应对既有工程、前期已实施工程的实际生态影响、已采取的生态保护措施的有效性和存在问题进行评价。

10.3.5 生态现状评价方法

生态现状评价应坚持定性和定量相结合、尽量采用定量方法的原则，可采用列表清单法、图形叠置法、生态机理分析法、景观生态学法、指数法与综合指数法、类比分析法、系统分析法、生物多样性评价法、生态系统评价法、生境评价方法等。

10.3.5.1 列表清单法

列表清单法是一种定性分析方法，将拟实施的开发建设活动的影响因素与可能受影响的环境因子分别列在同一张表格的行与列内，逐点进行分析，并逐条阐明影响的性质、强度等，由此分析开发建设活动的生态影响。

该方法的特点是简单明了、针对性强。主要的应用场合包括：

① 进行开发建设活动对生态因子的影响分析；
② 进行生态保护措施的筛选；
③ 进行物种或栖息地重要性或优先度比选。

10.3.5.2 图形叠置法

图形叠置法是把两个以上的生态信息叠合到一张图上，构成复合图，用以表示生态变化的方向和程度。该方法的特点是直观、形象，简单明了。图形叠置法有两种基本制作手段：指标法和3S叠图法。

（1）指标法
① 确定评价范围；
② 开展生态调查，收集评价范围及周边地区自然环境、动植物等信息；
③ 识别影响并筛选评价因子，包括识别和分析主要生态问题；
④ 建立表征评价因子特性的指标体系，通过定性分析或定量方法对指标赋值或分级，依据指标值进行区域划分；
⑤ 将上述区划信息绘制在生态图上。

（2）3S叠图法
① 选用符合要求的工作底图，底图范围应大于评价范围；
② 在底图上描绘主要生态因子信息，如植被覆盖、动植物分布、河流水系、土地利用、生态敏感区等；
③ 进行影响识别与筛选评价因子；
④ 运用3S技术，分析影响性质、方式和程度；
⑤ 将影响因子图和底图叠加，得到生态影响评价图。

10.3.5.3 生态机理分析法

生态机理分析法是根据建设项目的特点和受影响物种的生物学特征，依照生态学原理分析、预测建设项目生态影响的方法。生态机理分析法的工作步骤如下：
① 调查环境背景现状，收集工程组成、建设、运行等有关资料；
② 调查植物和动物分布，动物栖息地和迁徙、洄游路线；
③ 根据调查结果分别对植物或动物种群、群落和生态系统进行分析，描述其分布特点、结构特征和演化特征；
④ 识别有无珍稀濒危物种、特有种等需要特别保护的物种；
⑤ 预测项目建成后该地区动物、植物生长环境的变化；
⑥ 根据项目建成后的环境变化，对照无开发项目条件下动物、植物或生态系统演替或变化趋势，预测建设项目对个体、种群和群落的影响，并预测生态系统演替方向。

评价过程中可根据实际情况进行相应的生物模拟试验，如环境条件、生物习性模拟试验、生物毒理学试验、实地种植或放养试验等，或进行数学模拟，如种群增长模型的应用。该方法需要与生物学、地理学、水文学、数学及其他多学科合作评价，才能得出较为客观的结果。

10.3.5.4 景观生态学法

景观生态学主要研究宏观尺度上景观类型的空间格局和生态过程的相互作用及其动态变化特征。景观格局是指大小和形状不一的景观斑块在空间上的排列，是各种生态过程在不同尺度上综合作用的结果。景观格局变化对生物多样性产生直接而强烈影响，其主要原因是生境丧失和破碎化。

景观变化的分析方法主要有三种：定性描述法、景观生态图叠置法和景观动态的定量化分析法。目前较常用的方法是景观动态的定量化分析法，主要是对收集的景观数据进行解译或数字化处理，建立景观类型图，通过计算景观格局指数或建立动态模型对景观面积变化和景观类型转化等进行分析，揭示景观的空间配置以及格局动态变化趋势。

景观指数是能够反映景观格局特征的定量化指标，分为三个级别，代表三种不同的应用尺度，即斑块级别指数、斑块类型级别指数和景观级别指数，可根据需要选取相应的指标，采用 FRAGSTATS 等景观格局分析软件进行计算分析。涉及显著改变土地利用类型的矿山开采、大规模的农林业开发以及大中型水利水电建设项目等可采用该方法对景观格局的现状及变化进行评价，公路、铁路等线性工程造成的生境破碎化等累积生态影响也可采用该方法进行评价。常用的景观指数及其含义见表 10-6。

表 10-6 常用的景观指数及其含义

名称	含义
斑块类型面积(CA)	斑块类型面积是度量其他指标的基础，其值的大小影响以此斑块类型作为生境的物种数量及丰度
斑块所占景观面积比例(PLAND)	某一斑块类型占整个景观面积的百分比，是确定优势景观元素重要依据，也是决定景观中优势种和数量等生态系统指标的重要因素
最大斑块指数(LPI)	某一斑块类型中最大斑块占整个景观的百分比，用于确定景观中的优势斑块，可间接反映景观变化受人类活动的干扰程度
香农多样性指数(SHDI)	反映景观类型的多样性和异质性，对景观中各斑块类型非均衡分布状况较敏感，值增大表明斑块类型增加或各斑块类型呈均衡趋势
分布蔓延度指数(CONTAG)	高蔓延值表明景观中的某种优势斑块类型形成了良好的连接性，反之则表明景观具有多种要素的密集格局，破碎化程度较高
散布与并列指数(IJI)	反映斑块类型的隔离分布情况，值越小表明斑块与相同类型斑块相邻越多，而与其他类型斑块相邻的越少
聚集度指数(AI)	基于栅格数量测度景观或者某种斑块类型的聚集程度

10.3.5.5 指数法与综合指数法

指数法是利用同度量因素的相对值来表明因素变化状况的方法。指数法的难点在于需要建立表征生态环境质量的标准体系并进行赋权和准确定量。综合指数法是从确定同度量因素出发，把不能直接对比的事物变成能够同度量的方法。

(1) 单因子指数法

选定合适的评价标准，可进行生态因子现状或预测评价。例如，以同类型立地条件的森林植被覆盖率为标准，可评价项目建设区的植被覆盖现状情况；以评价区现状植被盖度为标准，可评价项目建成后植被盖度的变化率。

(2) 综合指数法

① 分析各生态因子的性质及变化规律；
② 建立表征各生态因子特性的指标体系；
③ 确定评价标准；
④ 建立评价函数曲线，将生态因子的现状值（开发建设活动前）与预测值（开发建设

活动后）转换为统一的无量纲的生态环境质量指标，用 1～0 表示优劣（"1"表示最佳的、顶级的、原始或人类干预甚少的生态状况，"0"表示最差的、极度破坏的、几乎无生物性的生态状况），计算开发建设活动前后各因子质量的变化值；

⑤ 根据各因子的相对重要性赋予权重；
⑥ 将各因子的变化值综合，提出综合影响评价值。

$$\Delta E = \sum[(E_{hi} - E_{qi})W_i] \tag{10-1}$$

式中，ΔE 为开发建设活动前后生态质量变化值；E_{hi} 为开发建设活动后 i 因子的质量指标；E_{qi} 为开发建设活动前 i 因子的质量指标；W_i 为 i 因子的权值。

（3）指数法应用

指数法可用于生态因子单因子质量评价、生态多因子综合质量评价和生态系统功能评价。

（4）说明

建立评价函数曲线需要根据标准规定的指标值确定曲线的上、下限。对于大气、水环境等已有明确质量标准的因子，可直接采用不同级别的标准值作为上、下限；对于无明确标准的生态因子，可根据评价目的、评价要求和环境特点等选择相应的指标值，再确定上、下限。

10.3.5.6 类比分析法

类比分析法是一种比较常用的定性和半定量评价方法，一般有生态整体类比、生态因子类比和生态问题类比等。根据已有的建设项目的生态影响，分析或预测拟建项目可能产生的影响。选择好类比对象（类比项目）是进行类比分析或预测评价的基础，也是该方法成败的关键。

类比对象的选择条件：工程性质、工艺和规模与拟建项目基本相当，生态因子（地理、地质、气候、生物因素等）相似，项目建成已有一定时间，所产生的影响已基本全部显现。

类比对象确定后，需选择和确定类比因子及指标，并对类比对象开展调查与评价，再分析拟建项目与类比对象的差异。根据类比对象与拟建项目的比较，作出类比分析结论。

类比分析法主要的应用场合包括：
① 进行生态影响识别（包括评价因子筛选）；
② 以原始生态系统作为参照，可评价目标生态系统的质量；
③ 进行生态影响的定性分析与评价；
④ 进行某一个或几个生态因子的影响评价；
⑤ 预测生态问题的发生与发展趋势及其危害；
⑥ 确定环保目标和寻求最有效、可行的生态保护措施。

10.3.5.7 系统分析法

系统分析法是指把要解决的问题作为一个系统，对系统要素进行综合分析，找出解决问题的可行方案的咨询方法。具体步骤包括：限定问题、确定目标、调查研究、收集数据、提出备选方案和评价标准、备选方案评估和提出最可行方案。系统分析法因其能妥善解决一些多目标动态性问题，已广泛应用于各行各业，尤其在进行区域开发或解决优化方案选择问题时，系统分析法显示出其他方法所不能达到的效果。在生态系统质量评价中使用系统分析的具体方法有专家咨询法、层次分析法、模糊综合评判法、综合排序法、系统动力学、灰色关联等方法。

10.3.5.8 生物多样性评价法

生物多样性是生物（动物、植物、微生物）与环境形成的生态复合体以及与此相关的各种生态过程的总和，包括生态系统、物种和基因三个层次。生态系统多样性指生态系统的多样化程度，包括生态系统的类型、结构、组成、功能和生态过程的多样性等。物种多样性指物种水平的多样化程度，包括物种丰富度和物种多度。基因多样性（或遗传多样性）指一个物种的基因组成中遗传特征的多样性，包括种内不同种群之间或同一种群内不同个体的遗传变异性。物种多样性常用的评价指标包括物种丰富度、香农-威纳多样性指数、Pielou 均匀度指数、Simpson 优势度指数等。

物种丰富度：调查区域内物种数之和。

香农-威纳多样性指数计算公式为：

$$H = -\sum_{i=1}^{S}(P_i \ln P_i) \tag{10-2}$$

式中，H 为香农-威纳多样性指数；S 为调查区域内物种种类总数；P_i 为调查区域内属于第 i 种的个体比例，如总个体数为 N，第 i 种个体数为 n_i，则 $P_i = n_i/N$。

Pielou 均匀度指数是反映调查区域各物种个体数目分配均匀程度的指数，计算公式为：

$$J = -\sum_{i=1}^{S}(P_i \ln P_i)/\ln S \tag{10-3}$$

式中，J 为 Pielou 均匀度指数；S 为调查区域内物种种类总数；P_i 为调查区域内属于第 i 种的个体比例。

Simpson 优势度指数与均匀度指数相对应，计算公式为：

$$D = 1 - \sum_{i=1}^{S} P_i^2 \tag{10-4}$$

式中，D 为 Simpson 优势度指数；S 为调查区域内物种种类总数；P_i 为调查区域内属于第 i 种的个体比例。

10.3.5.9 生态系统评价法

（1）植被覆盖度

植被覆盖度可用于定量分析评价范围内的植被现状。基于遥感估算植被覆盖度可根据区域特点和数据基础采用不同的方法，如植被指数法、回归模型、机器学习法等。

植被指数法主要是通过对各像元中植被类型及分布特征的分析，建立植被指数与植被覆盖度的转换关系。采用归一化植被指数（NDVI）估算植被覆盖度的方法如公式（10-5）：

$$FVC = (NDVI - NDVIs)/(NDVIv - NDVIs) \tag{10-5}$$

式中，FVC 为所计算像元的植被覆盖度；NDVI 为所计算像元的 NDVI 值；NDVIv 为纯植物像元的 NDVI 值；NDVIs 为完全无植被覆盖像元的 NDVI 值。

（2）生物量

生物量是指一定地段面积内某个时期生存着的活有机体的重量。不同生态系统的生物量测定方法不同，可采用实测与估算相结合的方法。地上生物量估算可采用植被指数法、异速生长方程法等方法进行计算。基于植被指数的生物量统计法是通过实地测量的生物量数据和遥感植被指数建立统计模型，在遥感数据的基础上反演得到评价区域的生物量。

(3) 生产力

生产力是生态系统的生物生产能力，反映生产有机质或积累能量的速率。群落（或生态系统）初级生产力是单位面积、单位时间群落（或生态系统）中植物利用太阳能固定的能量或生产的有机质的量。

净初级生产力（NPP）是从固定的总能量或产生的有机质总量中减去植物呼吸所消耗的量，直接反映了植被群落在自然环境条件下的生产能力，表征陆地生态系统的质量状况。NPP可利用统计模型（如Miami模型）、过程模型（如BIOME-BGC模型、BEPS模型）和光能利用率模型（如CASA模型）进行计算。需根据区域植被特点和数据基础确定具体方法。通过CASA模型计算净初级生产力如公式（10-6）：

$$NPP(x,t) = APAR(x,t)\varepsilon(x,t) \qquad (10-6)$$

式中，NPP为净初级生产力；APAR为植被所吸收的光合有效辐射；ε为光能转化率；t为时间；x为空间位置。

(4) 生物完整性指数

生物完整性指数（IBI）已被广泛应用于河流、湖泊、沼泽、海岸滩涂、水库等生态系统健康状况评价，指示生物类群也由最初的鱼类扩展到底栖动物、着生藻类、维管植物、两栖动物和鸟类等。生物完整性指数评价的工作步骤如下：

① 结合工程影响特点和所在区域水生态系统特征，选择指示物种；

② 根据指示物种种群特征，在指标库中确定指示物种状况参数指标；

③ 选择参考点（未开发建设、未受干扰的点或受干扰极小的点）和干扰点（已开发建设、受干扰的点），采集参数指标数据，通过对参数指标值的分布范围分析、判别能力分析（敏感性分析）和相关关系分析，建立评价指标体系；

④ 确定每种参数指标值以及生物完整性指数的计算方法，分别计算参考点和干扰点的指数值；

⑤ 建立生物完整性指数的评分标准；

⑥ 评价项目建设前所在区域水生态系统状况，预测分析项目建设后水生态系统变化情况。

(5) 生态系统功能评价

陆域生态系统服务功能评价方法可参考《全国生态状况调查评估技术规范——生态系统服务功能评估》（HJ 1173—2021），根据生态系统类型选择适用指标。

10.3.5.10 生境评价方法

物种分布模型（SDMs）是基于物种分布信息和对应的环境变量数据对物种潜在分布区进行预测的模型，广泛应用于濒危物种保护、保护区规划、入侵物种控制及气候变化对生物分布区影响预测等领域。目前已发展了多种多样的预测模型，每种模型因其原理、算法不同而各有优势和局限，预测表现也存在差异。其中，基于最大熵理论建立的最大熵模型，可以在分布点相对较少的情况下获得较好的预测结果，是目前使用频率最多的物种分布模型之一。基于最大熵模型开展生境评价的工作步骤如下：

① 通过近年文献记录、现场调查收集物种分布点数据，并进行数据筛选；将分布点的经纬度数据在Excel表格中汇总，统一为十进制度的格式，保存用于MaxEnt模型计算；

② 选取环境变量数据以表现栖息生境的生物气候特征、地形特征、植被特征和人为影响程度，在ArcGIS软件中将环境变量统一边界和坐标系，并重采样为同一分辨率；

③ 使用 MaxEnt 软件建立物种分布模型,以受试者工作特征曲线下面积(AUC)评价模型优劣,采用刀切法检验各个环境变量的相对贡献。根据模型标准及图层栅格出现概率重分类,确定生境适宜性分级指数范围;

④ 将结果文件导入 ArcGIS,获得物种适宜生境分布图,叠加建设项目,分析对物种分布的影响。

10.3.5.11 海洋生物资源影响评价方法

海洋生物资源影响评价技术方法参见 GB/T 19485—2014 相关要求。

10.3.6 生态现状评价图件规范与要求

生态影响评价图件是指以图形、图像的形式,对生态影响评价有关空间内容的描述、表达或定量分析。生态影响评价图件是生态影响评价报告的必要组成内容,是评价的主要依据和成果的重要表现形式,是指导生态保护措施设计的重要依据。生态现状调查及评价工作成果应采用文字、表格和图件相结合的表现形式,根据调查结果统计表,按照制作必要的图件。图件内容要求见表 10-7。

表 10-7 图件内容要求

图件名称	图件内容要求
项目地理位置图	项目位于区域或流域的相对位置
地表水系图	项目涉及的地表水系分布情况,标明干流及主要支流
项目总平面布置图及施工总布置图	各工程内容的平面布置及施工布置情况
线性工程平纵断面图	线路走向、工程形式等
土地利用现状图	评价范围内的土地利用类型及分布情况,采用 GB/T 21010—2017 土地利用分类体系,以二级类型作为基础制图单位
植被类型图	评价范围内的植被类型及分布情况,以植物群落调查成果作为基础制图单位。植被遥感制图应结合工作底图精度选择适宜分辨率的遥感数据,必要时应采用高分辨率遥感数据。山地植被还应完成典型剖面植被示意图
植被覆盖度空间分布图	评价范围内的植被状况,基于遥感数据并采用归一化植被指数(NDVI)估算得到的植被覆盖度空间分布情况
生态系统类型图	评价范围内的生态系统类型分布情况,采用 HJ 1166—2021 生态系统分类体系,以Ⅱ级类型作为基础制图单位
生态保护目标空间分布图	项目与生态保护目标的空间位置关系。针对重要物种、生态敏感区等不同的生态保护目标应分别成图,生态敏感区分布图应在行政主管部门公布的功能分区图上叠加工程要素,当不同生态敏感区重叠时,应通过不同边界线型加以区分
物种迁徙、洄游路线图	物种迁徙、洄游的路线、方向以及时间
物种适宜生境分布图	通过模型预测得到的物种分布图,以不同色彩表示不同适宜性等级的生境空间分布范围调查样方、样线、点位、断面
面等布设图	调查样方、样线、点位、断面等布设位置,在不同海拔高度布设的样方、样线等,应说明其海拔高度
生态监测布点图	生态监测点位布置情况
生态保护措施平面布置图	主要生态保护措施的空间位置
生态保护措施设计图	典型生态保护措施的设计方案及主要设计参数等信息

10.3.6.1 数据来源与要求

生态影响评价图件的基础数据来源包括已有图件资料、采样、实验、地面勘测和遥感信息等。图件基础数据应满足生态影响评价的时效性要求,选择与评价基准时段相匹配的数据源。当图件主题内容无显著变化时,制图数据源的时效性要求可在无显著变化期内适当放宽,但必须经过现场勘验校核。

10.3.6.2 制图与成图精度要求

生态影响评价制图应采用标准地形图作为工作底图,精度不低于工程设计的制图精度,比例尺一般在 1∶50000 以上。调查样方、样线、点位、断面等布设图、生态监测布点图、生态保护措施平面布置图、生态保护措施设计图等应结合实际情况选择适宜的比例尺,一般为 (1∶10000)~(1∶2000)。当工作底图的精度不满足评价要求时,应开展针对性的测绘工作。

生态影响评价成图应能准确、清晰地反映评价主题内容,满足生态影响判别和生态保护措施的实施。

当成图范围过大时,可采用点线面相结合的方式,分幅成图;涉及生态敏感区时,应分幅单独成图。

10.3.6.3 图件编制规范要求

生态影响评价图件应符合专题地图制图的规范要求,图面内容包括主图以及图名、图例、比例尺、方向标、注记、制图数据源(调查数据、实验数据、遥感信息数据、预测数据或其他)、成图时间等辅助要素。图式应符合《国家基本比例尺地图图式 第 1 部分:1∶500 1∶1000 1∶2000 地形图图式》(GB/T 20257.1—2017)。图面配置应在科学性、美观性、清晰性等方面相互协调。良好的图面配置总体效果包括:符号及图形的清晰与易读,整体图面的视觉对比度强,图形突出于背景,图形的视觉平衡效果好,图面设计的层次结构合理。

10.4 生态影响预测与评价

10.4.1 总体要求

生态影响预测与评价内容应与现状评价内容相对应,根据建设项目特点、区域生物多样性保护要求以及生态系统功能等选择评价预测指标。

生态影响预测与评价尽量采用定量方法进行描述和分析,生态影响预测与评价方法为自主学习内容。

10.4.2 生态影响预测与评价内容及要求

一级、二级评价应根据现状评价内容选择以下全部或部分内容开展预测评价:

① 采用图形叠置法分析工程占用的植被类型、面积及比例;通过引起地表沉陷或改变地表径流、地下水水位、土壤理化性质等方式对植被产生影响的,采用生态机理分析法、类比分析法等方法分析植物群落的物种组成、群落结构等变化情况;

② 结合工程的影响方式预测分析重要物种的分布、种群数量、生境状况等变化情况;分析施工活动和运行产生的噪声、灯光等对重要物种的影响;涉及迁徙、洄游物种的,分析工程施工和运行对迁徙、洄游行为的阻隔影响;涉及国家重点保护野生动植物、极危和濒危

物种的,可采用生境评价方法预测分析物种适宜生境的分布及面积变化、生境破碎化程度等,图示建设项目实施后的物种适宜生境分布情况;

③ 结合水文情势、水动力和冲淤、水质(包括水温)等影响预测结果,预测分析水生生境质量、连通性以及产卵场、索饵场、越冬场等重要生境的变化情况,图示建设项目实施后的重要水生生境分布情况;结合生境变化预测分析鱼类等重要水生生物的种类组成、种群结构、资源时空分布等变化情况;

④ 采用图形叠置法分析工程占用的生态系统类型、面积及比例;结合生物量、生产力、生态系统功能等变化情况预测分析建设项目对生态系统的影响;

⑤ 结合工程施工和运行引入外来物种的主要途径、物种生物学特性以及区域生态环境特点,参考 HJ 624—2011 分析建设项目实施可能导致外来物种造成生态危害的风险;

⑥ 结合物种、生境以及生态系统变化情况,分析建设项目对所在区域生物多样性的影响;分析建设项目通过时间或空间的累积作用方式产生的生态影响,如生境丧失、退化及破碎化、生态系统退化、生物多样性下降等;

⑦ 涉及生态敏感区的,结合主要保护对象开展预测评价;涉及以自然景观、自然遗迹为主要保护对象的生态敏感区时,分析工程施工对景观、遗迹完整性的影响,结合工程建筑物、构筑物或其他设施的布局及设计,分析与景观、遗迹的协调性。

三级评价可采用图形叠置法、生态机理分析法、类比分析法等预测分析工程对土地利用、植被、野生动植物等的影响。

不同行业应结合项目规模、影响方式、影响对象等确定评价重点:

① 矿产资源开发项目应对开采造成的植物群落及植被覆盖度变化、重要物种的活动、分布及重要生境变化以及生态系统结构和功能变化、生物多样性变化等开展重点预测与评价;

② 水利水电项目应对河流、湖泊等水体天然状态改变引起的水生生境变化、鱼类等重要水生生物的分布及种类组成、种群结构变化,水库淹没、工程占地引起的植物群落、重要物种的活动、分布及重要生境变化,调水引起的生物入侵风险,以及生态系统结构和功能变化、生物多样性变化等开展重点预测与评价;

③ 公路、铁路、管线等线性工程应对植物群落及植被覆盖度变化、重要物种的活动、分布及重要生境变化、生境连通性及破碎化程度变化、生物多样性变化等开展重点预测与评价;

④ 农业、林业、渔业等建设项目应对土地利用类型或功能改变引起的重要物种的活动、分布及重要生境变化、生态系统结构和功能变化、生物多样性变化以及生物入侵风险等开展重点预测与评价;

⑤ 涉海工程海洋生态影响评价应符合 GB/T 19485—2014 的要求,对重要物种的活动、分布及重要生境变化、海洋生物资源变化、生物入侵风险以及典型海洋生态系统的结构和功能变化、生物多样性变化等开展重点预测与评价。

金石之声

2021 年 10 月,中共中央办公厅、国务院办公厅印发《关于进一步加强生物多样性保护的意见》,并提出总体目标:

到 2025 年,持续推进生物多样性保护优先区域和国家战略区域的本底调查与评估,构建国家生物多样性监测网络和相对稳定的生物多样性保护空间格局。

到 2035 年，生物多样性保护政策、法规、制度、标准和监测体系全面完善，形成统一有序的全国生物多样性保护空间格局，全国森林、草原、荒漠、河湖、湿地、海洋等自然生态系统状况实现根本好转，典型生态系统、国家重点保护野生动植物物种、濒危野生动植物及其栖息地得到全面保护，长江水生生物完整性指数显著改善，生物遗传资源获取与惠益分享、可持续利用机制全面建立，保护生物多样性成为公民自觉行动，形成生物多样性保护推动绿色发展和人与自然和谐共生的良好局面，努力建设美丽中国。

10.5 生态保护对策措施

10.5.1 总体要求

应针对生态影响的对象、范围、时段、程度，提出避让、减缓、修复、补偿、管理、监测、科研等对策措施，分析措施的技术可行性、经济合理性、运行稳定性、生态保护和修复效果的可达性，选择技术先进、经济合理、便于实施、运行稳定、长期有效的措施，明确措施的内容、设施的规模及工艺、实施位置和时间、责任主体、实施保障、实施效果等，编制生态保护措施平面布置图、生态保护措施设计图，并估算（概算）生态保护投资。

优先采取避让方案，源头防止生态破坏，包括通过选址选线调整或局部方案优化避让生态敏感区，施工作业避让重要物种的繁殖期、越冬期、迁徙洄游期等关键活动期和特别保护期，取消或调整产生显著不利影响的工程内容和施工方式等。优先采用生态友好的工程建设技术、工艺及材料等。

坚持山水林田湖草沙一体化保护和系统治理的思路，提出生态保护对策措施。必要时开展专题研究和设计，确保生态保护措施有效。坚持尊重自然、顺应自然、保护自然的理念，采取自然的恢复措施或绿色修复工艺，避免生态保护措施自身的不利影响。不应采取违背自然规律的措施，切实保护生物多样性。

10.5.2 生态保护措施

项目施工前应对工程占用区域可利用的表土进行剥离，单独堆存，加强表土堆存防护及管理，确保有效回用。施工过程中，采取绿色施工工艺，减少地表开挖，合理设计高陡边坡支挡、加固措施，减少对脆弱生态的扰动。

项目建设造成地表植被破坏的，应提出生态修复措施，充分考虑自然生态条件，因地制宜，制订生态修复方案，优先使用原生表土和选用乡土物种，防止外来生物入侵，构建与周边生态环境相协调的植物群落，最终形成可自我维持的生态系统。生态修复的目标主要包括：恢复植被和土壤，保证一定的植被覆盖度和土壤肥力；维持物种种类和组成，保护生物多样性；实现生物群落的恢复，提高生态系统的生产力和自我维持力；维持生境的连通性等。生态修复应综合考虑物理（非生物）方法、生物方法和管理措施，结合项目施工工期、扰动范围，有条件的可提出"边施工、边修复"的措施要求。

尽量减少对动植物的伤害和生境占用。项目建设对重点保护野生植物、特有植物、古树名木等造成不利影响的，应提出优化工程布置或设计、就地或迁地保护、加强观测等措施，具备移栽条件、长势较好的尽量全部移栽。项目建设对重点保护野生动物、特有动物及其生境造成不利影响的，应提出优化工程施工方案、运行方式，实施物种救护，划定生境保护区域，开展生境保护和修复，构建活动廊道或建设食源地等措施。采取增殖放流、人工繁育等措施恢复受损的重要生物资源。项目建设产生阻隔影响的，应提出减缓阻隔、恢复生境连通的措施，如野生动物通道、过鱼设施等。项目建设和运行噪声、灯光等对动物造成不利影响的，应提出优化工程施工方案、设计方案或降噪遮光等防护措施。

矿山开采项目还应采取保护性开采技术或其他措施控制沉陷深度和保护地下水的生态功能。水利水电项目还应结合工程实施前后的水文情势变化情况、已批复的所在河流生态流量（水量）管理与调度方案等相关要求，确定合适的生态流量，具备调蓄能力且有生态需求的，应提出生态调度方案。涉及河流、湖泊或海域治理的，应尽量塑造近自然水域形态、底质、亲水岸线，尽量避免采取完全硬化措施。

10.5.3 生态监测和环境管理

结合项目规模、生态影响特点及所在区域的生态敏感性，针对性地提出全生命周期、长期跟踪或常规的生态监测计划，提出必要的科技支撑方案。大中型水利水电项目、采掘类项目、新建100km以上的高速公路及铁路项目、大型海上机场项目等应开展全生命周期生态监测；新建50～100km的高速公路及铁路项目、新建码头项目、高等级航道项目、围填海项目以及占用或穿（跨）越生态敏感区的其他项目应开展长期跟踪生态监测（施工期并延续至正式投运后5～10年），其他项目可根据情况开展常规生态监测。

生态监测计划应明确监测因子、方法、频次、点位等。开展全生命周期和长期跟踪生态监测的项目，其监测点位以代表性为原则，在生态敏感区可适当增加调查密度、频次。

施工期重点监测施工活动干扰下生态保护目标的受影响状况，如植物群落变化、重要物种的活动、分布变化、生境质量变化等，运行期重点监测对生态保护目标的实际影响、生态保护对策措施的有效性以及生态修复效果等。有条件或有必要的，可开展生物多样性监测。

明确施工期和运行期环境管理原则与技术要求，可提出开展施工期工程环境监理、环境影响后评价等环境管理和技术要求。

10.6 生态影响评价结论

对生态现状、生态影响预测与评价结果、生态保护对策措施等内容进行概括总结，从生态影响角度明确建设项目是否可行。

(1) 生态环境影响评价的基本程序包括什么？

（2）生态环境影响评价应包括哪些基本内容？

 案例分析

新建西成铁路西宁至 HSG 段项目生态影响评价相关内容见二维码 10-1。

二维码 10-1

第十一章

环境风险评价

本章导航

由于突发事件带来的不期望发生的不良后果往往伴随着对环境的严重污染与灾难性影响，环境风险评价已成为环境影响评价的重要组成部分，环境风险评价结果正逐渐成为制订风险应急预案以及科学决策的重要依据。本章在介绍风险、环境风险以及环境风险评价等核心概念的基础上，简要论述了环境风险评价发展的历程与国内外的发展动态，重点介绍了我国对建设项目进行环境风险评价的程序与等级要求、风险评价方法以及风险应急预案编制中需要考虑的重要内容。

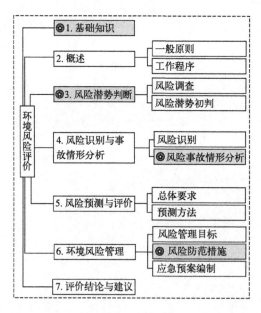

重难点内容

(1) 环境风险相关术语的定义。
(2) 环境风险评价级别和评价范围的确定。
(3) 风险事故情形设置和风险预测评价。
(4) 环境风险防范措施和应急预案编制。

11.1 基础知识

11.1.1 相关标准

《建设项目环境风险评价技术导则》(HJ 169—2018)。
《环境空气质量标准》(GB 3095—2012)。
《海水水质标准》(GB 3097—1997)。
《地表水环境质量标准》(GB 3838—2002)。
《生活饮用水卫生标准》(GB 5749—2022)。
《化学品分类和标签规范 第18部分：急性毒性》(GB 30000.18—2013)。
《化学品分类和标签规范 第28部分：对水生环境的危害》(GB 30000.28—2013)。
《地下水质量标准》(GB/T 14848—2017)。
《海洋工程环境影响评价技术导则》(GB/T 19485—2014)。
《建设项目环境影响评价技术导则 总纲》(HJ 2.1—2016)。
《环境影响评价技术导则 大气环境》(HJ 2.2—2018)。
《环境影响评价技术导则 地表水环境》(HJ 2.3—2018)。
《环境影响评价技术导则 地下水环境》(HJ 610—2016)。
《企业突发环境事件风险分级方法》(HJ 941—2018)。
《国家突发环境事件应急预案》(国办函〔2014〕119号)。

11.1.2 术语与定义

11.1.2.1 环境风险

突发性事故对环境造成的危害程度及可能性。

本章所指风险主要考虑事故状况下出现急性伤害风险的情形。对于人体健康风险、生态风险、土壤风险等以长期性及累积性效应为主的影响评价，列入人体健康、生态、土壤导则中统筹考虑。

11.1.2.2 环境风险潜势

对建设项目潜在环境危害程度的概化分析表达，是基于建设项目涉及的物质和工艺系统危险性及其所在地环境敏感程度的综合表征。

11.1.2.3 风险源

存在物质或能量意外释放，并可能产生环境危害的源。

11.1.2.4 危险物质

具有易燃易爆、有毒有害等特性，会对环境造成危害的物质。

11.1.2.5 危险单元

由一个或多个风险源构成的具有相对独立功能的单元，事故状况下应可实现与其他功能单元的分割。

11.1.2.6 最大可信事故

基于经验统计分析，在一定可能性区间内发生的事故中造成环境危害最严重的事故。

11.1.2.7 大气毒性终点浓度

人员短期暴露可能会导致出现健康影响或死亡的大气污染物浓度，用于判断周边环境风险影响程度。

《建设项目环境风险评价技术导则》（HJ 169—2018）采用美国能源部《采取保护性行动标准（Protective Action Criteria，PAC）》作为大气毒性终点浓度值，将大气毒性终点浓度值分为 1、2 级，分别对应 PAC-3、PAC-2。其中 1 级为当大气中危险物质浓度低于该限值时，绝大多数人员暴露 1h 不会对生命造成威胁，当超过该限值时，有可能对人群造成生命威胁；2 级为当大气中危险物质浓度低于该限值时，暴露 1h 一般不会对人体造成不可逆的伤害，或出现的症状一般不会损伤该个体采取有效防护措施的能力。

危险物质大气毒性终点浓度可在"国家环境保护环境影响评价数值模拟重点实验室"网站查询（共 3146 种）。在应用中宜采用最新的 PAC 值。

11.2 环境风险评价概述

11.2.1 一般原则

环境风险评价应以突发性事故导致的危险物质环境急性损害防控为目标，对建设项目的环境风险进行分析、预测和评估，提出环境风险预防、控制、减缓措施，明确环境风险监控及应急建议要求，为建设项目环境风险防控提供科学依据。

11.2.2 工作任务与程序

环境风险评价基本内容包括风险调查、环境风险潜势初判、风险识别、风险事故情形分析、风险预测与评价、环境风险管理等。

11.2.3 评价等级

环境风险评价工作等级划分为一级、二级、三级。根据建设项目涉及的物质及工艺系统危险性和所在地的环境敏感性确定环境风险潜势，按照表 11-1 确定评价工作等级。风险潜势为Ⅳ及以上，进行一级评价；风险潜势为Ⅲ，进行二级评价；风险潜势为Ⅱ，进行三级评价；风险潜势为Ⅰ，可开展简单分析。

表 11-1 评价工作等级划分

项目	环境风险潜势			
	Ⅳ、Ⅳ⁺	Ⅲ	Ⅱ	Ⅰ
评价工作等级	一	二	三	简单分析[①]

① 相对于详细评价工作内容而言，在描述危险物质、环境影响途径、环境危害后果、风险防范措施等方面给出定性的说明。

11.2.4 评价范围

环境风险评价范围应根据环境敏感目标分布情况、事故后果预测可能对环境产生危害的范围等综合确定。项目周边所在区域，评价范围外存在需要特别关注的环境敏感目标，评价范围需延伸至所关心的目标。不同项目或要素的环境风险评价范围一般如表 11-2 所示。

表 11-2 环境风险评价范围

项目/要素类别		一级	二级	三级	备注
大气环境	一般项目	距建设项目边界一般不低于 5km		距建设项目边界一般不低于 3km	当大气毒性终点浓度到达距离超出评价范围时，应根据到达距离调整
	油气、化学品输送管线项目	距管道中心线两侧一般均不低于 200m		距管道中心线两侧一般均不低于 100m	
地表水		参照 HJ 2.3—2018 确定			
地下水		参照 HJ 610—2016 确定			

11.3 风险潜势判断

风险潜势由建设项目涉及的物质和工艺系统的危险性及其所在地的环境敏感程度共同决定。风险潜势初判是确定建设项目环境风险评价等级的必要条件。

11.3.1 风险调查

风险调查是开展建设项目环境风险评价的前提和基础，基于风险调查，分析建设项目物质及工艺系统危险性和环境敏感性，进行风险潜势的判断，确定风险评价等级。风险调查包括建设项目风险源调查和环境敏感目标调查。建设项目风险源调查主要包括调查建设项目危险物质数量和分布情况、生产工艺特点，收集危险物质安全技术说明书（MSDS）等基础资料。环境敏感目标调查需要根据危险物质可能的影响途径，明确环境敏感目标，给出环境敏感目标区位分布图，列表明确调查对象、属性、相对方位及距离等信息。

11.3.2 物质和工艺系统危险性判断

物质和工艺系统危险性判断步骤如下：

① 分析建设项目生产、使用、储存过程中涉及的有毒有害、易燃易爆物质，确定危险物质的临界量（临界量数据采用《企业突发环境事件风险分级方法》中附录 A "突发环境事件风险物质及临界量清单"，如标准数据更新，宜使用有效版本）。

② 定量分析危险物质数量与临界量的比值（Q）。计算所涉及的每种危险物质在厂界内的最大存在总量与其对应临界量的比值 Q。在不同厂区的同一种物质，按其在厂界内的最大存在总量计算。对于长输管线项目，按照两个截断阀室之间管段危险物质最大存在总量计算。

当只涉及一种危险物质时，计算该物质的总量与其临界量的比值，即 Q；当存在多种危险物质时，则按公式（11-1）计算物质总量与其临界量比值（Q）：

$$Q = \frac{q_1}{Q_1} + \frac{q_2}{Q_2} + \cdots + \frac{q_n}{Q_n} \tag{11-1}$$

式中，$q_1, q_2, \cdots, q_n$ 为每种危险物质的最大存在总量，t；$Q_1, Q_2, \cdots, Q_n$ 为每种危险物质的临界量，t。

当 $Q<1$ 时,该项目环境风险潜势为Ⅰ。

当 $Q \geqslant 1$ 时,将 Q 值划分为:①$1 \leqslant Q<10$;②$10 \leqslant Q<100$;③$Q \geqslant 100$。

③ 评估项目所属行业及生产工艺(M)。分析项目所属行业及生产工艺特点,按照表11-3评估不同行业及生产工艺情况。具有多套工艺单元的项目,对每套生产工艺分别评分并求和。将 M 划分为 $M>20$、$10<M \leqslant 20$、$5<M \leqslant 10$、$M=5$,分别以 M1、M2、M3 和 M4 表示。

表 11-3 行业及生产工艺评估

行业	评估依据	分值
石化、化工、医药、轻工、化纤、有色、冶炼等	涉及光气及光气化工艺、电解工艺(氯碱)、氯化工艺、硝化工艺、合成氨工艺、裂解(裂化)工艺、氟化工艺、加氢工艺、重氮化工艺、氧化工艺、过氧化工艺、胺基化工艺、磺化工艺、聚合工艺、烷基化工艺、新型煤化工工艺、电石生产工艺、偶氮化工艺	10/套
—	无机酸制酸工艺、焦化工艺	5/套
—	其他高温或高压且涉及危险物质的工艺过程①、危险物质贮存罐区	5/套(罐区)
管道、港口/码头等	涉及危险物质管道运输项目、港口/码头等	10
石油天然气	石油、天然气、页岩气开采(含净化)、气库(不含加气站的气库)、油库(不含加气站的油库)、油气管线②(不含城镇燃气管线)	10
其他	涉及危险物质使用、贮存的项目	5

① 高温指工艺温度 $\geqslant 300℃$,高压指压力容器的设计压力 $(P) \geqslant 10.0MPa$。
② 长输管道运输项目应按站场、管线分段进行评价。

④ 对危险物质及工艺系统危险性等级进行判断。根据危险物质数量与临界量比值(Q)和行业及生产工艺评估,按照表11-4确定危险物质及工艺系统危险性等级(P),分别以 P1、P2、P3、P4 表示。

表 11-4 危险物质及工艺系统危险性等级判断

危险物质数量与临界量比值(Q)	行业及生产工艺评估			
	M1	M2	M3	M4
$Q \geqslant 100$	P1	P1	P2	P3
$10 \leqslant Q<100$	P1	P2	P3	P4
$1 \leqslant Q<10$	P2	P3	P4	P4

11.3.3 环境敏感程度判断

分析危险物质在事故情形下的环境影响途径,如大气、地表水、地下水等,对建设项目各要素环境敏感程度等级(E)进行判断。

11.3.3.1 大气环境

依据环境敏感目标环境敏感性及人口密度划分环境风险受体的敏感性,共分为三种类型,E1 为环境高度敏感区,E2 为环境中度敏感区,E3 为环境低度敏感区,大气环境敏感程度分级见表11-5。

表 11-5　大气环境敏感程度分级

分级	大气环境敏感性
E1	周边 5km 范围内居住区、医疗卫生、文化教育、科研、行政办公等机构人口总数大于 5 万,或其他需要特殊保护区域;或周边 500m 范围内人口总数大于 1000;油气、化学品输送管线管段周边 200m 范围内,每千米管段人口数大于 200
E2	周边 5km 范围内居住区、医疗卫生、文化教育、科研、行政办公等机构人口总数大于 1 万,小于 5 万,或周边 500m 范围内人口总数大于 500,小于 1000;油气、化学品输送管线管段周边 200m 范围内,每千米管段人口数大于 100,小于 200
E3	周边 5km 范围内居住区、医疗卫生、文化教育、科研、行政办公等机构人口总数小于 1 万;或周边 500m 范围内人口总数小于 500;油气、化学品输送管线管段周边 200m 范围内,每千米管段人口数小于 100

11.3.3.2　地表水环境

地表水环境敏感程度依据事故情况下危险物质泄漏到水体的排放点受纳地表水体功能敏感性与下游环境敏感目标情况,共分为三种类型,E1 为环境高度敏感区,E2 为环境中度敏感区,E3 为环境低度敏感区,分级原则见表 11-6。其中地表水功能敏感性分区和环境敏感目标分级分别见表 11-7 和表 11-8。

表 11-6　地表水环境敏感程度分级

环境敏感目标	地表水功能敏感性		
	F1	F2	F3
S1	E1	E1	E2
S2	E1	E2	E3
S3	E1	E2	E3

表 11-7　地表水功能敏感性分区

敏感性	地表水环境敏感特征
敏感 F1	排放点进入地表水水域环境功能为Ⅱ类及以上或海水水质分类第一类;从发生事故时危险物质泄漏到水体的排放点算起,排放水进入受纳河流最大流速时,24h 流经范围内涉跨国界的地区
较敏感 F2	排放点进入地表水水域环境功能为Ⅲ类或海水水质分类第二类;从发生事故时危险物质泄漏到水体的排放点算起,排放水进入受纳河流最大流速时,24h 流经范围内涉跨省界的地区
低敏感 F3	上述地区之外的其他地区

表 11-8　环境敏感目标分级

分级	环境敏感目标
S1	发生事故时,危险物质泄漏到内陆水体的排放点下游(顺水流向)10km 范围内、近岸海域一个潮周期水质点可能达到的最大水平距离的两倍范围内,有如下一类或多类环境风险受体:集中式地表水饮用水水源保护区(包括一级保护区、二级保护区及准保护区);农村及分散式饮用水水源保护区;自然保护区;重要湿地;珍稀濒危野生动植物天然集中分布区;重要水生生物的自然产卵场及索饵场、越冬场和洄游通道;世界文化和自然遗产地;红树林、珊瑚礁等滨海湿地生态系统;珍稀、濒危海洋生物的天然集中分布区;海洋特别保护区;海上自然保护区;盐场保护区;海水浴场;海洋自然历史遗迹;风景名胜区;其他特殊重要保护区域
S2	发生事故时,危险物质泄漏到内陆水体的排放点下游(顺水流向)10km 范围内、近岸海域一个潮周期水质点可能达到的最大水平距离的两倍范围内,有如下一类或多类环境风险受体的:水产养殖区;天然渔场;森林公园;地质公园;海滨风景游览区;具有重要经济价值的海洋生物生存区域

续表

分级	环境敏感目标
S3	排放点下游（顺水流向）10km 范围内、近岸海域一个潮周期水质点可能达到的最大水平距离的两倍范围内无上述类型包括的敏感保护目标

11.3.3.3 地下水环境

依据地下水功能敏感性与包气带防污性能，地下水环境敏感程度共分为三种类型，E1 为环境高度敏感区，E2 为环境中度敏感区，E3 为环境低度敏感区，分级原则见表 11-9。其中地下水功能敏感性分区和包气带防污性能分级分别见表 11-10 和表 11-11。当同一建设项目涉及两个 G 分区或 D 分级及以上时，取相对高值。

表 11-9 地下水环境敏感程度分级

包气带防污性能	地下水功能敏感性		
	G1	G2	G3
D1	E1	E1	E2
D2	E1	E2	E3
D3	E2	E3	E3

表 11-10 地下水功能敏感性分区

敏感性	地下水环境敏感特征
敏感 G1	集中式饮用水水源（包括已建成的在用、备用、应急水源，在建和规划的饮用水水源）准保护区；除集中式饮用水水源以外的国家或地方政府设定的与地下水环境相关的其他保护区，如热水、矿泉水、温泉等特殊地下水资源保护区
较敏感 G2	集中式饮用水水源（包括已建成的在用、备用、应急水源，在建和规划的饮用水水源）准保护区以外的补给径流区；未划定准保护区的集中式饮用水水源保护区以外的补给径流区；分散式饮用水水源地；特殊地下水资源（如热水、矿泉水、温泉等）保护区以外的分布区；其他未列入上述敏感分级的环境敏感区[①]
不敏感 G3	上述地区之外的其他地区

① 环境敏感区是指《建设项目环境影响评价分类管理名录》中所界定的涉及地下水的环境敏感区。

表 11-11 包气带防污性能分级

分级	包气带岩土的渗透性能
D3	$Mb=1.0m, K \leqslant 1.0 \times 10^{-6}$ cm/s，且分布连续、稳定
D2	$0.5m \leqslant Mb < 1.0m, K \leqslant 1.0 \times 10^{-6}$ cm/s，且分布连续、稳定 $Mb \geqslant 1.0m, 1.0 \times 10^{-6}$ cm/s $< K \leqslant 1.0 \times 10^{-4}$ cm/s，且分布连续、稳定
D1	岩（土）层不满足上述 D2 和 D3 条件

注：1. Mb 指岩土层单层厚度。
2. K 指渗透系数。

11.3.4 环境风险潜势划分

建设项目环境风险潜势划分为 Ⅰ、Ⅱ、Ⅲ、Ⅳ级。根据建设项目涉及的物质和工艺系统的危险性及其所在地的环境敏感程度，结合事故情形下环境影响途径，对建设项目潜在环境危害程度进行概化分析，按照表 11-12 确定环境风险潜势。

表 11-12　建设项目环境风险潜势划分

环境敏感程度(E)	危险物质及工艺系统危险性(P)			
	极高危害(P1)	高度危害(P2)	中度危害(P3)	轻度危害(P4)
环境高度敏感区(E1)	Ⅳ⁺	Ⅳ	Ⅲ	Ⅲ
环境中度敏感区(E2)	Ⅳ	Ⅲ	Ⅲ	Ⅱ
环境低度敏感区(E3)	Ⅲ	Ⅲ	Ⅱ	Ⅰ

注：Ⅳ⁺为极高环境风险。

11.4　风险识别与事故情形分析

风险识别及风险事故情形分析应明确危险物质在生产系统中的主要分布，筛选具有代表性的风险事故情形，合理设定事故源项。

11.4.1　风险识别

进行建设项目风险识别时，应根据危险物质泄漏、火灾、爆炸等突发性事故可能造成的环境风险类型，收集和准备建设项目工程资料，周边环境资料，国内外同行业、同类型事故统计分析及典型事故案例资料。对已建工程应收集环境管理制度，操作和维护手册，突发环境事件应急预案，应急培训、演练记录，历史突发环境事件及生产安全事故调查资料，设备失效统计数据等。风险识别的内容与方法如表 11-13 所示。

表 11-13　风险识别内容与方法

类别	内容	方法
物质危险性识别	包括主要原辅材料、燃料、中间产品、副产品、最终产品、污染物、火灾和爆炸伴生/次生物等	识别出危险物质，以图表的方式给出其易燃易爆、有毒有害危险特性，明确危险物质的分布
生产系统危险性识别	包括主要生产装置、储运设施、公用工程和辅助生产设施，以及环境保护设施等	按工艺流程和平面布置功能区划，结合物质危险性识别，以图表的方式给出危险单元划分结果及单元内危险物质的最大存在量；按生产工艺流程分析危险单元内潜在的风险源；按危险单元分析风险源的危险性、存在条件和转化为事故的触发因素；采用定性或定量分析方法筛选确定重点风险源
危险物质向环境转移的途径识别	包括分析危险物质特性及可能的环境风险类型，识别危险物质影响环境的途径，分析可能影响的环境敏感目标	环境风险类型包括危险物质泄漏，以及火灾、爆炸等引发的伴生/次生污染物排放；根据物质及生产系统危险性识别结果，分析环境风险类型、危险物质向环境转移的可能途径和影响方式

基于风险识别结果，应明确危险物质在生产系统中的主要分布，给出建设项目环境风险识别汇总，包括危险单元、风险源、主要危险物质、环境风险类型、环境影响途径、可能受影响的环境敏感目标等，说明风险源的主要参数。

11.4.2　风险事故情形分析

风险事故情形分析应在风险识别的基础上，选择对环境影响较大并具有代表性的事故类型,合理设定风险事故情形和事故源项。

11.4.2.1 风险事故情形设定

由于事故触发因素具有不确定性,因此事故情形的设定并不能包含全部可能的环境风险,但通过具有代表性的事故情形分析可为风险管理提供科学依据。事故情形的设定应在环境风险识别的基础上筛选,设定的事故情形应具有危险物质、环境危害、影响途径等方面的代表性。风险事故情形设定内容包括环境风险类型、风险源、危险单元、危险物质和影响途径等。

同一种危险物质可能有多种环境风险类型。风险事故情形应包括危险物质泄漏,以及火灾、爆炸等引发的伴生/次生污染物排放情形。对不同环境要素产生影响的风险事故情形,应分别进行设定。

对于火灾、爆炸事故,须将事故中未完全燃烧的危险物质在高温下迅速挥发释放至大气,以及燃烧过程中产生的伴生/次生污染物对环境的影响作为风险事故情形设定的内容。

设定的风险事故情形发生可能性应处于合理的区间,并与经济技术发展水平相适应。一般而言,发生频率小于 $10^{-6}/a$ 的事件是极小概率事件,可作为代表性事故情形中最大可信事故设定的参考。泄漏事故类型如容器、管道、泵体、压缩机、装卸臂和装卸软管的泄漏和破裂等,泄漏频率可参考表 11-14 的推荐值确定,也可采用事故树、事件树分析法或类比法等确定。

表 11-14 泄漏频率表

部件类型	泄漏模式	泄漏频率
反应器/工艺储罐/气体储罐/塔器	泄漏孔径为 10mm 孔径 10min 内储罐泄漏完 储罐全破裂	$1.00\times10^{-4}/a$ $5.00\times10^{-6}/a$ $5.00\times10^{-6}/a$
常压单包容储罐	泄漏孔径为 10mm 孔径 10min 内储罐泄漏完 储罐全破裂	$1.00\times10^{-4}/a$ $5.00\times10^{-6}/a$ $5.00\times10^{-6}/a$
常压双包容储罐	泄漏孔径为 10mm 孔径 10min 内储罐泄漏完 储罐全破裂	$1.00\times10^{-4}/a$ $1.25\times10^{-8}/a$ $1.25\times10^{-8}/a$
常压全包容储罐	储罐全破裂	$1.00\times10^{-8}/a$
内径≤75mm 的管道	泄漏孔径为 10%孔径 全管径泄漏	$5.00\times10^{-6}/(m\cdot a)$ $1.00\times10^{-6}/(m\cdot a)$
75mm<内径≤150mm 的管道	泄漏孔径为 10%孔径 全管径泄漏	$2.00\times10^{-6}/(m\cdot a)$ $3.00\times10^{-7}/(m\cdot a)$
内径>150mm 的管道	泄漏孔径为 10%孔径(最大 50mm) 全管径泄漏	$2.40\times10^{-6}/(m\cdot a)$① $1.00\times10^{-7}/(m\cdot 5a)$
泵体和压缩机	泵体和压缩机最大连接管泄漏孔径为 10%孔径(最大 50mm) 泵体和压缩机最大连接管全管径泄漏	$5.00\times10^{-4}/a$ $1.00\times10^{-4}/a$

续表

部件类型	泄漏模式	泄漏频率
装卸臂	装卸臂连接管泄漏孔径为10%孔径(最大50mm) 装卸臂全管径泄漏	3.00×10^{-7}/a 3.00×10^{-8}/a
装卸软管	装卸软管连接管泄漏孔径为10%孔径(最大50mm) 装卸软管全管径泄漏	4.00×10^{-5}/a 4.00×10^{-6}/a

资料来源：荷兰 TNO 紫皮书（*Guidelines for Quantitative*）以及 *Reference Manual Bevi Risk Assessments*。
① 数据来源于国际油气协会（International Association of Oil&Gas Producers）发布的"Risk Assessment Data Directory"。

事件树分析法是一种逻辑的演绎法，它在给定一个初因事件的情况下，分析此初因事件可能导致的各种事件序列的结果，从而定性与定量地评价了系统的特性，并帮助分析人员获得正确的决策，它常用于安全系统的事故分析和系统的可靠性分析，由于事件序列是以图形表示，并且呈扇状，故得名事件树。

事件树分析步骤如图 11-1 所示，包括：
① 确定或寻找可能导致系统严重后果的初因事件，并进行分类，对于那些可能导致相同事件树的初因事件可划分为一类；
② 建造事件树，先建功能事件树，然后建造系统事件树；
③ 进行事件树的简化；
④ 进行事件序列的定量化。

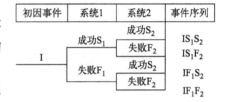

图 11-1 事件树分析步骤

11.4.2.2 源项分析

事故源强是为事故后果预测提供分析模拟情形。源项分析应基于风险事故情形的设定，合理估算源强。事故源强设定可采用计算法和经验估算法。

(1) 泄漏事故

以腐蚀或应力作用等引起的泄漏型为主的事故通常采用计算法估算事故泄漏速率，可分为液体、气体和两相流泄漏等情形。

泄漏时间应结合建设项目探测和隔离系统的设计原则确定。一般情况下，设置紧急隔离系统的单元泄漏时间可设定为 10min；未设置紧急隔离系统的单元泄漏时间可设定为 30min。泄漏液体的蒸发时间应结合物质特性、气象条件、工况等综合考虑，一般情况下，可按 15～30min 计；泄漏物质形成的液池面积以不超过泄漏单元的围堰（或堤）内面积计。

1) 液体泄漏

液体泄漏速率 Q_L 用伯努利方程计算（限制条件为液体在喷口内不应有急骤蒸发）：

$$Q_L = C_d A \rho \sqrt{\frac{2(P-P_0)}{\rho} + 2gh} \tag{11-2}$$

式中，Q_L 为液体泄漏速率，kg/s；P 为容器内介质压力，Pa；P_0 为环境压力，Pa；ρ 为泄漏液体密度，kg/m³；g 为重力加速度，9.81m/s²；h 为裂口之上液位高度，m；C_d 为液体泄漏系数，按表 11-15 选取；A 为裂口面积，m²。

表 11-15　液体泄漏系数（C_d）

雷诺数 Re	裂口形状		
	圆形（多边形）	三角形	长方形
>100	0.65	0.60	0.55
≤100	0.50	0.45	0.40

2）气体泄漏

气体从设备的裂口泄漏时，其泄漏速率与空气的流动状态有关，因此，首先需要判断泄漏时，气体流动属于亚音速流动还是音速流动，前者称为次临界流，后者称为临界流。

当公式（11-3）成立时，气体流动属音速流动（临界流）：

$$\frac{P_0}{P} \leqslant \left(\frac{2}{\gamma+1}\right)^{\frac{\gamma}{\gamma+1}} \tag{11-3}$$

式中，P 为容器压力，Pa；P_0 为环境压力，Pa；γ 为气体的绝热指数（比热容比），即定压比热容 C_p 与定容比热容 C_v 之比。

当公式（11-4）成立时，气体流动属于亚音速流动（次临界流）：

$$\frac{P_0}{P} > \left(\frac{2}{\gamma+1}\right)^{\frac{\gamma}{\gamma+1}} \tag{11-4}$$

假定气体特性为理想气体，其泄漏速率 Q_G 按公式（11-5）计算：

$$Q_G = YC_d AP \sqrt{\frac{M\gamma}{RT_G}\left(\frac{2}{\gamma+1}\right)^{\frac{\gamma+1}{\gamma-1}}} \tag{11-5}$$

式中，Q_G 为气体泄漏速率，kg/s；P 为容器压力，Pa；C_d 为气体泄漏系数，当裂口形状为圆形时取 1.00，三角形时取 0.95，长方形时取 0.90；M 为物质的摩尔质量，kg/mol；R 为气体常数，J/(mol·K)；T_G 为气体温度，K；A 为裂口面积，m²；Y 为流出系数，对于临界流 $Y=1.0$，对于次临界流按公式（11-6）计算：

$$Y = \left(\frac{P_0}{P}\right)^{\frac{1}{\gamma}} \times \left[1-\left(\frac{P_0}{P}\right)^{\frac{\gamma-1}{\gamma}}\right]^{\frac{1}{2}} \times \left[\frac{2}{\gamma-1}\times\left(\frac{\gamma+1}{2}\right)^{\frac{\gamma+1}{\gamma-1}}\right]^{\frac{1}{2}} \tag{11-6}$$

3）两相流泄漏

假定液相和气相是均匀的，且互相平衡，两相流泄漏速率 Q_{LG} 按公式（11-7）～公式（11-9）计算：

$$Q_{LG} = C_d A \sqrt{2\rho_m(P-P_c)} \tag{11-7}$$

$$\rho_m = \frac{1}{\dfrac{F_v}{\rho_1}+\dfrac{1-F_v}{\rho_2}} \tag{11-8}$$

$$F_v = \frac{C_p(T_{LG}-T_c)}{H} \tag{11-9}$$

式中，Q_{LG} 为两相流泄漏速率，kg/s；C_d 为两相流泄漏系数，取 0.8；P_c 为临界压力，Pa，取 0.55Pa；P 为操作压力或容器压力，Pa；A 为裂口面积，m²；ρ_m 为两相混合物的平均密度，kg/m³；ρ_1 为液体蒸发的蒸气密度，kg/m³；ρ_2 为液体密度，kg/m³；F_v 为蒸发的液体占液体总量的比例；C_p 为两相混合物的定压比热容，J/(kg·K)；T_{LG} 为两相混合物的温度，K；T_c 为液体在临界压力下的沸点，K；H 为液体的汽化热，J/kg。

当 $F_v>1$ 时，表明液体将全部蒸发成气体，此时应按气体泄漏计算；如果 F_v 很小，则可近似地按液体泄漏公式计算。

4) 液体泄漏的蒸发速率

泄漏液体的蒸发分为闪蒸蒸发、热量蒸发和质量蒸发三种，其蒸发总量为这三种蒸发之和。闪蒸蒸发估算需要先计算液体中闪蒸部分：

$$F_v = \frac{C_p(T_T - T_b)}{H_v} \times \frac{\lambda S(T_0 - T_b)}{H\sqrt{\pi \alpha t}} \tag{11-10}$$

式中，F_v 为泄漏液体的闪蒸比例；T_T 为储存温度，K；T_b 为泄漏液体的沸点，K；T_0 为环境温度，K；λ 为表面热导率，W/(m·K)；S 为液池面积，m²；α 为表面热扩散系数，m²/s；t 为蒸发时间，s；H_v 为泄漏液体的蒸发热，J/kg；C_p 为泄漏液体的定压比热容，J/(kg·K)。

过热液体闪蒸蒸发速率可按公式 (11-11) 估算：

$$Q_1 = Q_L F_v \tag{11-11}$$

式中，Q_1 为过热液体闪蒸蒸发速率，kg/s；Q_L 为物质泄漏速率，kg/s。

热量蒸发是当液体闪蒸不完全，有一部分液体在地面形成液池，并吸收地面热量而汽化的部分，其蒸发速率按公式 (11-12) 计算，并应考虑对流传热系数。

$$Q_2 = \frac{\lambda S(T_0 - T_b)}{H\sqrt{\pi \alpha t}} \tag{11-12}$$

式中，Q_2 为热量蒸发速率，kg/s；T_0 为环境温度，K；T_b 为泄漏液体沸点；K；H 为液体汽化热，J/kg；t 为蒸发时间，s；λ 为表面热导率（取值见表 11-16），W/(m·K)；S 为液池面积，m²；α 为表面热扩散系数（取值见表 11-16），m²/s。

表 11-16 某些地面的热传递性质

地面情况	λ/[W/(m·K)]	α/(m²/s)
水泥	1.1	1.29×10^{-7}
土地(含水 8%)	0.9	4.3×10^{-7}
干涸土地	0.3	2.3×10^{-7}
湿地	0.6	3.3×10^{-7}
砂砾地	2.5	11.0×10^{-7}

当热量蒸发结束后，转由液池表面气流运动使液体蒸发，称之为质量蒸发，其蒸发速率按公式 (11-13) 计算：

$$Q_3 = \alpha p \frac{M}{RT_0} u^{\frac{2-n}{2+n}} r^{\frac{4+n}{2+n}} \tag{11-13}$$

式中，Q_3 为质量蒸发速率，kg/s；p 为液体表面蒸气压，Pa；R 为气体常数，J/(mol·K)；T_0 为环境温度，K；M 为物质的摩尔质量，kg/mol；u 为风速，m/s；r 为液池半径，m；α，n 为大气稳定度系数，取值见表 11-17。

表 11-17 液池蒸发模式参数

大气稳定度	n	α
不稳定(A,B)	0.2	3.846×10^{-3}
中性(D)	0.25	4.685×10^{-3}
稳定(E,F)	0.3	5.285×10^{-3}

液池最大直径取决于泄漏点附近的地域构型、泄漏的连续性或瞬时性。有围堰时,以围堰最大等效半径为液池半径;无围堰时,设定液体瞬间扩散到最小厚度,推算液池等效半径。

液体蒸发总量按公式（11-14）计算：

$$W_p = Q_1 t_1 + Q_2 t_2 + Q_3 t_3 \tag{11-14}$$

式中,W_p 为液体蒸发总量,kg；Q_1 为闪蒸液体蒸发速率,kg/s；Q_2 为热量蒸发速率,kg/s；Q_3 为质量蒸发速率,kg/s；t_1 为闪蒸蒸发时间,s；t_2 为热量蒸发时间,s；t_3 为从液体泄漏到全部清理完毕的时间,s。

（2）火灾、爆炸事故

对于火灾、爆炸事故在高温下迅速挥发释放至大气的未完全燃烧危险物质,以及在燃烧过程中产生的伴生/次生污染物,可采用经验法估算释放量。

1）火灾、爆炸事故中有毒有害物质释放量

火灾、爆炸事故中未参与燃烧的有毒有害物质的释放比例取值见表 11-18。

表 11-18　火灾、爆炸事故中未参与燃烧的有毒有害物质的释放比例

项目	释放比例/%					
	$LC_{50} <$ 200mg/m^3	200mg/m^3 $\leqslant LC_{50} <$ 1000mg/m^3	1000mg/m^3 $\leqslant LC_{50} <$ 2000mg/m^3	2000mg/m^3 $\leqslant LC_{50} <$ 10000mg/m^3	10000mg/m^3 $\leqslant LC_{50} <$ 20000mg/m^3	$LC_{50} \geqslant$ 20000mg/m^3
$Q \leqslant 100$	5	10				
$100 < Q \leqslant 500$	1.5	3	6			
$500 < Q \leqslant 1000$	1	2	4	5	8	
$1000 < Q \leqslant 5000$		0.5	1	1.5	2	3
$5000 < Q \leqslant 10000$			0.5	1	1	2
$10000 < Q \leqslant 20000$				0.5	1	1
$20000 < Q \leqslant 50000$					0.5	0.5
$50000 < Q \leqslant 100000$						0.5

注：LC_{50} 为物质半致死浓度,Q 为有毒有害物质在线量。

2）火灾伴生/次生污染物产生量

火灾伴生/次生污染物主要有二氧化硫和一氧化碳。

油品火灾伴生/次生二氧化硫产生量按公式（11-15）计算：

$$G_{二氧化硫} = 2BS \tag{11-15}$$

式中,$G_{二氧化硫}$ 为二氧化硫排放速率,kg/h；B 为物质燃烧量,kg/h；S 为物质中硫的含量,%。

油品火灾伴生/次生一氧化碳产生量按公式（11-16）计算：

$$G_{一氧化碳} = 2330qCQ \tag{11-16}$$

式中,$G_{一氧化碳}$ 为一氧化碳的产生量,kg/s；C 为物质中碳的含量,取 85%；q 为化学不完全燃烧值,取 1.5%～6.0%；Q 为参与燃烧的物质量,t/s。

（3）其他估算方法

① 装卸事故,泄漏量按装卸物质流速和管径及失控时间计算,失控时间一般可按 5～

30min 计。

② 油气长输管线泄漏事故，按管道截面 100% 断裂估算泄漏量，应考虑截断阀启动前、后的泄漏量。截断阀启动前，泄漏量按实际工况确定；截断阀启动后，泄漏量以管道泄压至与环境压力平衡所需要时间计。

③ 水体污染事故源强应结合污染物释放量、消防用水量及雨水量等因素综合确定。

(4) 源强参数确定

根据风险事故情形确定事故源参数（如泄漏点高度、温度、压力、泄漏液体蒸发面积等）、释放/泄漏速率、释放/泄漏时间、释放/泄漏量、泄漏液体蒸发量等，给出源强汇总。

11.5 风险预测与评价

11.5.1 预测评价要求

各环境要素按确定的评价工作等级分别开展预测评价，分析说明环境风险危害范围与程度，提出环境风险防范的基本要求。

大气环境风险预测。一级评价需选取最不利气象条件和事故发生地的最常见气象条件，选择适用的数值方法进行分析预测，给出风险事故情形下危险物质释放可能造成的大气环境影响范围与程度。对于存在极高大气环境风险的项目，应进一步开展关心点概率分析。二级评价需选取最不利气象条件，选择适用的数值方法进行分析预测，给出风险事故情形下危险物质释放可能造成的大气环境影响范围与程度。三级评价应定性分析说明大气环境影响后果。

地表水环境风险预测。一级、二级评价应选择适用的数值方法预测地表水环境风险，给出风险事故情形下可能造成的影响范围与程度；三级评价应定性分析说明地表水环境影响后果。

地下水环境风险预测。一级评价应优先选择适用的数值方法预测地下水环境风险，给出风险事故情形下可能造成的影响范围与程度；低于一级评价的，风险预测分析与评价要求参照 HJ 610—2016 执行。

11.5.2 预测方法

11.5.2.1 有毒有害物质在大气中的扩散

(1) 预测范围与计算点

① 预测范围由预测模型计算获取，即预测物质浓度达到评价标准时的最大影响范围，一般以大气毒性终点浓度作为预测评价标准。预测范围一般不超过 10km。

② 计算点分特殊计算点和一般计算点。特殊计算点指大气环境敏感目标等关心点，一般计算点指下风向不同距离点。一般计算点的设置应具有一定分辨率，距离风险源 500m 范围内可设置 10~50m 间距，大于 500m 范围内可设置 50~100m 间距。

(2) 事故源参数

根据大气风险预测模型的需要，调查泄漏设备类型、尺寸、操作参数（压力、温度等），泄漏物质理化特性（摩尔质量、沸点、临界温度、临界压力、比热容比、气体定压比热容、液体定压比热容、液体密度、汽化热等）。

(3) 气象参数

① 一级评价需选取最不利气象条件及事故发生地的最常见气象条件分别进行后果预测。其中最不利气象条件取 F 类稳定度，风速 1.5m/s，温度 25℃，相对湿度 50%；最常见气象条件由当地近 3 年内的至少连续 1 年气象观测资料统计分析得出，包括出现频率最高的稳定度、该稳定度下的平均风速（非静风）、日最高平均气温、年平均湿度。

② 二级评价需选取最不利气象条件进行后果预测，最不利气象条件取 F 类稳定度，风速 1.5m/s，温度 25℃，相对湿度 50%。

(4) 预测模型筛选

① 预测计算时，应区分重质气体与轻质气体排放选择合适的大气风险预测模型，其中重质气体和轻质气体的判断依据可采用理查德森数（R_i）进行判定。

判定烟团/烟羽是否为重质气体，取决于它相对空气的"过剩密度"和环境条件等因素。通常采用理查德森数（R_i）作为标准进行判断。R_i 的概念公式（11-17）为：

$$R_i = \frac{烟团的势能}{环境的湍流动能} \tag{11-17}$$

R_i 是个流体动力学参数。根据不同的排放性质，理查德森数的计算公式不同。一般地，依据排放类型，理查德森数的计算分连续排放、瞬时排放两种形式：

连续排放：

$$R_i = \frac{\left[\dfrac{g\left(\dfrac{Q}{\rho_{rel}}\right)}{D_{rel}} \times \dfrac{\rho_{rel} - \rho_a}{\rho_a}\right]^{\frac{1}{3}}}{U_r} \tag{11-18}$$

瞬时排放：

$$R_i = \frac{g\left(\dfrac{Q_t}{\rho_{rel}}\right)^{\frac{1}{3}}}{U_r^2} \times \frac{\rho_{rel} - \rho_a}{\rho_a} \tag{11-19}$$

式中，ρ_{rel} 为排放物质进入大气的初始密度，kg/m³；ρ_a 为环境空气密度，kg/m³；Q 为连续排放烟羽的排放速率，kg/s；Q_t 为瞬时排放的物质质量，kg；D_{rel} 为初始的烟团宽度，即源直径，m；U_r 为 10m 高处风速，m/s。

判定连续排放还是瞬时排放，可以通过对比排放时间 T_d 和污染物到达最近的受体点（网格点或敏感点）的时间 T 确定。

$$T = 2X/U_r \tag{11-20}$$

式中，X 为事故发生地与计算点的距离，m；U_r 为 10m 高处风速，m/s。

假设风速和风向在 T 时间段内保持不变。当 $T_d > T$ 时，可被认为是连续排放的；当 $T_d \leqslant T$ 时，可被认为是瞬时排放。

采用理查德森数（R_i）的判断标准为：对于连续排放，$R_i \geqslant 1/6$ 为重质气体，$R_i < 1/6$ 为轻质气体；对于瞬时排放，$R_i > 0.04$ 为重质气体，$R_i \leqslant 0.04$ 为轻质气体。当 R_i 处于临界值附近时，说明烟团/烟羽既不是典型的重质气体扩散，也不是典型的轻质气体扩散。可以进行敏感性分析，分别采用重质气体模型和轻质气体模型进行模拟，选取影响范围最大的结果。

② 采用合适的推荐模型进行气体扩散后果预测，模型选择应结合模型的适用范围、参

数要求等说明模型选择的依据。

大气风险推荐模型包括 SLAB 模型和 AFTOX 模型。SLAB 模型适用于平坦地形下重质气体排放的扩散模拟，处理的排放类型包括地面水平挥发池、抬升水平喷射、烟囱或抬升垂直喷射以及瞬时体源。SLAB 模型可以在一次运行中模拟多组气象条件，但模型不适用于实时气象数据输入。AFTOX 模型适用于平坦地形下中性气体和轻质气体排放以及液池蒸发气体的扩散模拟，可模拟连续排放或瞬时排放，液体或气体，地面源或高架源，点源或面源的指定位置浓度、下风向最大浓度及其位置等。

推荐模型的说明、源代码、执行文件、用户手册以及技术文档可在"国家环境保护环境影响评价数值模拟重点实验室"网站下载。

③ 当泄漏事故发生在丘陵、山地等时，应考虑地形对扩散的影响，选择适合的大气风险预测模型。选择其他技术成熟的风险扩散模型，应说明模型选择理由，分析其应用合理性。

（5）预测结果表述

① 给出下风向不同距离处有毒有害物质的最大浓度，以及预测浓度达到不同毒性终点浓度的最大影响范围。

② 给出各关心点的有毒有害物质浓度随时间变化情况，以及关心点的预测浓度超过评价标准时对应的时刻和持续时间。

③ 对于存在极高大气环境风险的建设项目，应开展关心点概率分析，即有毒有害气体（物质）剂量负荷对个体的大气伤害概率、关心点处气象条件的频率、事故发生概率的乘积，以反映关心点处人员在无防护措施条件下受到伤害的可能性。

暴露于有毒有害物质气团下、无任何防护的人员，因物质毒性而导致死亡的概率可按技术导则推荐取值，或者按公式（11-21）及公式（11-22）估算：

$$P_E = 0.5 \left[1 + \mathrm{erf}\left(\frac{Y-5}{\sqrt{2}}\right) \right], Y \geqslant 5 \text{ 时} \tag{11-21}$$

$$P_E = 0.5 \left[1 - \mathrm{erf}\left(\frac{|Y-5|}{\sqrt{2}}\right) \right], Y < 5 \text{ 时} \tag{11-22}$$

式中，P_E 为人员吸入毒性物质导致急性死亡的概率；Y 为中间量，量纲为1。

Y 可采用公式（11-23）估算：

$$Y = A_t + B_t \ln[C^n t_e] \tag{11-23}$$

式中，A_t、B_t 和 n 为与毒物性质有关的参数，可按技术导则推荐取值；C 为接触的质量浓度，$\mathrm{mg/m^3}$；t_e 为接触 C 质量浓度的时间，min。

11.5.2.2 有毒有害物质在地表水、地下水中的运移扩散

有毒有害物质进入水环境包括事故直接导致和事故处理处置过程间接导致的情况，一般为瞬时排放源和有限时段内排放的源。

（1）预测模型

1）地表水

根据风险识别结果，有毒有害物质进入水体的方式、水体类别及特征，以及有毒有害物质的溶解性，选择适用的预测模型。

① 对于油品类泄漏事故，流场计算按 HJ 2.3—2018 中的相关要求，选取适用的预测模

型，溢油漂移扩散过程按 GB/T 19485—2014 中的溢油粒子模型进行溢油轨迹预测。

② 其他事故，地表水风险预测模型及参数参照 HJ 2.3—2018。

2）地下水

地下水风险预测模型及参数参照 HJ 610—2016。

(2) 终点浓度值选取

终点浓度即预测评价标准。终点浓度值根据水体分类及预测点水体功能要求，按照《地表水环境质量标准》（GB 3838—2002）、《生活饮用水卫生标准》（GB 5749—2022）、《海水水质标准》（GB 3097—1997）或《地下水质量标准》（GB/T 14848—2017）选取。对于未列入上述标准，但确需进行分析预测的物质，其终点浓度值选取可参照 HJ 2.3—2018、HJ 610—2016。对于难以获取终点浓度值的物质，可按质点运移到达判定。

(3) 预测结果表述

1）地表水

根据风险事故情形对水环境的影响特点，预测结果可采用以下表述方式：①给出有毒有害物质进入地表水体最远超标距离及时间；②给出有毒有害物质经排放通道到达下游（按水流方向）环境敏感目标处的时间、超标时间、超标持续时间及最大浓度，对于在水体中漂移类物质，应给出漂移轨迹。

2）地下水

给出有毒有害物质进入地下水体到达下游厂区边界和环境敏感目标处的时间、超标时间、超标持续时间及最大浓度。

11.6 环境风险管理

11.6.1 环境风险管理目标

环境风险管理目标是采用最低合理可行原则（ALARP）管控环境风险。采取的环境风险防范措施应与社会经济技术发展水平相适应，运用科学的技术手段和管理方法，对环境风险进行有效的预防、监控、响应。

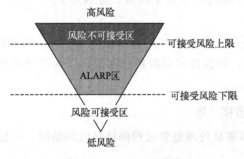

图 11-2 ALARP 原则

ALARP 原则的含义是任何工业活动都具有风险，不可能通过预防措施来彻底消除风险，必须在风险水平和利益之间做出平衡。ALARP 原则（图 11-2）包括两条风险分界线（容许上限和容许下限），分别称为可接受风险上限、可接受风险下限。两条线将风险分为 3 个区域：风险不可接受区、尽可能降低的容忍区（ALARP 区）、风险可接受区。若风险评价所得的风险等级落在风险不可接受区，除特殊情况外，该风险无论如何不能被接受。对处于设计阶段的装置，该设计方案不能被通过；对现有装置，必须立即停止生产，采取强制性措施降低风险水平。若风险等级处在风险可接受区，由于风险水平很低，无需采取安全改进措施。若风险等级处在 ALARP 区，则需要考察实施各种降低风险水平措施后的后果，并进行成本效益分析，据此确定该风险是否可以接受。如果增加危险防范后，对降低系统风险水平无显著影响，则可以认为该风险不可接受。

11.6.2　环境风险防范措施

环境风险防范措施中应提出环境风险管理对策，针对各环境要素分别提出风险防范措施，明确突发环境事件应急预案编制要求。

大气环境风险防范应结合风险源状况明确环境风险的防范、减缓措施，提出环境风险监控要求，并结合环境风险预测分析结果、区域交通道路和安置场所位置等，提出事故状态下人员的疏散通道及安置等应急建议。

事故废水环境风险防范应明确"单元-厂区-园区/区域"的环境风险防控体系要求，设置事故废水收集（尽可能以非动力自流方式）和应急储存设施，以满足事故状态下收集泄漏物料、污染消防水和污染雨水的需要，明确并图示防止事故废水进入外环境的控制、封堵系统。应急储存设施应根据发生事故的设备容量、事故时消防用水量及可能进入应急储存设施的雨水量等因素综合确定。应急储存设施内的事故废水应及时进行有效处置，做到回用或达标排放。结合环境风险预测分析结果，提出实施监控和启动相应的园区/区域突发环境事件应急预案的建议要求。

地下水环境风险防范应重点采取源头控制和分区防渗措施，加强地下水环境的监控、预警，提出事故应急减缓措施。

针对主要风险源，提出设立风险监控及应急监测系统，实现事故预警和快速应急监测、跟踪，提出应急物资、人员等的管理要求。对于改建、扩建和技术改造项目，应分析依托企业现有环境风险防范措施的有效性，提出完善意见和建议。环境风险防范措施应纳入环保投资和建设项目竣工环境保护验收内容。

11.6.3　突发环境事件应急预案编制要求

应按照国家、地方和相关部门要求，提出企业突发环境事件应急预案编制或完善的原则要求，包括预案适用范围、环境事件分类与分级、组织机构与职责、监控和预警、应急响应、应急保障、善后处置、预案管理与演练等内容。

考虑事故触发具有不确定性，厂内环境风险防控系统应纳入园区/区域环境风险防控体系，明确风险防控设施、管理的衔接要求。企业突发环境事件应急预案应体现分级响应、区域联动的原则，与地方政府突发环境事件应急预案相衔接，明确分级响应程序。极端事故风险防控及应急处置应结合所在园区/区域环境风险防控体系筹考虑，按分级响应要求及时启动园区/区域环境风险防范措施，实现厂内与园区/区域环境风险防控设施及管理有效联动，有效防控环境风险。

11.7　环境风险评价结论与建议

通常从项目危险因素、环境敏感性及事故环境影响、环境风险防范措施和应急预案等方面，综合评价过程提出评价结论与建议。

11.7.1　项目危险因素

简要说明主要危险物质、危险单元及其分布，明确项目危险因素，提出优化平面布局、调整危险物质存在量及危险性控制的建议。

11.7.2　环境敏感性及事故环境影响

简要说明项目所在区域环境敏感目标及其特点，根据预测分析结果，明确突发性事故可能造成环境影响的区域和涉及的环境敏感目标，提出保护措施及要求。

11.7.3　环境风险防范措施和应急预案

结合区域环境条件和园区/区域环境风险防控要求，明确建设项目环境风险防控体系，重点说明防止危险物质进入环境及进入环境后的控制、削减、监测等措施，提出优化调整风险防范措施建议及突发环境事件应急预案原则要求。

11.7.4　小结

综合环境风险评价专题的工作过程，明确给出建设项目环境风险是否可防控的结论。根据建设项目环境风险可能影响的范围与程度，提出缓解环境风险的建议措施。对存在较大环境风险的建设项目，须提出环境影响后评价的要求。

金石之声

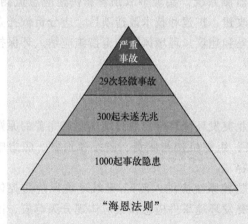

海恩法则是航空界关于飞行安全的法则。海恩法则指出：每一起严重事故的背后，必然有29次轻微事故和300起未遂先兆事故以及1000起事故隐患；在管理和控制层面，任何一个问题只要被发现，其解决所需的成本将随时间推移而不断增加，因此应在问题发生时及时解决，以降低成本和风险。

海恩法则强调两点：一是事故的发生是量的积累的结果；二是再好的技术，再完美的规章，在实际操作层面，也无法取代人自身的素质和责任心。

思考题

（1）环境风险评价的目的和意义是什么？
（2）环境风险评价的基本程序包括什么，使用哪些方法？
（3）环境风险评价包括哪些基本内容？

案例分析

KP市ZHX石油有限公司建设项目环境风险评价相关内容见二维码11-1。

二维码11-1

第十二章

规划环境影响评价

 本章导航

国民经济和社会发展规划是政府履行经济调节、市场监管、社会管理和公共服务职责的重要依据，也是实施宏观调控的重要手段。加强规划环评工作，避免环境因素考虑不足而导致的生态环境问题，是加强国民经济和社会发展规划编制工作的重要内容，也是促进经济发展方式转变，实现经济社会全面协调可持续发展的必然要求。本章介绍了规划环境影响评价的概念、特点、评价原则和评价范围，以及评价方法和程序、规划分析等，重点介绍了规划环境影响评价的基本工作内容，以及规划方案综合论证、环境影响减缓对策、环境影响跟踪评价等内容。

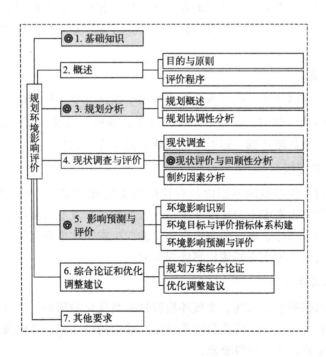

 **重难点内容**

（1）规划环境影响评价的目的、主要程序和方法。

(2) 环境目标和指标体系的构建及环境影响预测与评价。
(3) 规划环境影响评价对建设项目环境影响评价工作的指导和约束作用。

12.1 基础知识

12.1.1 相关标准

《规划环境影响评价技术导则　总纲》(HJ 130—2019)。
《环境影响评价技术导则　大气环境》(HJ 2.2—2018)。
《环境影响评价技术导则　地表水环境》(HJ 2.3—2018)。
《环境影响评价技术导则　声环境》(HJ 2.4—2021)。
《环境影响评价技术导则　生态影响》(HJ 19—2022)。
《建设项目环境风险评价技术导则》(HJ 169—2018)。
《环境影响评价技术导则　地下水环境》(HJ 610—2016)。
《区域生物多样性评价标准》(HJ 623)。
《环境影响评价技术导则　土壤环境（试行）》(HJ 964—2018)。

12.1.2 术语与定义

12.1.2.1 环境目标

环境目标指为保护和改善生态环境而设定的、拟在相应规划期限内达到的环境质量、生态功能和其他与生态环境保护相关的目标和要求，是规划编制和实施应满足的生态环境保护总体要求。

12.1.2.2 生态空间

生态空间指具有自然属性，以提供生态服务或生态产品为主体功能的国土空间，包括森林、草原、湿地、河流、湖泊、滩涂、岸线、海洋、荒地、荒漠、戈壁、冰川、高山冻原、无居民海岛等区域，是保障区域生态系统稳定性、完整性，提供生态服务功能的主要区域。

12.1.2.3 生态保护红线

生态保护红线指在生态空间范围内具有特殊重要生态功能、必须强制性严格保护的区域，是保障和维护国家生态安全的底线和生命线，通常包括具有重要水源涵养、生物多样性维护、水土保持、防风固沙、海岸生态稳定等功能的生态功能重要区域，以及水土流失、土地沙化、石漠化、盐渍化等生态环境敏感脆弱区域。

12.1.2.4 环境质量底线

环境质量底线指按照水、大气、土壤环境质量不断优化的原则，结合环境质量现状和相关规划、功能区划要求，考虑环境质量改善潜力，确定的分区域、分阶段环境质量目标及相应的环境管控、污染物排放控制等要求。

12.1.2.5 资源利用上线

资源利用上线是以保障生态安全和改善环境质量为目的，结合自然资源开发管控，提出的分区域、分阶段的资源开发利用总量、强度、效率等管控要求。

12.1.2.6 环境敏感区

环境敏感区指依法设立的各级各类保护区域和对规划实施产生的环境影响特别敏感的区域，主要包括生态保护红线范围内或者其外的下列区域：

① 自然保护区、风景名胜区、世界文化和自然遗产地、海洋特别保护区、饮用水水源保护区；

② 永久基本农田、基本草原、森林公园、地质公园、重要湿地、天然林、野生动物重要栖息地、重点保护野生植物生长繁殖地、重要水生生物自然产卵场、索饵场、越冬场和洄游通道、天然渔场、水土流失重点预防区、沙化土地封禁保护区、封闭及半封闭海域；

③ 以居住、医疗卫生、文化教育、科研、行政办公等为主要功能的区域，以及文物保护单位。

12.1.2.7 重点生态功能区

重点生态功能区指生态系统脆弱或生态功能重要，需要在国土空间开发中限制进行大规模高强度工业化城镇化开发，以保持并提高生态产品供给能力的区域。

12.1.2.8 生态系统完整性

生态系统完整性指自然生态系统通过其组织、结构、关系等应对外来干扰并维持自身状态稳定性和生产能力的功能水平。

12.1.2.9 环境管控单元

环境管控单元指集成生态保护红线及生态空间、环境质量底线、资源利用上线的管控区域。

12.1.2.10 生态环境准入清单

生态环境准入清单指基于环境管控单元，统筹考虑生态保护红线、环境质量底线、资源利用上线的管控要求，以清单形式提出的空间布局、污染物排放、环境风险防控、资源开发利用等方面生态环境准入要求。

12.2 规划环境影响评价概述

12.2.1 评价目的

规划环境影响评价以改善环境质量和保障生态安全为目标，论证规划方案的生态环境合理性和环境效益，提出规划优化调整建议；明确不良生态环境影响的减缓措施，提出生态环境保护建议和管控要求，为规划决策和规划实施过程中的生态环境管理提供依据。

12.2.2 评价原则

（1）早期介入、过程互动

评价应在规划编制的早期阶段介入，在规划前期研究和方案编制、论证、审定等关键环节和过程中充分互动，不断优化规划方案，提高环境合理性。

（2）统筹衔接、分类指导

评价工作应突出不同类型、不同层级规划及其环境影响特点，充分衔接"三线一单"成果，分类指导规划所包含建设项目的布局和生态环境准入。

(3) 客观评价、结论科学

依据现有知识水平和技术条件对规划实施可能产生的不良环境影响的范围和程度进行客观分析，评价方法应成熟可靠，数据资料应完整可信，结论建议应具体明确且具有可操作性。

12.2.3 评价范围

按照规划实施的时间维度和可能影响的空间尺度来界定评价范围。时间维度上，应包括整个规划期，并根据规划方案的内容、年限等选择评价的重点时段。空间尺度上，应包括规划空间范围以及可能受到规划实施影响的周边区域。周边区域确定应考虑各环境要素评价范围，兼顾区域流域污染物传输扩散特征、生态系统完整性和行政边界。

12.2.4 评价程序

12.2.4.1 工作流程

规划环境影响评价应在规划编制的早期阶段介入，并与规划编制、论证及审定等关键环节和过程充分互动，互动内容一般包括：

① 在规划前期阶段，同步开展规划环评工作。通过对规划内容的分析，收集与规划相关的法律法规、环境政策等，收集上层位规划和规划所在区域战略环评及"三线一单"成果，对规划区域及可能受影响的区域进行现场踏勘，收集相关基础数据资料，初步调查环境敏感区情况，识别规划实施的主要环境影响，分析提出规划实施的资源、生态、环境制约因素，反馈给规划编制机关。

② 在规划方案编制阶段，完成现状调查与评价，提出环境影响评价指标体系，分析、预测和评价拟定规划方案实施的资源、生态、环境影响，并将评价结果和结论反馈给规划编制机关，作为方案比选和优化的参考和依据。

③ 在规划的审定阶段：

a. 进一步论证拟推荐的规划方案的环境合理性，形成必要的优化调整建议，反馈给规划编制机关。针对推荐的规划方案提出不良环境影响减缓措施和环境影响跟踪评价计划，编制环境影响报告书。

b. 如果拟选定的规划方案在资源、生态、环境方面难以承载，或者可能造成重大不良生态环境影响且无法提出切实可行的预防或减缓对策和措施，或者根据现有的数据资料和专家知识对可能产生的不良生态环境影响的程度、范围等无法作出科学判断，应向规划编制机关提出对规划方案作出重大修改的建议并说明理由。

④ 规划环境影响报告书审查会后，应根据审查小组提出的修改意见和审查意见对报告书进行修改完善。

⑤ 在规划报送审批前，应将环境影响评价文件及其审查意见正式提交给规划编制机关。

12.2.4.2 技术流程

规划环境影响评价的技术流程通常包括：

① 规划分析。包括分析拟议的规划目标、指标、规划方案与相关的其他发展规划、环境保护规划的关系。

② 环境现状与分析。包括调查、分析环境现状和历史演变，识别敏感的环境问题以及

制约拟议规划的主要因素。

③ 环境影响识别与确定环境目标和评价指标。包括识别规划目标、指标、方案（包括替代方案）的主要环境问题和环境影响，按照有关的环境保护政策、法规和标准，拟定或确认环境目标，选择量化和非量化的评价指标。

④ 环境影响分析与评价。包括预测和评价不同规划方案（包括替代方案）对环境保护目标、环境质量和可持续性的影响。

⑤ 针对各规划方案（包括替代方案），拟定环境保护对策和措施，确定环境可行的推荐规划方案。

⑥ 开展公众参与。

⑦ 拟定监测、跟踪评价计划。

⑧ 编写规划环境影响评价文件（报告书、篇章或说明）。

需要注意的是，针对部分领域已经制定了规划环境影响评价技术导则，如《规划环境影响评价技术导则 流域综合规划》（HJ 1218—2021）、《规划环境影响评价技术导则 产业园区》（HJ 131—2021）、《公路网规划环境影响评价技术要点（试行）》（环办〔2014〕102号）、《城际铁路网规划环境影响评价技术要点（试行)》（环办环评〔2017〕43号）等，开展工作时需要对相关标准进行及时追踪。

12.3 规划分析

规划分析包括规划概述和规划协调性分析。规划概述应明确可能对生态环境造成影响的规划内容；规划协调性分析应明确规划与相关法律、法规、政策的相符性，以及规划在空间布局、资源保护与利用、生态环境保护等方面的冲突和矛盾。

12.3.1 规划概述

介绍规划编制背景和定位，结合图、表梳理分析规划的空间范围和布局，规划不同阶段目标、发展规模、布局、结构（包括产业结构、能源结构、资源利用结构等）、建设时序，配套基础设施等可能对生态环境造成影响的规划内容，梳理规划的环境目标、环境污染治理要求、环保基础设施建设、生态保护与建设等方面的内容。如规划方案包含的具体建设项目有明确的规划内容，应说明其建设时段、内容、规模、选址等。

12.3.2 规划协调性分析

规划协调性分析主要分析与政策法规的符合性、与区域整体发展规划及产业结构布局的协调性、与其他规划的协调性。

筛选出与本规划相关的生态环境保护法律法规、环境经济政策、环境技术政策、资源利用和产业政策，分析本规划与其相关要求的符合性。

分析规划规模、布局、结构等规划内容与上层位规划、区域"三线一单"管控要求、战略或规划环评成果的符合性，识别并明确规划在空间布局以及资源保护与利用、生态环境保护等方面的冲突和矛盾。

筛选出在评价范围内与本规划同层位的自然资源开发利用或生态环境保护相关规划，分析与同层位规划在关键资源利用和生态环境保护等方面的协调性，明确规划与同层位规划间的冲突和矛盾。

12.4 现状调查与评价

现状调查与评价应开展资源利用和生态环境现状调查、环境影响回顾性分析，明确评价区域资源利用水平和生态功能、环境质量现状、污染物排放状况，分析主要生态环境问题及成因，梳理规划实施的资源、生态、环境制约因素。

12.4.1 现状调查

现状调查内容包括自然地理状况、环境质量现状、生态状况及生态功能、环境敏感区和重点生态功能区、资源利用现状、社会经济概况、环保基础设施建设及运行情况等内容。实际工作中应根据规划环境影响特点和区域生态环境保护要求，从表12-1中选择相应内容开展调查和资料收集，并附相应图件。

表12-1 生态环境现状调查内容

调查要素		主要调查内容
自然地理状况		地形地貌,河流、湖泊(水库)、海湾的水文状况,水文地质状况,气候与气象特征等
环境质量现状	地表水环境	① 水功能区划、海洋功能区划、近岸海域环境功能区划、保护目标及各功能区水质达标情况； ② 主要水污染因子和特征污染因子、水环境控制单元主要污染物排放现状、环境质量改善目标要求； ③ 地表水控制断面位置及达标情况、主要水污染源(包括工业、农业、生活污染源和移动源)分布和污染贡献率、单位国内生产总值废水及主要水污染物排放量； ④ 附水功能区划图、控制断面位置图、海洋功能区划图、近岸海域环境功能区划、水环境控制单元图、主要水污染源排放口分布图和现状监测点位图
	地下水环境	① 环境水文地质条件,包括含(隔)水层结构及分布特征,地下水补、径、排条件,地下水流场等； ② 地下水利用现状、地下水水质达标情况、主要污染因子和特征污染因子； ③ 附环境水文地质相关图件,现状监测点位图
	大气环境	① 大气环境功能区划、保护目标及各功能区环境空气质量达标情况； ② 主要大气污染因子和特征污染因子、大气环境控制单元主要污染物排放现状、环境质量改善目标要求； ③ 主要大气污染源分布和污染贡献率(包括工业、农业和生活污染源)、单位国内生产总值主要大气污染物排放量； ④ 附大气环境功能区划图、大气环境管控分区图、重点污染源分布图和现状监测点位图
	声环境	声环境功能区划、保护目标及各功能区声环境质量达标情况,附声环境功能区划图和现状监测点位图
	土壤环境	① 土壤主要理化特征、主要土壤污染因子和特征污染因子、土壤中污染物含量、土壤污染风险防控区及防控目标,附土壤现状监测点位图； ② 海洋沉积物质量达标情况
生态状况及生态功能		① 生态保护红线与管控要求； ② 生态功能区划、主体功能区划； ③ 生态系统的类型(森林、草原、荒漠、冻原、湿地、水域、海洋、农田、城镇等)及其结构、功能和过程； ④ 植物区系与主要植被类型,珍稀、濒危、特有、狭域野生动植物的种类、分布和生境状况； ⑤ 主要生态问题的类型、成因、空间分布、发生特点等； ⑥ 附生态保护红线图、生态空间图、重点生态功能区划图及野生动植物分布图等

续表

调查要素		主要调查内容
环境敏感区和重点生态功能区		① 环境敏感区的类型、分布、范围、敏感性(或保护级别)、主要保护对象及相关环境保护要求等，与规划布局空间位置关系,附相关图件； ② 重点生态功能区的类型、分布、范围和生态功能,与规划布局空间位置关系,附相关图件
资源利用现状	土地资源	主要用地类型、面积及其分布,土地资源利用上线及开发利用状况,土地资源重点管控区,附土地利用现状图
	水资源	水资源总量、时空分布,水资源利用上线及开发利用状况和耗用状况(包括地表水和地下水),海水与再生水利用状况,水资源重点管控区,附有关的水系图及水文地质相关图件
	能源	能源利用上限及能源消费总量、能源结构及利用效率
	矿产资源	矿产资源类型与储量、生产和消费总量、资源利用效率等,附矿产资源分布图
	旅游资源	旅游资源和景观资源的地理位置、范围和开发利用状况等,附相关图件
	岸线和滩涂资源	滩涂、岸线资源及其利用状况,附相关图件
	重要生物资源	重要生物资源(如林地资源、草地资源、渔业资源、海洋生物资源)和其他对区域经济社会发展有重要价值的资源地理分布、储量及其开发利用状况,附相关图件
其他	固体废物	固体废物(一般工业固体废物、一般农业固体废物、危险废物、生活垃圾)产生量及单位国内生产总值固体废物产生量,危险废物的产生量、产生源分布等
社会经济概况		评价范围内的人口规模、分布,经济规模与增长率,交通运输结构、空间布局等；重点关注评价区域的产业结构、主导产业及其布局、重大基础设施布局及建设情况等,附相应图件
环保基础设施建设及运行情况		评价范围内的污水处理设施(含管网)规模、分布、处理能力和处理工艺、服务范围；集中供热、供气情况；大气、水、土壤污染综合治理情况；区域噪声污染控制情况；一般工业固体废物与危险废物利用处置方式和利用处置设施情况(包括规模、分布、处理能力、处理工艺、服务范围和服务年限等)；现有生态保护工程及实施效果；环保投诉情况等

现状调查应立足于收集和利用评价范围内已有的常规现状资料，并说明资料来源和有效性。有常规监测资料的区域，资料原则上包括近5年或更长时间段资料，能够说明各项调查内容的现状和变化趋势。对其中的环境监测数据，应给出监测点位名称、监测点位分布图、监测因子、监测时段、监测频次及监测周期等，分析说明监测点位的代表性。

当已有资料不能满足评价要求，或评价范围内有需要特别保护的环境敏感区时，可利用相关研究成果，必要时进行补充调查或监测，补充调查样点或监测点位应具有针对性和代表性。

12.4.2 现状评价与回顾性分析

12.4.2.1 资源利用现状评价

明确与规划实施相关的自然资源、能源种类，结合区域资源禀赋及其合理利用水平或上限要求，分析区域水资源、土地资源、能源等各类资源利用的现状水平和变化趋势。

12.4.2.2 环境与生态现状评价

① 结合各类环境功能区划及其目标质量要求，评价区域水、大气、土壤、声等环境要素的质量现状和演变趋势，明确主要和特征污染因子，并分析其主要来源；分析区域环境质量达标情况、主要环境敏感区保护等方面存在的问题及成因，明确需解决的主要环境问题。

② 结合区域生态系统的结构与功能状况，评价生态系统的重要性和敏感性，分析生态

状况和演变趋势及驱动因子。当评价区域涉及环境敏感区和重点生态功能区时，应分析其生态现状、保护现状和存在的问题等；当评价区域涉及受保护的关键物种时，应分析该物种种群与重要生境的保护现状和存在问题。明确需解决的主要生态保护和修复问题。

12.4.2.3 环境影响回顾性分析

结合上一轮规划实施情况或区域发展历程，分析区域生态环境演变趋势和现状生态环境问题与上一轮规划实施或发展历程的关系，调查分析上一轮规划环评及审查意见落实情况和环境保护措施的效果，提出本次评价应重点关注的生态环境问题及解决途径。

12.4.3 制约因素分析

分析评价区域资源利用水平、生态状况、环境质量等现状与区域资源利用上线、生态保护红线、环境质量底线等管控要求间的关系，明确提出规划实施的资源、生态、环境制约因素。

12.5 规划环境影响预测与评价

12.5.1 环境影响识别

根据规划方案的内容、年限，识别和分析评价期内规划实施对资源、生态、环境造成影响的途径、方式，以及影响的性质、范围和程度，识别规划实施可能产生的主要生态环境影响和风险。通过环境影响识别，筛选出受规划实施影响显著的资源、生态、环境要素，作为环境影响预测与评价的重点。

对于易生物蓄积、长期接触可能对人群和生物产生危害作用的无机和有机污染物、放射性污染物、微生物等的规划，还应识别规划实施产生的污染物与人体接触的途径以及可能造成的人群健康风险。

对资源、生态、环境要素的重大不良影响，可从规划实施是否导致区域环境质量下降和生态功能丧失、资源利用冲突加剧、人居环境明显恶化等三个方面进行分析与判断，具体判断标准详见表12-2。

表12-2　判断重大不良生态环境影响需考虑的因素

影响类别	考虑因素
导致区域环境质量、生态功能恶化的重大不良生态环境影响	主要包括规划实施使评价区域的环境质量下降（环境质量降级）或导致生态保护红线、重点生态功能区的组成、结构、功能发生显著不良变化或导致其功能丧失
导致资源利用、环境保护严重冲突的重大不良生态环境影响	主要包括规划实施与规划范围内或相邻区域内的其他资源开发利用规划和环境保护规划等产生的显著冲突，规划实施可能导致的跨行政区、跨流域以及跨国界的显著不良影响
导致人居环境发生显著不利变化的重大不良生态环境影响	主要包括规划实施导致具有易生物蓄积、长期接触对人体和生物产生危害作用的无机和有机污染物、放射性污染物、微生物等在水、大气和土壤等人群主要环境暴露介质中污染水平显著增加，农牧渔产品污染风险、人群健康风险显著增加，规划实施导致人居生态环境发生显著不良变化

12.5.2 环境目标与评价指标体系构建

构建环境目标与评价指标体系是规划环评的基础性工作，科学的评价指标、目标体系可充分反映规划区域的各方面特征，选择科学的评价方法进行综合评价，可客观地评价区域规划实施对环境的综合影响，指导规划实施过程，为决策者提供技术支持。环境目标与评价指标体系构建主要包括以下步骤：

① 确定环境目标。分析国家和区域可持续发展战略、生态环境保护法规与政策、资源利用法规与政策等的目标及要求，重点依据评价范围涉及的生态环境保护规划、生态建设规划以及其他相关生态环境保护管理规定，结合规划协调性分析结论，衔接区域"三线一单"成果，设定各评价时段有关生态功能保护、环境质量改善、污染防治、资源开发利用等的具体目标及要求。

② 建立评价指标体系。结合规划实施的资源、生态、环境等制约因素，从环境质量、生态保护、资源利用、污染排放、风险防控、环境管理等方面构建评价指标体系。评价指标应符合评价区域生态环境特征，体现环境质量和生态功能不断改善的要求，体现规划的属性特点及其主要环境影响特征。

③ 确定评价指标值。评价指标应易于统计、比较和量化，指标值符合相关产业政策、生态环境保护政策、相关标准中规定的限值要求，如国内政策、标准中没有相应的规定，也可参考国际标准来确定；对于不易量化的指标可参考相关研究成果或经过专家论证，给出半定量的指标值或定性说明。

以下为A市"十四五"交通运输发展专项规划中环境目标及评价指标确定过程：

（1）环境目标

A市"十四五"交通运输发展规划的总体环境保护目标是在实现A市跨越式发展的同时，确保交通建设与资源、环境相协调，符合国家产业政策和宏观战略；建设布局合理、技术先进、节约资源和能源、排放污染少、生态友好的绿色交通运输网络。具体目标包括：

① 规划符合国家宏观战略对交通运输的定位和要求，符合国家能源、土地利用及环境保护等相关政策的要求。

② 规划建设布局满足区域地方经济、社会发展环境保护和城镇体系规划要求，与规划区域总体规划所确定城市性质、发展目标、城市空间布局、综合交通规划、生态环境保护、绿地系统等相关规划保持协调。

③ 能源、土地等战略资源及环境能够支撑交通规划确定的建设规模。

④ 规划实施排放的主要污染物不得超过规划区域的环境承载能力，主要污染物排放总量得到有效控制，清洁生产和循环经济逐步得到推广。

⑤ 规划实施后，规划项目所经地区环境质量能保持其相应功能区的限值要求。

⑥ 规划应与各类环境敏感区和谐共处，自然保护区、风景名胜区、饮用水源保护区、文物保护单位、森林公园等受法律法规保护的环境敏感区不受规划实施的影响。

⑦ 交通运输建设项目环境保护管理进一步完善。

⑧ 追求更多的环境正效益。

（2）评价指标体系确定

1) 确定评价指标的原则

① 重宏观轻微观。交通运输发展规划阶段只涉及各种运输方式和运输结构的总体布局，对于线路、场址的具体选址和规模，单个工程的详细设计方案尚无法明确，因此评价时需从宏观角度进行分析。基于各种交通方式在环境影响中的共性来制定相应的评价指标，从全局来预测和分析交通运输发展规划可能产生的环境影响。

② 阶段性原则。规划和项目可行性研究分属两个不同的阶段，分别处于决策链的起始两端。两者所处阶段不同决定了其环评的目的和作用也不相同。规划环评的作用是生态环境保护、源头控制，实现的目标是优化布局、促进可持续发展，而建设项目的环境影响评价的作用是污染物控制、末端治理，实现的目标是提出减缓措施，达标排放。因此，评价指标的选择必须具有阶段性的特点。

③ 类比定性分析的原则。"十四五"交通运输发展规划对环境的影响是通过各交通基础设施具体建设项目实施产生的。在规划环境影响评价中，由于缺乏详细的数据或保护对象的不确定性而无法使用与项目环评阶段完全相同的评价指标，但可以通过类比的方式，对规划项目进行预测和影响评价，这里还是以定性的分析为主。

2) 评价指标体系

根据本轮 A 市"十四五"交通运输发展规划思路和区域环境特点，借鉴其他交通规划环境影响评价的经验，针对规划实施的资源、生态、环境等制约因素，结合环境影响识别和筛选，按照国家和地方的环境保护政策、法规和标准，拟定 A 市"十四五"交通运输发展规划环境影响评价的指标体系，确定各评价内容的指标及参考标杆或推荐对比指标。由于规划周期较长且属于宏观规划，且交通类项目多为生态影响，因此指标的选取以定性为主，尽可能做到半定量。评价指标用于根据预测结果与标杆对比，从而评价环境合理性，如表 12-3 所示。

表 12-3 "十四五"交通运输发展规划环境保护评价指标体系

主题	环境目标	评价指标	目标/指标值	备注
资源利用	能源利用	交通附属设施清洁能源比例	100%	约束性
		水、能源等资源消耗量	在资源承载能力范围内	—
	土地资源	建设项目用地指标	符合《公路建设项目用地指标》要求	约束性
环境质量	地表水环境	区域地表水环境质量	不下降，满足相应功能区要求	约束性
	地下水环境	区域地下水环境质量	不下降，满足相应功能区要求	约束性
	大气环境	区域空气环境质量	不下降，满足相应功能区要求	约束性
	声环境	敏感点声环境达标率	100%	约束性
	振动	铅垂向 Z 振级	符合《城市区域环境振动标准》铁路干线两侧要求	约束性
	辐射	敏感点的电磁环境质量	符合《电磁环境控制限值》	约束性
	生态环境	生态系统结构	不降低	预期性
		重点野生动植物保护程度	不降低	预期性
		与生态敏感区的临近度（穿行、可能穿行、距离较近、远离）	满足相关法律法规和敏感区总体规划的要求	预期性
	土壤	区域土壤环境	不下降，满足相应功能区要求	约束性
污染控制	水环境	生活污水集中处理率	100%	约束性
		污水处置达标率	100%	约束性
	环境空气	二氧化碳排放量	有所下降	约束性
	固体废物	生活垃圾收集处理率	100%	约束性

续表

主题	环境目标	评价指标	目标/指标值	备注
社会环境	环境管理	环境管理制度与能力	基本完善	预期性
		工程环保与水保、地质灾害治理设计实施率	100%	约束性
		施工期环境管理竣工验收	100%	约束性
		应急预案制定率	100%	约束性

12.5.3 环境影响预测与评价

对规划实施所造成的环境影响进行预测，应充分考虑不同层级和属性规划的环境影响特征以及决策需求，采用定性和定量相结合的方式开展评价。主要针对环境影响识别出的资源、生态、环境要素，开展多情景的影响预测与评价，一般包括预测情景设置、规划实施生态环境压力分析，环境质量、生态功能的影响预测与评价，对环境敏感区和重点生态功能区的影响预测与评价，环境风险预测与评价，资源与环境承载力评估等内容。

12.5.3.1 预测情景设置

针对规划实施所造成的环境影响，应结合规划所依托的资源环境和基础设施建设条件、区域生态功能维护和环境质量改善要求等，从规划规模、布局、结构、建设时序等方面，设置多种情景开展环境影响预测与评价。

12.5.3.2 规划实施生态环境压力分析

与建设项目环境影响预测与评价的重点不同，规划环评更加关注规划实施对区域生态系统整体性、综合性的影响。规划实施生态环境压力分析是开展预测评价的前提条件，通过分析规划开发强度，估算污染源强，结合区域污染物总量控制与节能减排要求，确定评价深度和设置不同情景。

① 依据环境现状评价和回顾性分析结果，考虑技术进步等因素，估算不同情景下水、土地、能源等规划实施支撑性资源的需求量和主要污染物（包括常规污染物和特征污染物）的产生量、排放量。

② 依据生态现状评价和回顾性分析结果，考虑生态系统演变规律及生态保护修复等因素，评估不同情景下主要生态因子（如生物量、植被覆盖度/率、重要生境面积等）的变化量。

12.5.3.3 影响预测与评价

环境影响预测与评价应给出规划实施对评价区域资源、生态、环境的影响程度和范围，叠加环境质量、生态功能和资源利用现状，分析规划实施后能否满足环境目标要求，评估区域资源与环境承载能力。对主要环境要素的影响预测和评价可参考相应的环境影响评价技术导则（HJ 2.2—2018、HJ 2.3—2018、HJ 2.4—2021、HJ 19—2022、HJ 169—2018、HJ 610—2016、HJ 623、HJ 964—2018 等）进行。

① 水环境影响预测与评价。预测不同情景下规划实施导致的区域水资源、水文情势、海洋水文动力环境和冲淤环境、地下水补径排状况等的变化，分析主要污染物对地表水和地下水、近岸海域水环境质量的影响，明确影响的范围、程度，评价水环境质量的变化能否满

足环境目标要求，绘制必要的预测与评价图件。

② 大气环境影响预测与评价。预测不同情景下规划实施产生的大气污染物对环境空气质量的影响，明确影响范围、程度，评价大气环境质量的变化能否满足环境目标要求，绘制必要的预测与评价图件。

③ 土壤环境影响预测与评价。预测不同情景下规划实施的土壤环境风险，评价土壤环境的变化能否满足相应环境管控要求，绘制必要的预测与评价图件。

④ 声环境影响预测与评价。预测不同情景下规划实施对声环境质量的影响，明确影响范围、程度，评价声环境质量的变化能否满足相应的功能区目标，绘制必要的预测与评价图件。

⑤ 生态影响预测与评价。预测不同情景下规划实施对生态系统结构、功能的影响范围和程度，评价规划实施对生物多样性和生态系统完整性的影响，绘制必要的预测与评价图件。

⑥ 环境敏感区影响预测与评价。预测不同情景下规划实施对评价范围内生态保护红线、自然保护区等环境敏感区的影响，评价其是否符合相应的保护和管控要求，绘制必要的预测与评价图件。

⑦ 人群健康风险分析。对具有易生物蓄积、长期接触可能对人群和生物产生危害作用的无机和有机污染物、放射性污染物、微生物等的规划，根据上述特定污染物的环境影响范围，估算暴露人群数量和暴露水平，开展人群健康风险分析。

⑧ 环境风险预测与评价。对于涉及重大环境风险源的规划，应进行风险源及源强、风险源叠加、风险源与受体响应关系等方面的分析，开展环境风险评价。

12.5.3.4 资源与环境承载力评估

规划环境影响评价区别于项目环评，应从宏观上重点评价规划的规模、布局、结构的合理性，在明确主要资源环境制约因素的前提下，重点评价资源和环境对规划实施的可承载能力。

① 资源与环境承载力分析。分析规划实施支撑性资源（水资源、土地资源、能源等）可利用（配置）上线和规划实施主要环境影响要素（大气、水等）污染物允许排放量，结合现状利用和排放量、区域削减量，分析各评价时段剩余可利用的资源量和剩余污染物允许排放量。

② 资源与环境承载状态评估。根据规划实施新增资源消耗量和污染物排放量，分析规划实施对各评价时段剩余可利用资源量和剩余污染物允许排放量的占用情况，评估资源与环境对规划实施的承载状态。

12.6 规划方案综合论证和优化调整建议

规划方案综合论证和优化调整应以改善环境质量和保障生态安全为核心，综合环境影响预测与评价结果，论证规划目标、规模、布局、结构等规划内容的环境合理性以及评价设定的环境目标的可达性，分析判定规划实施的重大资源、生态、环境制约的程度、范围、方式等，提出规划方案的优化调整建议并推荐环境可行的规划方案。如果规划方案优化调整后资源、生态、环境仍难以承载，不能满足资源利用上线和环境质量底线要求，应提出规划方案的重大调整建议。

12.6.1 规划方案综合论证

规划方案的综合论证包括环境合理性论证和环境效益论证两部分内容。前者从规划实施对资源、生态、环境综合影响的角度,论证规划内容的合理性;后者从规划实施对区域经济、社会与环境发挥的作用,以及协调当前利益与长远利益之间关系的角度,论证规划方案的合理性。

12.6.1.1 规划方案的环境合理性论证

① 基于区域环境保护目标以及"三线一单"要求,结合规划协调性分析结论,论证规划目标与发展定位的环境合理性。

② 基于环境影响预测与评价和资源与环境承载力评估结论,结合资源利用上线和环境质量底线等要求,论证规划规模和建设时序的环境合理性。

③ 基于规划布局与生态保护红线、重点生态功能区、其他环境敏感区的空间位置关系和对以上区域的影响预测结果,结合环境风险评价的结论,论证规划布局的环境合理性。

④ 基于环境影响预测与评价和资源与环境承载力评估结论,结合区域环境管理和循环经济发展要求,以及规划重点产业的环境准入条件和清洁生产水平,论证规划用地结构、能源结构、产业结构的环境合理性。

⑤ 基于规划实施环境影响预测与评价结果,结合生态环境保护措施的经济技术可行性、有效性,论证环境目标的可达性。

12.6.1.2 规划方案的环境效益论证

分析规划实施在维护生态功能、改善环境质量、提高资源利用效率、减少温室气体排放、保障人居安全、优化区域空间格局和产业结构等方面的环境效益。

12.6.1.3 不同类型规划方案综合论证重点

进行综合论证时,应针对不同类型和不同层级规划的环境影响特点,选择论证方向,突出重点。

① 对于资源能源消耗量大、污染物排放量高的行业规划,重点从流域和区域资源利用上线、环境质量底线对规划实施的约束、规划实施可能对环境质量的影响程度、环境风险、人群健康风险等方面,论述规划拟定的发展规模、布局(及选址)和产业结构的环境合理性。

② 对于土地利用的有关规划和区域、流域、海域的建设、开发利用规划,农业、畜牧业、林业、能源、水利、旅游、自然资源开发专项规划,重点从流域或区域生态保护红线、资源利用上线对规划实施的约束,以及规划实施对生态系统及环境敏感区、重点生态功能区结构、功能的影响和生态风险等角度,论述规划方案的环境合理性。

③ 对于公路、铁路、城市轨道交通、航运等交通类规划,重点从规划实施对生态系统结构、功能所造成的影响,规划布局与评价区域生态保护红线、重点生态功能区、其他环境敏感区的协调性等方面,论述规划布局(即选线、选址)的环境合理性。

④ 对于产业园区等规划,重点从区域资源利用上线、环境质量底线对规划实施的约束、规划及包括的交通运输实施可能对环境质量的影响程度以及环境风险与人群健康风险等方面,综合论述规划规模、布局、结构、建设时序以及规划环境基础设施、重大建设项目的环

境合理性。

⑤ 对于城市规划、国民经济与社会发展规划等综合类规划，重点从区域资源利用上线、生态保护红线、环境质量底线对规划实施的约束，城市环境基础设施对规划实施的支撑能力，规划及相关交通运输实施对改善环境质量、优化城市生态格局、提高资源利用效率的作用等方面，综合论述规划方案的环境合理性。

12.6.2　规划方案的优化调整建议

根据规划方案的环境合理性和环境效益论证结果，对规划内容提出明确的、具有可操作性的优化调整建议，特别是出现以下情形时：

① 规划的主要目标、发展定位不符合上层位主体功能区规划、区域"三线一单"等要求。

② 规划空间布局和包含的具体建设项目选址、选线不符合生态保护红线、重点生态功能区，以及其他环境敏感区的保护要求。

③ 规划开发活动或包含的具体建设项目不满足区域生态环境准入清单要求，属于国家明令禁止的产业类型或不符合国家产业政策、环境保护政策。

④ 规划方案中配套的生态保护、污染防治和风险防控措施实施后，区域的资源、生态、环境承载力仍无法支撑规划实施，环境质量无法满足评价目标，或仍可能造成重大的生态破坏和环境污染，或仍存在显著的环境风险。

⑤ 规划方案中有依据现有科学水平和技术条件，无法或难以对其产生的不良环境影响的程度或范围作出科学、准确判断的内容。

规划方案的优化调整建议应明确优化调整后的规划布局、规模、结构、建设时序，给出相应的优化调整图、表，说明优化调整后的规划方案具备资源、生态和环境方面的可支撑性，将优化调整后的规划方案作为评价推荐的规划方案。同时，应说明规划环评与规划编制的互动过程、互动内容和各时段向规划编制机关反馈的建议及其被采纳情况等互动结果。

12.7　其他要求

12.7.1　环境影响减缓对策与措施

规划的环境影响减缓对策和措施是针对评价推荐的规划方案实施后可能产生的不良环境影响，在充分评估规划方案中已明确的环境污染防治、生态保护、资源能源增效等相关措施的基础上，提出的环境保护方案和管控要求。

环境影响减缓对策和措施应具有针对性和可操作性，能够指导规划实施中的生态环境保护工作，有效预防重大不良生态环境影响的产生，并促进环境目标在相应的规划期限内可以实现。

环境影响减缓对策和措施一般包括生态环境保护方案和管控要求。主要内容包括：

① 提出现有生态环境问题解决方案，规划区域整体性污染治理、生态修复与建设、生态补偿等环境保护方案，以及与周边区域开展联防联控等预防和减缓环境影响的对策措施。

② 提出规划区域资源能源可持续开发利用、环境质量改善等目标、指标性管控要求。

③ 对于产业园区等规划，从空间布局约束、污染物排放管控、环境风险防控、资源开

发利用等方面，以清单方式列出生态环境准入要求，成果形式见表12-4。

表 12-4　生态环境准入清单包含内容

清单类型	准入内容
空间布局约束	① 针对生态保护红线，明确不符合生态功能定位的各类禁止开发活动； ② 针对生态保护红线外的生态空间，明确应避免损害其生态服务功能和生态产品质量的开发建设活动； ③ 针对大气、水等重点管控单元，开发建设活动避免降低管控单元环境质量，避免环境风险，管控单元外新建、改扩建污染型项目，须划定缓冲区域
污染物排放管控	① 如果区域环境质量不达标，现有污染源提出削减计划，严格控制新增污染物排放的开发建设活动，新建、改扩建项目应提出更加严格的污染物排放控制要求；如果区域未完成环境质量改善目标，禁止新增重点污染物排放的建设项目； ② 如果区域环境质量达标，新建、改扩建项目保证区域环境质量维持基本稳定
环境风险防控	针对涉及易导致环境风险的有毒有害和易燃易爆物质的生产、使用、排放、贮运等新建、改扩建项目，提出禁止准入要求或限制性准入条件以及环境风险防范措施
资源开发利用要求	① 执行区域已确定的土地、水、能源等主要资源能源可开发利用总量； ② 针对新建、改扩建项目，明确单位面积产值、单位产值水耗、用水效率、单位产值能耗等限制性准入要求； ③ 对于取水总量已超过控制指标的地区，提出禁止高耗水产业准入的要求；对于地下水禁止开采区或者限制开采区，提出禁止新增、限制地下水开发的准入要求； ④ 针对高污染燃料禁燃区，禁止新建、改扩建采用高污染燃料的项目和设施

12.7.2　规划所包含建设项目环评要求

如规划方案中包含具体的建设项目，应针对建设项目所属行业特点及其环境影响特征，提出建设项目环境影响评价的重点内容和基本要求，并依据规划环评的主要评价结论提出建设项目的生态环境准入要求（包括选址或选线、规模、资源利用效率、污染物排放管控、环境风险防控和生态保护要求等）、污染防治措施建设要求等。

对符合规划环评环境管控要求和生态环境准入清单的具体建设项目，应将规划环评结论作为重要依据，其环评文件中选址选线、规模分析内容可适当简化。当规划环评资源、环境现状调查与评价结果仍具有时效性时，规划所包含的建设项目环评文件中现状调查与评价内容可适当简化。

12.7.3　环境影响跟踪评价计划

结合规划实施的主要生态环境影响，拟定跟踪评价计划，监测和调查规划实施对区域环境质量、生态功能、资源利用等的实际影响，以及不良生态环境影响减缓措施的有效性。

跟踪评价取得的数据、资料和结果应能够说明规划实施带来的生态环境质量实际变化，反映规划优化调整建议、环境管控要求和生态环境准入清单等对策措施的执行效果，并为后续规划实施、调整、修编，完善生态环境管理方案和加强相关建设项目环境管理等提供依据。

跟踪评价计划应包括工作目的、监测方案、调查方法、评价重点、执行单位、实施安排等内容，主要包括：①明确需重点调查、监测、评价的资源生态环境要素，提出具体监测计划及评价指标，以及相应的监测点位、频次、周期等。②提出调查和分析规划优化调整建议、环境影响减缓措施、环境管控要求和生态环境准入清单落实情况和执行效果的具体内容和要求，明确分析和评价不良生态环境影响预防和减缓措施有效性的监测要求和评价准则。③提出规划实施对区域环境质量、生态功能、资源利用等的阶段性综合影响，环境影响减缓措施和环境管控要求的执行效果，后续规划实施调整建议等跟踪评价结论的内容和要求。

12.7.4 公众参与与会商意见处理

收集整理公众意见和会商意见，对于已采纳的，应在环境影响评价文件中明确说明修改的具体内容；对于未采纳的，应说明理由。

12.7.5 评价结论

在评价结论中应明确以下内容：

① 区域生态保护红线、环境质量底线、资源利用上线，区域环境质量现状和演变趋势，资源利用现状和演变趋势，生态状况和演变趋势，区域主要生态环境问题、资源利用和保护问题及成因，规划实施的资源、生态、环境制约因素。

② 规划实施对生态、环境影响的程度和范围，区域水、土地、能源等各类资源要素和大气、水等环境要素对规划实施的承载能力，规划实施可能产生的环境风险，规划实施环境目标可达性分析结论。

③ 规划的协调性分析结论，规划方案的环境合理性和环境效益论证结论，规划优化调整建议等。

④ 减缓不良环境影响的生态环境保护方案和管控要求。

⑤ 规划包含的具体建设项目环境影响评价的重点内容和简化建议等。

⑥ 规划实施环境影响跟踪评价计划的主要内容和要求。

⑦ 公众意见、会商意见的回复和采纳情况。

12.7.6 规划环境影响评价文件的编制要求

规划环境影响评价文件应图文并茂、数据翔实、论据充分、结构完整、重点突出、结论和建议明确。

12.7.6.1 环境影响报告书应包括的主要内容

① 总则。概述任务由来，明确评价依据、评价目的与原则、评价范围、评价重点、执行的环境标准、评价流程等。

② 规划分析。介绍规划不同阶段目标、发展规模、布局、结构、建设时序，以及规划包含的具体建设项目的建设计划等可能对生态环境造成影响的规划内容；给出规划与法规政策、上层位规划、区域"三线一单"管控要求、同层位规划在环境目标、生态保护、资源利用等方面的符合性和协调性分析结论，重点明确规划之间的冲突与矛盾。

③ 现状调查与评价。通过调查评价区域资源利用状况、环境质量现状、生态状况及生态功能等，说明评价区域内的环境敏感区、重点生态功能区的分布情况及其保护要求，分析区域水资源、土地资源、能源等各类自然资源现状利用水平和变化趋势，评价区域环境质量达标情况和演变趋势，区域生态系统结构与功能状况和演变趋势，明确区域主要生态环境问题、资源利用和保护问题及成因。对已开发区域进行环境影响回顾性分析，说明区域生态环境问题与上一轮规划实施的关系。明确提出规划实施的资源、生态、环境制约因素。

④ 环境影响识别与评价指标体系构建。识别规划实施可能影响的资源、生态、环境要

素及其范围和程度，确定不同规划时段的环境目标，建立评价指标体系，给出评价指标值。

⑤ 环境影响预测与评价。设置多种预测情景，估算不同情景下规划实施对各类支撑性资源的需求量和主要污染物的产生量、排放量，以及主要生态因子的变化量。预测与评价不同情景下规划实施对生态系统结构和功能、环境质量、环境敏感区的影响范围与程度，明确规划实施后能否满足环境目标的要求。根据不同类型规划及其环境影响特点，开展人群健康风险分析、环境风险预测与评价。评价区域资源与环境对规划实施的承载能力。

⑥ 规划方案综合论证和优化调整建议。根据规划环境目标可达性论证规划的目标、规模、布局、结构等规划内容的环境合理性，以及规划实施的环境效益。介绍规划环评与规划编制互动情况。明确规划方案的优化调整建议，并给出调整后的规划布局、结构、规模、建设时序。

⑦ 环境影响减缓对策和措施。给出减缓不良生态环境影响的环境保护方案和管控要求。

⑧ 如规划方案中包含具体的建设项目，应给出重大建设项目环境影响评价的重点内容要求和简化建议。

⑨ 环境影响跟踪评价计划。说明拟定的跟踪监测与评价计划。

⑩ 说明公众意见、会商意见回复和采纳情况。

⑪ 评价结论。归纳总结评价工作成果，明确规划方案的环境合理性，以及优化调整建议和调整后的规划方案。

12.7.6.2 环境影响报告书中图件的要求

① 规划环境影响评价文件中图件一般包括规划概述相关图件，环境现状和区域规划相关图件，现状评价、环境影响评价、规划优化调整、环境管控、跟踪评价计划等成果图件。

② 成果图件应包含地理信息、数据信息，依法需要保密的除外。

③ 报告书应包含的成果图件及格式、内容要求参见《规划环境影响评价技术导则　总纲》（HJ 130—2019）附录F。实际工作中应根据规划环境影响特点和区域环境保护要求，选取提交附录要求的相应图件。

12.7.6.3 规划环境影响篇章（或说明）应包括的主要内容

① 环境影响分析依据。重点明确与规划相关的法律法规、政策、规划和环境目标、标准。

② 现状调查与评价。通过调查评价区域资源利用状况、环境质量现状、生态状况及生态功能等，分析区域水资源、土地资源、能源等各类资源现状利用水平，评价区域环境质量达标情况和演变趋势，区域生态系统结构与功能状况和演变趋势等，明确区域主要生态环境问题、资源利用和保护问题及成因，明确提出规划实施的资源、生态、环境制约因素。

③ 环境影响预测与评价。分析规划与相关法律法规、政策、上层位规划和同层位规划在环境目标、生态保护、资源利用等方面的符合性和协调性。预测与评价规划实施对生态系统结构和功能、环境质量、环境敏感区的影响范围与程度。根据规划类型及其环境影响特点，开展环境风险预测与评价。评价区域资源与环境对规划实施的承载能力，以及环境目标的可达性。给出规划方案的环境合理性论证结果。

④ 环境影响减缓措施。给出减缓不良生态环境影响的环境保护方案和环境管控要求。针对主要环境影响提出跟踪监测和评价计划。

⑤ 根据评价需要,在篇章(或说明)中附必要的图、表。

思考题

(1) 规划环境影响评价的目的和意义。
(2) 规划环境影响评价的主要程序。
(3) 规划环境影响评价主要包括哪些内容?

参考文献

[1] HJ 2.1—2016建设项目环境影响评价技术导则 总纲.
[2] 李淑芹,孟宪林.环境影响评价[M].3版.北京:化学工业出版社,2021.
[3] 赵济洲.环境影响评价实用手册[M].北京:中国纺织出版社,2018.
[4] 杨仁斌.环境质量评价[M].2版.北京:中国农业出版社,2016.
[5] 生态环境部环境工程评估中心.环境影响评价相关法律法规[M].北京:中国环境出版集团,2024.
[6] 中共中央文献研究室.习近平关于社会主义生态文明建设论述摘编[M].北京:中央文献出版社,2017.
[7] GB/T 20000.1—2014标准化工作指南 第1部分:标准化和相关活动的通用术语.
[8] GB 3095—2012环境空气质量标准.
[9] GB 3838—2002地表水环境质量标准.
[10] GB/T 14848—2017地下水质量标准.
[11] GB 3097—1997海水水质标准.
[12] GB 3096—2008声环境质量标准.
[13] GB 15618—2018土壤环境质量 农用地土壤污染风险管控标准(试行).
[14] GB 36600—2018土壤环境质量 建设用地土壤污染风险管控标准(试行).
[15] GB 16297—1996大气污染物综合排放标准.
[16] GB 8978—1996污水综合排放标准.
[17] GB 18918—2002城镇污水处理厂污染物排放标准.
[18] GB 12348—2008工业企业厂界环境噪声排放标准.
[19] GB 12523—2011建筑施工场界环境噪声排放标准.
[20] HJ/T 394—2007建设项目竣工环境保护验收技术规范 生态影响类.
[21] 生态环境部环境工程评估中心.环境影响评价技术方法(2024年版)[M].北京:中国环境出版集团,2024.
[22] 生态环境部环境工程评估中心.环境影响评价案例分析(2024年版)[M].北京:中国环境出版集团,2024.
[23] 李有,刘文霞,吴娟.环境影响评价实用教程[M].北京:化学工业出版社,2022.
[24] JTS/T 105—2021水运工程建设项目环境影响评价指南.
[25] HJ 349—2023环境影响评价技术导则 陆地石油天然气开发建设项目.
[26] HJ/T 88—2003环境影响评价技术导则 水利水电工程.
[27] HJ 2.2—2018环境影响评价技术导则 大气环境.
[28] GB 3095—2012环境空气质量标准.
[29] HJ 663—2013环境空气质量评价技术规范(试行).
[30] HJ 664—2013环境空气质量监测点位布设技术规范(试行).
[31] HJ 619—2011环境影响评价技术导则 煤炭采选工程.
[32] HJ 708—2014环境影响评价技术导则 钢铁建设项目.
[33] 郝吉明,马广大,王书肖.大气污染控制工程[M].4版.北京:高等教育出版社,2021.
[34] 郭璐璐.大气环境影响评价技术[M].北京:中国环境出版集团,2017.
[35] HJ 2.3—2018环境影响评价技术导则 地表水环境.

[36] GB 3097—1997海水水质标准.
[37] GB 3838—2002地表水环境质量标准.
[38] GB 5084—2021农田灌溉水质标准.
[39] GB 11607—89渔业水质标准.
[40] GB/T 25173—2010水域纳污能力计算规程.
[41] HJ/T 91—2002地表水和污水监测技术规范.
[42] HJ/T 92—2002水污染物排放总量监测技术规范.
[43] 高廷耀,顾国维,周琪.水污染控制工程[M].5版.北京:高等教育出版社,2023.
[44] HJ 2.4—2021环境影响评价技术导则　声环境.
[45] GB 3096—2008声环境质量标准.
[46] GB 9660—1988机场周围飞机噪声环境标准.
[47] GB 9661—1988机场周围飞机噪声测量方法.
[48] GB 12348—2008工业企业厂界环境噪声排放标准.
[49] GB 12523—2011建筑施工场界环境噪声排放标准.
[50] GB 12525—1990铁路边界噪声限值及其测量方法.
[51] GB 22337—2008社会生活环境噪声排放标准.
[52] GB/T 17247.1—2000声学　户外声传播衰减　第1部分:大气声吸收的计算.
[53] GB/T 17247.2—1998声学　户外声传播的衰减　第2部分:一般计算方法.
[54] HJ/T 90—2004声屏障声学设计和测量规范.
[55] HJ 884—2018污染源源强核算技术指南　准则.
[56] HJ 87—2023环境影响评价技术导则　民用机场建设工程.
[57] GB 5085.7—2019危险废物鉴别标准　通则.
[58] HJ 298—2019危险废物鉴别技术规范.
[59] GB 34330—2017固体废物鉴别标准　通则.
[60] HJ 610—2016环境影响评价技术导则　地下水环境.
[61] GB 18597—2023危险废物贮存污染控制标准.
[62] GB 18484—2020危险废物焚烧污染控制标准.
[63] GB 18598—2019危险废物填埋污染控制标准.
[64] HJ 2025—2012危险废物收集 贮存 运输技术规范.
[65] GB 30485—2013水泥窑协同处置固体废物污染控制标准.
[66] HJ 964—2018环境影响评价技术导则　土壤环境(试行).
[67] GB/T 21010—2017土地利用现状分类.
[68] HJ 25.1—2019建设用地土壤污染状况调查　技术导则.
[69] HJ/T 166—2004土壤环境监测技术规范.
[70] GB/T 19485—2014海洋工程环境影响评价技术导则.
[71] HJ 624—2011外来物种环境风险评估技术导则.
[72] HJ 710—2014生物多样性观测技术导则.
[73] HJ 1166—2021全国生态状况调查评估技术规范——生态系统遥感解译与野外核查.
[74] HJ 1173—2021全国生态状况调查评估技术规范——生态系统服务功能评估.
[75] HJ 169—2018建设项目环境风险评价技术导则.
[76] GB 30000—2013化学品分类和标签规范.
[77] HJ 610—2016环境影响评价技术导则　地下水环境.
[78] HJ 941—2018企业突发环境事件风险分级方法.
[79] HJ 130—2019规划环境影响评价技术导则　总纲.
[80] HJ 623—2011区域生物多样性评价标准.
[81] HJ 1218—2021规划环境影响评价技术导则　流域综合规划.
[82] HJ 131—2021规划环境影响评价技术导则　产业园区.